繊維の街、大阪

公益社団法人國民會館会長
武藤　治太

《序にかえて》

〝繊維の街大阪〟の姿を記録に

季刊雑誌「大阪春秋」に『ふらりひょうたん』で連載

それは何時のことであったか、はっきりとは覚えていないが、新風書房の福山社長から、その頃、季刊雑誌「大阪春秋」に連載を続けていた國民會館の松田専務理事執筆の『大阪近代史の光と影・覇者カネボウの興亡』が、まもなく終了するので、その後釜として何か繊維にまつわるエピソードを書いてくれないかとの依頼があった。なかなかその内容を消化するのは難しいと思ったが、折角のお申し出に乗り、最初は短期終了と考えスタートしたのであったが、福山さんの熱意に負け、ずるずると平成23年秋号（144号）から大阪春秋が終刊する令和3年春号（182号）まで続けることになってしまった。

特に最終章は、私情も加わり、鐘紡の消滅について詳しすぎるぐらい書いたので、読者の方たちにはご迷惑ではなかったかと思っている。

福山氏は、大阪は繊維の街として戦前、戦後大発展したのであったが、現在、正直に言って繊維業界はすっかり影が薄くなっている。しかし、その歴史と底力は今なお随所に残っている。それも時とともに忘れられていくのは忍びない。何とか文章として残しておいて欲しい。そのため「大阪春秋」の紙面を提供するから自由に書いてくれないか。題名は好きにかいていただけるよう『ふらりひょうたん』としたいが、いかがでしょうかというお話であった。

確かに明治時代の終わりから、大正、そして昭和の30年代までの大阪は、文字通り、『繊維の街』として栄え、川上の綿紡績業界を頂点として、織布、メリヤス、染色、そしてそれらの中を取り持った商社、大商店の隆盛から、大阪は〝東洋のランカシャー〟と言われたのであった。それらの内、今も形をかえながらも存続して発展し続けている鐘紡を除く紡績会社の現状についても詳しく触れさせていただいた。そして、それらの繊維産業の、経済的な発展は大阪に文化的に大きな発展をもたらしたのであった。

去る2月2日に、大変な時間はかかったが華々しく開館した「大阪中之島美術館」の基本となったのは、若くして逝った佐伯祐三の大コレクションであるが、これは、メリヤス業で財を成した山本発次郎氏の寄付によるものである。また中之島公会堂前の東洋陶磁美術館は、安宅産業の安宅英一氏が蒐集した世界的な中国、朝鮮陶磁器が大阪市に寄付されて作られたものであるし、大阪市立美術館の根幹をなす二大コレクションは、東洋紡績社長阿部房次郎氏の中国宋元の絵画コレクションと、鐘紡社長武藤山治による「尾形光琳にかかわる小西家文書」からなっているのである。

純然とした繊維人ではないが、繊維会社にも関係のあった藤田伝三郎氏は、大茶人として名高く、その親子二代にわたる古美術品の蒐集品は、近年新しい藤田美術館として生まれかわった。そして繊維関係で財を成した人たちは、船場の住まいから阪神間の芦屋、住吉、御影、岡本などに居を移し、〝阪神間モダニズム〟という「大輪の花」を咲かせたのは皆さんご承知のとおりである。

一方、第二次世界大戦における爆撃は、大きな爪痕を大阪に残したが、それでも紡績業界の関係者による重要文化財「綿業会館」などの名建築が今なお相当数残存しており、それらはかつての繊維業界の力を現在に伝えるものであり、我々の誇りである。それらについても相当詳しく触れさせていただいた。

そのほか必ずしも繊維とは関係ないが、大阪には古い、そして謂れのある神社、仏閣が相当数ある。大阪に住み、あるいは仕事に来ていて、どれだけの人がこれらについて知っているのかと思い、南御堂、北御堂の由来や、また俳聖松尾芭蕉終焉の地が、御堂筋をはさんだ南御堂前のダイワボウのビルに関係しており、その終焉の場を芥川龍之介が小説『枯野抄』として書いていることなども紹介した。

まだまだ繊維に因むいろいろなことがあると思うが「大阪春秋」も丁度終了したので私の話もジエンドとさせて頂きます。

令和四年五月吉日

武藤治太

目次

第一編

繊維にちなんだ名所旧跡

大阪生まれで、長らく大阪で繊維関係の仕事に携わった者として繊維に因む話題を紹介したい。

第1話 綿業会館

国指定の重要文化財

岡常夫氏の遺産寄付が会館建設の端緒に

本町通りから三休橋筋を北に向かって暫く歩くと、東側に古びた洋風のビルが建っている。外見は、いたってクラシックで何の変哲もないが、正面玄関の右側に、国指定（平成15年）の重要文化財であることを示すプレートがはめ込まれている。平成19年（２００７）には「近代化産業遺産」の認定も得ている。

東洋紡績専務だった岡常夫氏の銅像と筆者

中に入ると外観とは、全く違う別世界に遭遇する。

正面には、和服を着て、腕組みをした偉丈夫の銅像がおかれている。その主が、この建物建設のきっかけを作った岡常夫氏である。

岡氏は、文久3年（１８６３）現

在の三重県志摩半島の波切に生まれ、商法講習所〈一橋大学の前身〉に学んだ後、米国に二年間留学、帰国後、三重紡績に入り、支配人を経て取締役となったが、大正3年（1914）大阪紡績と三重紡績が合併して東洋紡績が設立されると新会社の取締役に就任、大正9年（1920）から同社の、専務取締役を務められた方である。昭和2年（1927）逝去された後、遺族が翌3年（1928）に「遺産100万円をどうか業界のためにお使い願いたい」と寄付されたのであった。

業界としては、このご寄付を有効に活用すべく、種々検討した結果、昭和3年に運営母体として「日本綿業倶楽部」が作られた。そして業界関係者からも50万円の寄付をあおぎ、合計150万円をもって紡績業界のモニュメントとなるような画期的な「綿業会館」を建てることに決定したのであった。

余談になるが、殆ど同時期に大阪城の天守閣が再建されたが、その費用は47万円であった。昭和5年（1930）3月10日に着工。設計者は当時の設計界を代表する一人であった渡辺節氏で、それを助けたのが後に著名な設計家となる村野藤吾氏であった。なお建設は清水組（現在の清水建設）が担当した。

鉄筋鉄骨コンクリート造、6階建、地下1階、延べ床面積は1万2743平方メートルで、用途は「社交クラブ」となっている。竣工は翌6年（1931）12月28日である。

深刻な不況で英国の産業革命を見習う

我が国において、紡績産業が興ったのは安政2年（1855）薩摩藩藩主・島津斉彬が英国から、紡績機械を輸入するとともに技師を招き、紡績工場を造ったことを嚆矢とする。しかしながら、その後我が国においては、幕末から明治18年（1885）ぐらいまでは近代的洋式の紡績機械はほとんどなく、明治政府は、綿製品の輸入急増による貿易赤字と、国内の綿花産地の疲弊という極めて深刻な状況に直面する。政府としても英国の産業革命の原動力となった機械紡績を取り入れざるを得なくなり、明治19年（1886）から27年（1894）頃には、政府の積極的な奨励策が採られるようになり、大型設備の新規導入が図られた。このような中で、後の東洋紡、大日本紡、鐘紡などの原型が発生し、合従連衡を繰り返して、実力のある紡績を中心に大きな産業勢力が形成されるに至った。

明治23年（1890）は資本主義として発足した我が国が初めて恐慌を経験した。紡績業はもとより、その他の産業も大きな打撃を受けた。しかし明治27年（1894）に勃発した日清戦争は、大きな特需を紡績業界にもたらし、紡績各社は業績的にすっかり立ち直る。そして、この特需は業界の構造に大変革をもたらした。

すなわち、明治30年（1897）は日本の綿糸の輸出が、初めて輸入を上回り、いわば紡績業が独り立ちした記念すべき年となった。

第一次世界大戦後、綿布輸出額は世界一に

以後明治37年（1904）、38年（1905）の日露戦争、大正3年から7年（1918）の第一次世界大戦を経て我が国紡績業の実力は飛躍的に高まり、昭和8年（1933）には綿布の輸出では、ついに英国をしのいで世界一となり、文字通り我が国の屋台骨を背負う存

「綿業会館」と正面玄関。一見、何の変哲もない建て物に見えるが―。

在となったのである。

その状況を具体的に述べると、昭和8年の国家予算の歳入の総額は23億円であるが、綿布の輸出金額は、実に4億円を数え、いかに業界の存在が大きかったかが窺える。

まさに、綿業会館が建てられた時期はこの時期に当たる。

日本経済チャンピオンのモニュメント

この建物は、綿業が我が国を支えた時代のモニュメントといって差支えないと思う。もう一つ言うならばこの建築は、大阪における、戦前の我が国近代建築が到達した頂点となる代表的な建築といえる。

豪華な材料を使った外装　建物の細部について少し詳しく触れよう。

①繊細な装飾をほどこした鉄の扉

外観は、古典的なイギリスルネッサンス風で、スクラッチタイルが使われている。一見何の変哲もない四角形の建築であるが、仔細に観察すると玄関には、繊細な装飾をほどこした鉄の扉、さらに一階部分の石造りのアーチ窓、二階の窓の手摺には、美しい装飾がみられる。

②イタリアスタイルの玄関ホール

二重の鉄製のドアの奥に吹き抜けの玄関ホールがある。ここはイタリア産のトラバーチンといわれる大理石が一面に貼られ、トスカナ様式の列柱が並んでいて、イタリアンルネッサンス風である。また天井を飾る豪華なシャンデリアは、ミラノのスカラ座のものと同じだといわれる。

③食堂はアメリカ風の装飾

一階玄関ホールの右手にあるのが会員食堂である。この天井の装飾は、ミューラル・デコレーションといわれ、当時アメリカで流行した独特のものである。実際シカゴなどに行くとよくこの装飾に出会う。またこの食堂には吸音効果を果たすためコルク材を使用した壁材が用いられている。さらに、当時冷房装置は、まだなかったのであるが、設計者は将来の普及を考え、それに対する策を講じているのだが、この部屋を見るとそれがよくわかる。

④二階回廊の周りの各部屋

玄関ホールの正面に階段があり、二階の回廊へと導かれている。その周りに談話室、貴賓室、会議室などが設けられている。この中で最も特筆されるべき部屋が豪華と気品を兼ね備える談話室であろう。現在、常時は使用されていないが、この会館を代表する部屋である。談話室は吹抜けの天井となっており、正面に設けられたマントルピース横の壁面は、色鮮やかな京都清水焼を組み合わせたタイル・タペストリーとなっている。タイルの種類は五種類しかないが、設計者の渡辺氏が自ら一枚一枚組み合わせて作り上げたもので、絶妙なハーモニーを醸している。

部屋の中に階段を置く設計は、渡辺氏の得意とするところで、神戸の旧乾邸にも同じようなものがある。この建物、そしてこの部屋は、激動の昭和史に名前を残していることをご紹介しておく。

⑤リットン国際連盟調査団が来訪

綿業会館の開館は昭和7年（1932）1月であるが、開館間もない3月、リットン卿率いる国際連盟満州事変調査団が来館して、大阪の実業者団体と会談しており、当時の写真がこの部屋に置かれている。

⑥大阪大空襲時にも焼け残る

太平洋戦争時の大阪大空襲では、この会館を残し、周囲は、焼野原になったにもかかわらず、何故この建物だけが焼失を免れたのかの証拠が、この部屋に残されている。すなわちタイル・タペストリーに離接する窓ガラスの一部が焼夷弾の熱により溶け、当時の状態のまま保存されている。これは、設計者渡辺氏の先見の明が遺憾なく発揮された一例で、彼は、関東大震災の時、東京では、木造家屋のほとんどが焼失しただけではなく、鉄筋コンクリートの建物も壊滅した例に鑑み、これに備え、当時新しく発明されたフランス製の鋼鉄入り耐火ガラスの採用に踏み切ったのであった。このことが、窓からの炎の侵入を防ぎ、貴重な建物を救ったのである。

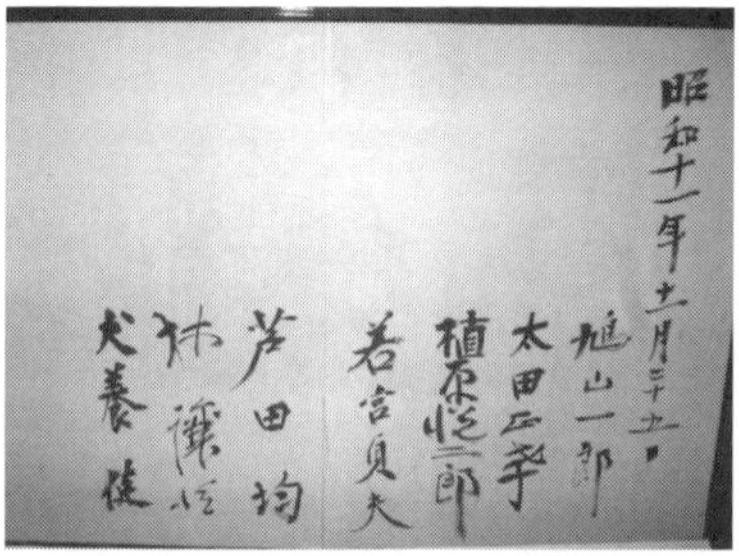

貴賓室に展示されている芳名録

芳名録に描かれた鶴の絵（武藤山治筆）

⑦豪華な雰囲気の特別室

他の部屋もそれぞれ特徴を持っている。

貴賓室での筆者

特別室と呼ばれている貴賓室は、またの名を「開かずの間」といわれているが、戦前は皇室専用に使われたもので、現在もほとんど使用されることはない。窓や壁が直線的なのに対して、天井、家具などの曲線がうまく組み合わされており、英国式クイーン・アン・スタイルといわれている。もう一つ付け加えると、この部屋の天井の装飾は筆舌に尽くすことができないほど素晴らしいものである。

⑧大理石を見事に使った「鏡の間」

特別室の隣が、通称「鏡の間」といわれている会議室で19世紀の初め皇帝ナポレオン一世時代に流行したアンピール・スタイルと呼ばれるもので、豪華な素材、すなわち木目調の大理石やアンモナイト貝の化石を含んだ大理石の床材などがふんだんに、しかもさりげなく使用されている。

⑨400人収容の大ホール

最上階にある大会場は、400人を収容できる当時のホールとしては大きなもので、アダム・スタイルで軽快にして優雅な古典スタイルである。現在は講演会、展示会等によく使用されているが、床材のフローリングが社交ダンスに最適ということもあって、近年はダンス

通称「鏡の間」といわれる会議室

400人収容の大ホールはダンスホールにも

パーティーにもよく使われている。昭和の初めには、ホテルなども少なかった時代で、結婚披露宴にも使われていた。

このように各部屋にさまざまな様式が採用され、すぐれた意匠により格調の高いものとなっている。これは、部屋を使用する会員の好みに応じて好きな部屋を使ってもらうという設計者の配慮によるものである。

戦後は進駐軍に接収されたが新館を増築

会館は、昭和20年（1945）の敗戦とともに進駐軍に接収され、将校のための施設として使用されたが、比較的大切に使われたため大きな損傷もなく、昭和27年（1952）に返還され、その後、昭和37年（1962）、東側の土地を買収し、新館が同じく渡辺設計事務所の手によって増築された。

設計者・渡辺節氏はどんな人？

綿業会館の設計者・渡辺節氏について、どういう人なのかもう少し書き加えさせていただく。

渡辺氏は明治17年（1884）東京に生まれ、東京帝国大学卒業後鉄道院を経て大正5年（1916）大阪に事務所を構える。鉄道院時代に手がけた代表的なものは京都駅である。いささか専門的になるが、初期の分派主義傾向（構造に重きをおき、それに平面的な装飾を加える。ドイツ、オランダを起源とする）から二度の渡米により、世の中がアールデコに大きく傾く中にあってアメリカン・ボザールといわれる汎アメリカン主義をとり、以後独自の建築観を打ち立てる。具体的には全体はシンプルに徹し、要所にだけ見事な装飾を配するバランス感覚と、効率的な平面計画に最新の設備を導入する機能主義に特徴を持つ。綿業会館は、まさにこの考え方が如実に反映されたものといえる。

綿業会館以外の渡辺氏の代表的建物はダイビル、神戸の大阪商船三井ビル、京都の旧丸物百貨店などがある。

三枚の扁額の持つ意味は？

さて今まで、綿業会館の成り立ちと会館の詳細についてお話ししたが、これからは館内の二階回廊に掛けられている三枚の扁額について触れることにしたい。

その扁額は、正面玄関入口の真上の回廊に並んで掲示されている。右側から元大日本紡績社長菊池恭三氏で扁額の文字は「経緯通達」。中央は元東洋紡績社長阿部房次郎氏で扁額の文字は「天下無寒人」。左側は元鐘淵紡績社長武藤山治で扁額の文字は「衣被蒼生」である。

私が会館によく出入りするようになって、かれこれ半世紀近くになるが、これらの額の本当の意味を知ったのは、極々最近になってからである。それまでは繊維に関係する言葉が書かれているという程度の認識しかなかった。

さらに、この三つの扁額の他に、東洋紡績三代目の社長であった斉藤恒三氏による「綿業立國」という扁額があるが、この額は倉庫にしまわれており現在表には出ていない。

この額を含めた四つの額については、かつて日本綿業倶楽部の会報に二度に亘りその説明が掲載された。しかし、いずれもこれらの額の漢字、文章の意味を、解説したものに過ぎなかった。
私も、これを以前から見ていていずれも紡績産業に関係の深い言葉であるとは思っていた。しかし、当時の紡績業のリーダーということは、即ち我が国産業界のリーダーである。そのような人たちが、単に思いつきで紡績に関係があるという言葉だというだけで、それを取り上げるという事は考えられないのである。菊池、阿部、武藤、斉藤いずれも当時のエリート中のエリートである。

菊池、斉藤の両氏は工部大学校、現在の東京大学工学部の出身である。また阿部氏と武藤は福澤諭吉に直接教えを受けた慶應義塾の出身である。いうならば、当時の真に選ばれた人たちといって過言はない。彼らはいずれも深い学識の持ち主であった。

この時代の人たち、特にエリートといわれるような人たちは、子供の頃から孔子などの儒教の経典である「四書五経」を頭の中に叩き込まれていて、それが扁額に揮毫を依頼された時、それなら、この言葉が最も相応しいと考え、書かれたに違いない。そして、私が思うに、この人たちは「四書五経」を通じて実業に携わり、単に金儲けだけを考える人たちではなかった。私は、彼らは本当に国のために事を行うという「国士」ではなかったかと思う。

それでは、それぞれの扁額についてお話させていただく。

①「経緯通達」菊池恭三氏（１８５９〜１９４２）

愛媛県（当時は伊予の国）八幡浜の出身。工部大学校を卒業後、横須賀造船所の技師を経て大阪造幣局に勤務した。平野紡績の技師長となり、さらに同業の摂津紡績の技師長を兼務し、加えて有力紡績であった尼崎紡績の技師長にも就任するという、文字通り技術者中の技

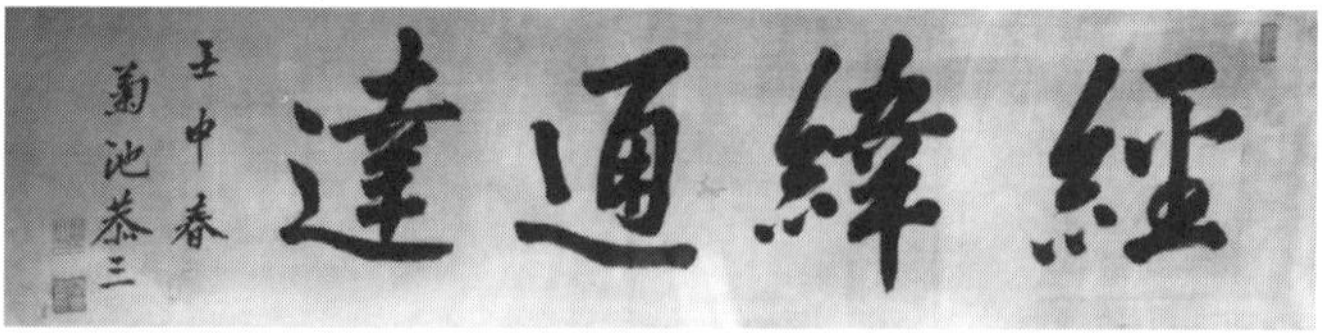

術者であった。

明治23年当時技師の数は極端に不足しており、工学士の数は僅か131人しかいなかった。また政府の富国強兵策との関係もあり、ほとんどの技師は重工業にとられ、軽工業に従事する技術者は皆無に等しかった。氏は、後に平野、摂津、尼崎の三紡績を統合して大日本紡績を創り、同社の社長として活躍する。さらに、いろいろなしがらみから三十四銀行の経営を引き受け、大日本紡の社長のまま同行の頭取を兼務し、財務マンとしても活躍する。この三十四銀行が後に鴻池銀行および山口銀行と合併して昭和8年三和銀行となるのであるが、現在この事実を知る人は非常に少ない。

▼「経緯通達」の解説　漢書にある「是紡績的概念。経、緯、本指紡織物的縦機和横機、通達即明白的意思」による。

紡織の基本的な理念である「経糸」と「緯糸」によって織物は出来ているということで、「通達」は明白という意味である。したがって経と緯の織りなすハーモニーによって全ての物事が良好に捗るという意味である。

単に思いつきで「経緯通達」と書いたのではなく、氏の頭の中にある、かって学んだいろいろな語句の中からこの言葉を選んだのだと思う。

そしてもう一つの解釈であるが「経緯通達し以て万民に恩恵を施す」即ち自分たちが創った紡績業によって全ての人を幸せにするという意味ともいわれている。

②「天下無寒人」阿部房次郎氏

慶応4年（1868）滋賀県（近江の国）彦根の生まれ。慶應義塾において福澤諭吉から直接指導を受けた一人である。

家業は、近江銀行であったが、昭和の大恐慌によって不振となり、その再建について氏は大変な苦労を重ねるが、その後阿部一族をはじめ近江の有力者が創った有力紡績会社の金巾紡織の経営に専念する。この金巾紡織が後に大阪紡績に合併され、同社の役員となるが、この大阪紡績が三重紡績を大正3年に合併し東洋紡績となる。さらに東洋紡績の役員を経て昭和元年（1926）、同社の第四代目の社長に就任する。

氏は紡績業においての成功だけには飽き足らず、もっと国のために尽くしたいという思いの強い人で、衆議院議員を目指したが、その道は、果されなかった。しかし昭和6年には貴族院議員に就任した。

▼「天下無寒人」の解説　「あまねくすべての人々を寒くないようにする」という意味である。出典は、唐の大詩人白楽天の詩である。

阿部氏は大変な文化人で白居易（字楽天）の「白氏文書」などもよく読まれていて頭の中に入っていたのではないかと思う。この出典は白居易の詩集巻一の下に出ているもので、意訳だが「新製布裘《しんせいぬのごろも》」と題するもの。

桂布白似雪　桂州の布は雪のよう

呉綿軟於雲　呉国の綿は雲のように柔らか

布重綿且厚　布は重なり綿はふくよか
為衾有餘温　衾は大変温かい
朝擁座至暮　朝に抱いて暮まで座り
夜覆眠達晨　夜にかぶって朝まで眠る
誰知嚴冬月　誰でも冬の厳しさを知っているが
支體暖如春　手足體は春のように温かい
中夕匆有念　夜更けになると思い立つ
撫衾起逡巡　衾を撫でて起きるを躊躇う
丈夫貴兼濟　大丈夫は大事なものをあわせて済ます
豈獨善一身　自分だけではよくはない
安徳萬里裘　素晴らしい裘は無いであろうか
蓋裏周四垠　あまねく世界をつつむ
穏暖皆我如　私のように皆が暖まり
天下無寒人　寒い人がいなくなるような裘はないであろうか

最後の言葉が「天下無寒人」である。

阿部氏は、この詩のことを十分に認識の上揮毫されたものと思う。

③「衣被蒼生」武藤山治

慶応3年（1867）岐阜県（美濃の国）の出身。慶應義塾に学び福澤諭吉から直接指導を受けた一人である。卒業後福澤の勧めもあって18歳の時アメリカに渡り、カリフォルニアのサンノゼにあったパシフィック大学で給仕をしながら苦学する。

21歳で帰国し、我が国最初の広告代理店をつくったり、また、その英語力を買われて横浜の英字新聞の記者を勤める一方、福澤の推薦により、新聞社在職のまま、土佐の後藤象二郎の秘書となる。その後ドイツ系の商社である東京イリス商会に入り、当時富国強兵策の一環であった鉄道施設のためのレールの輸入販売に従事する。

27歳の時、当時三井財閥の総帥であった中上川彦次郎に見い出され、三井銀行に入るが三井系列で、その頃、経営危機に落ち入っていた鐘ヶ淵紡績の経営をまかされ、見事にその再建に成功し、以後約40年間、鐘紡の経営に尽力し、同社を日本一の紡績会社に仕上げる。

しかし、彼は単なる会社経営者にとどまることを潔よしとせず、自らの政党である国民同志会を率いて3回にわたり衆議院議員に当選し、華々しく活躍する。一方自らの理想と現実との間のギャップに悩み、国民の政治意識を

高めなければ政治はよくならないとの信念のもとに、政治教育組織の國民會館を設立する。國民會館は現在も山治の意思を継ぎ積極的に活動している。武藤が政界から引退した昭和7年、折から経営危機に遭遇していた福澤諭吉が創設した時事新報社の再建が武藤に託されたのであった。
彼には、これから力を入れようとしていた國民會館の活動、ブラジル移民の推進などやるべき仕事が山積していたが、恩師の時事新報社の危機に臨み、再建依頼を断りきれず、引き

受けたのであった。以後、寝食を忘れ再建に没頭する。彼の努力が実り、その後わずか2年余りで再生への道筋をつけるが、不幸にも紙面に連載した「番町会を暴く」なる注目記事が災いし、昭和9年（1934）3月北鎌倉において暴漢に狙撃され、その劇的な生涯を閉じる。

▼「衣被蒼生」の解説　武藤は人一倍の読書家で漢籍にも英書にも深く通じていた。

この言葉の出典は、唐時代の僧、元康撰による「筆論疏」である。

清朝の末期の政治家に張之洞という人物がいる。清朝の末期は、欧米の列強が中国に進出し、露骨に植民地化を図っていた時代で、いわば国が滅亡するかどうかの瀬戸際の状態であった。

張之洞は、その中にあって攘夷派ではなくて、むしろ我が国でいうところの和魂洋才の人で彼の仲間が進歩的な李鴻章、曾國藩で、いうならば、彼は進歩的な洋務派官僚を代表する大政治家であった。

そして、彼は湖北省の紡績局に同じ言葉を揮毫している。武藤がこの事を知っていたかどうかはわからないが、「衣被蒼生」すなわち「衣被」は衣でおおう、転じて恩恵を施すという意味を持つ。「蒼生」青々と草木が繁っている所、転じて草莽の民となる。すなわち人民という事である。従って表面的には、人民を衣服でおおい、恩恵を施すという意味であるが、武藤は自らの紡績業を通じて人々を幸せにするという信念を持って、これを書いたものと私は思う。

④「綿業立国」斉藤恒三氏

斉藤氏は安政5年（1858）山口県（長門の国）の出身。工部大学校を卒業後、造幣局を経て、三重紡績が設立された際、技師長として迎えられ、三重紡績が大阪紡績と合併して

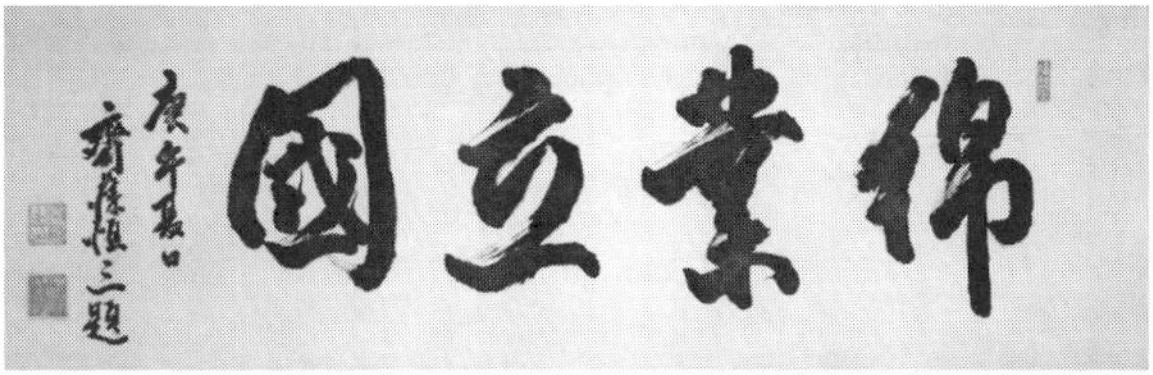

東洋紡績となった時点で同社の役員となり、大正9年同社の第三代目の社長に就任した。

▼「綿業立国」の解説　この言葉は、三井物産の創始者で中上川彦次郎亡き後の三井財閥の総帥益田孝のものといわれている。

三井物産は、明治の初めごろから英国の紡績機械メーカーであるプラット社の日本における総代理店を務めたが、折からの日本綿業の勃興期に遭遇し、我が国の紡績機械の需要は短期間で大幅に伸び、その機械の全部がプラット社のものであったから三井物産は莫大な利益をあげた。

それに加えてインドから輸入した原綿を紡績会社に高値で売り、同社が大きな利潤を得たのである。明治の初め三井物産は官と結びついて官需中心に発展したが、その後紡績業との取組によって、大きな利益を得て同社は大きく世界に飛躍する土台をつくったのであった。

さてこれが益田孝の言葉ということに、私はいささか異論を持つ。何故なら鐘紡は、三井財閥の傘下にあったので、明治29年（1896）益田孝の一代前の三井財閥総帥中上川彦次郎に対する対抗心から、彼は鐘紡株の全量を手放してしまう。そして、その株が神戸の華僑呉錦堂に渡り、その株を鈴木久五郎が買占めて、鐘紡株の大半を握るという有名な鈴久事件を引き起こすのである。

そのような益田が本当に「綿業立国」といったのか私には疑問である。むしろ益田がいうならば「綿業立社」ならば頷けるのである。

第2話　大阪市立美術館

阿部・武藤コレクションが基に

住友家本邸の跡地にある意義を考えよう

最近大阪では、長年に亘り懸案になっていた近代美術館が、はたして本当に建設されるのかどうかが話題となっている。今のところ橋下新市長の文化行政に対する無関心も手伝い、ほぼ絶望の感じとなっている。もっとも最近になって、大阪に相応しい、どこにも負けない立派な物を創るのならやぶさかではないと言い出している。

一方、天王寺にある大阪市立美術館も大変、霞のかかったような存在で、市民に対するアピールの度合いは極めて薄いように思う。

実際私のまわりにいる人に美術館のことを聞いても、行ったことは勿論なく、それより美術館がどこにあるのか知らない人が多いのは本当に寂しい限りである。

しかしながら、天王寺公園の中に位置し、住友家本邸の跡地にあるこの美術館の意義を我々はもっと考えてみる必要がある。

そして、この美術館は国立博物館に次ぐ公立の美術館としては最も古い歴史を持ち、収蔵品、寄託品を合わせ、実に約1万5千点を越えるまさに公立美術館の雄と言って差し支えない。

その収蔵品について見てみよう。綿業会館のところでお話しした元東洋紡績社長の阿部房次郎氏が収集した中国宋、元、明の絵画コレクションと元鐘紡社長武藤山治が収集した尾形光琳の貴重な小西家文書コレクションが基になっているのである。これらのコレクションについては、のちほど詳しくお話ししましょう。いずれにしても阿部、武藤の両コレクションは当時の先端を行った紡績産業の富をもってして初めて実現できたものであることは明白である。

大阪市立美術館

美術館そのものを知らない人が多いのであるから、ましてやこれらの内容について承知している方は極めて少ない。そこで私は先述の綿業会館に続いて、この美術館の実態と、如何にその歴史において繊維関係の先輩が関わっているかについて触れたいと思う。

美術館の歴史　下賜金と住友家の敷地寄付で

大正8年（1919）に大阪に於いて帝国陸軍の特別演習が行われた。その際天皇陛下より賜った下賜金を基に美術館を建設することになった。そして、美術館の建物設計のコンペが実施された。その間の詳しい事情は不明であるが、一等入選作品は実現しなかったのである。

それよりも、先ず建物を建設する用地の選定が難航し、なかなか決定するにいたらなかっ

日本庭園「慶沢園」

た。そのような事情を理解された住友家十五代吉左衛門氏が大正10年（1921）自らの茶臼山の本邸敷地6ヘクタール全てを大阪市に寄附することを申し出られ、敷地の問題は一挙に解決した。なお現在の美術館の東側に隣接する日本庭園「慶沢園」は林泉式周遊庭園の名園として名高いもので、住友家が約十年の歳月をかけて完成した。

しかしながら、建設着工を進めていた大正12年（1923）に我が国に未曾有の災害をもたらした関東大震災が起こり、我が国全体が大混乱におちいった影響を受け、大阪市の財政も逼迫し、昭和3年（1928）になってようやく着工したのであった。

さらに折からの昭和恐慌の嵐をまともに受け、工事の停滞を余儀なくされ、最終的な落成を迎えたのは、じつに昭和11年（1936）となったのである。美術館建設が決定して以来16年後の完成であった。

美術館の建物について　設計はコンペだったが結局、市で

美術館の建設決定の後、当時の設計家の第一人者であった武田五一、片岡安両氏を指導委員として建築計画が練られ、設計案のコンペが実施された。

そして、一等になったのが逓信省出身の前田健二郎氏の作品であったが、美術館の敷地がなかなか決まらなかったことや財政難から、この案は結局日の目を見ず、最終的には武田、片岡両氏の指導に基づいて大阪市の建築課が設計したのであった。

建築の特徴を述べると、一口にいうならば「近代日本式」と言われるもので、長い両翼を持った左右対称の古典的な構成に銀灰色の瓦を乗せている。

ご覧になるとよくわかるのであるが、各部の様式は日本式というよりは東洋的なスタイルで、中央ホールの吹き抜けは南アジアの仏教寺院を思わせる。

昭和54年（１９７９）に大改修が施され中央ホールは一新され、今のような形となり。大シャンデリアが設けられた。

美術館の歩み　戦時中は屋上に高射砲

このように、難産の末発足した美術館ではあったが、当時としては最高の理念と技術によって創られた大阪唯一の美術館として各方面から絶大な期待が寄せられたのである。

落成記念には当時の最高の展覧会であった「帝展」（帝国美術院美術展覧会）が開催され、その出品作の中から橋本関雪や児玉希望の作品を美術館が買い上げた。さら周辺の寺社や個

人コレクターから、その所有する名品の寄託申し出が相次ぎ、それらの名品を中心に「開館記念名宝展覧会」が華やかに開催されたのである。

しかし、時代は戦争への歩みを進めて行く。屋上には高射砲の陣地がつくられ、寄託品の数々もそれぞれの寺社、その他への返却を余儀なくされた。

しかし、一方ではこの時期にその後この美術館の収蔵品の根幹となるいくつかのコレクションの寄贈を受けたのである。それらが阿部コレクションであり、尾形光琳にまつわる小西家文書、住友家からの日本画コレクションである。

時局は最悪の方向にむかっていたが、昭和20年（1945）3月の大阪大空襲にもその後の空襲にも美術館は奇跡的に無傷のまま終戦を迎えた。

特別展など多彩な催しを展開

戦後昭和20年9月から翌21年（1946）11月まで米進駐軍の接収を受けたが、短期間にもかかわらず、その荒廃のすさまじさには言うべき言葉がなかったと伝えられている。

そのような困難を乗り越えて昭和31年（1956）1月には再開記念として「西洋美術名作展」を開催し、その後も種々条件が整わないにもかかわらず特別展を含め数々の展覧会を開催して今日に至っている。昭和54年に大改装を実施したが、50周年を迎えた昭和61年（1986）以後、62年（1987）には天王寺博覧会が開催され、それをきっかけに荒廃の極に達していた美術館の位置する公園が整備、有料化され美術館を取り巻く環境は飛躍的に向上した。

また、美術館の収蔵品も、当館の特色を引き立てる中国石仏の山口コレクションや仏教美術を中心とした東洋美術の田万コレクション、さらには江戸から明治期の日本漆器を中心としたカザールコレクション、また最近では中国石仏の小野コレクションが加わり厚みを増したのである

現在、館蔵品は8千点、寺社、個人からの寄託品約7500点で、立地的にもかならずしも良好とはいえないなかで、特別展、企画展などで特色をよく発揮している。特に、平成7年(1995)米国シカゴ美術館の日本、東洋部長であった蓑豊氏が館長に就任して以来、次々と新機軸を打ち出すようになった。すなわち周辺の環境整備を進めるとともに展覧会においてもフェルメール作品を一挙に5点も招来した「フェルメールとその時代」展は爆発的な人気を呼び、実に当館最高の60万人の入場者を数えた。また同展開催に合わせ美術館周辺と館内の大規模な環境整備も行われた。

その他「蕪村展」や「円山応挙展」など日本美術のさまざまな様相を知る展覧会として好評を博した。近年も「佐伯祐三展」や「岸田劉生展」などスケールの大きい展覧会を開催している。

現在の不況が、国立、公立に限らず美術館の運営に暗い影を描き出していることは周知のことであるが、当該美術館も財政的には極めて苦しい。大阪市からの予算は切り詰められており、新しく館蔵品を購入する予算は皆無に近いと聞いている。大阪市の財政状況が逼迫しており文化予算がカットされるのはやむをえないとは思うが、他のやり方もあるのではないか。

それでは次に館蔵品について興味あるエピソードを加えお話ししましょう。

「小西家文書」事件とその後

父が望月さんを館長に推薦

美術館所蔵の「小西家文書」に関する記述を元市立美術館館長の望月信成氏の著作『一筋の細い道』に準拠しているので大筋は間違いない。一方、望月さんは小生の父親と深い繋がりがあった。すなわち市立美術館開館の折、最初に館長に推薦されたのは父金太であったが、祖父山治の遭難後の後始末に追われていたため、自分にかわり望月さんを推薦したのであった。

前出著作の文中で、尾形光琳の小西家文書と美術館とのいきさつについて望月さんは、わざわざ父に配慮してM氏として書かれている。確かに小西家文書が美術館に寄付された経緯は「大阪春秋」の天王寺特集のとおりであるが、望月氏の配慮を無視して、あたかも同書が実名で書かれているような引用の仕方には問題がある。

加えて、詐欺行為を働いたH美術商のことについては、筆者はH氏のことを全く知らなかったため、詳しく実名まで触れることができないという、不手際を犯している。

屋上屋を重ねるようだが、行きがかり上、この小西家文書が美術館に入った経過を簡単に振り返ってみたい。

祖父が尾形乾山に着目、「小西家文書」へ繋がる

尾形光琳の長男寿市郎は小西家の養子となったが、小西家は昭和の時代まで続き、光琳の父宗謙、光琳自身の遺書を含む文書類、貴重な画稿の数々いわゆる小西家文書（小西家資料）が伝わっていた。

私の祖父山治は大正の頃から与謝蕪村に注目し、当時は池大雅に比べ評価の低かった蕪村の絵画を買い集め、我が国最初の蕪村研究書である「蕪村画集」を上梓するほどの傾倒ぶりであった。その後、仏教美術や中国彫刻、宗達、光琳、乾山等の琳派の収集に励み尾形乾山の焼き物にいち早く着目した。そして琳派収集の集大成として買い求めようとしたのが小西家文書であった。

尾形光琳「孔雀図」
（小西家伝来写生帖、京都国立博物館蔵、大阪市立美術館寄託）

小西家は、ご大家であったので金銭にお困りであったわけではなく、ただ先祖から伝わる貴重な資料、名宝を死蔵するだけではなく広く世に出して貢献したいという気持ちが強く、この趣旨にそって資料を引き継いでくれる収集家を探していたところ、縁あって山治との関係ができ、山治がその資料全部を買い取ることになったのである。そして両者のあいだに入り斡旋したのが骨董商斉藤平山堂の斉藤利助であった。斉藤は伊藤平山堂の丁稚から身を起こし、主人の死後平

山堂を継ぎ、大正、昭和の時代、実業界の多数の名士に深く取り入り、特に武藤山治との関係は深く、山治から多大な恩恵を受け、利助にとって山治は恩人といっても過言ではない。

祖父遭難後、斉藤利助が無断で他へ売却

しかるに、斉藤は山治から手付金を受け取り、それを小西氏に渡した上、文書をすべて自分の店に持ち帰ったのであった。ところがまもなく山治が不慮の災厄のため死亡する事件がおこり、それを好いことに当該文書を武藤家に渡さないまま自己のものとして、さらに当時新興の収集家であった東京の渡邊善十郎氏に高値で売却してしまった。望月氏の著書にあるW氏とは渡邊氏のことである。

山治の死後、財産整理にあたっていた父金太は光琳の資料について不明な点があり、いろいろ調査したが合点がいかなかったので、意を決して小西家の当主にお目に掛かったところ、最初は小西氏も手付金だけ渡されて、現物を持って行かれたまま、その後全く連絡もない武藤家に対し大変な不信感を持っておられ、最初はけんもほろろの扱いであったが、父親が「自分は長い留学生活から帰朝早々この事件が起こり、本件については全く預かり知らぬ上、父は何事も正義を重んじる人なので、そのような不義をするはずがない、事実小西家文書は、当家にそのかけらも届いていません」と誠心誠意説明したところ、小西さんもようやく現物を詐取したのは斉藤利助で、小西、武藤の両家とも被害者であると納得されたのであった。

また、父としては、家宝を僅かな金額で詐取された小西家のことを考え、残金を全てお支払いしたいと申し入れたのであるが、小西さんは申し入れは有難いが、武藤さんも被害

尾形光琳「松鶴図屏風画稿」（小西家伝来・尾形光琳資料　武藤金太寄贈）

者であるとして頑として受け取りを拒まれたので、父はそれでは京都にある尾形光琳の墓前供養をやりましょうと提案し、供養を行ったのである。その際多額の寄進を行ったのであるが、その額は当初の小西家文書購入に相当する額だったようで、これには小西さんも痛く感激され、それではと小西家で手元に残していた一部の資料を武藤家に譲られたのであった。父としては、このような因縁のあるものを手元におくのは潔しとせず、この資料総てを昭和18年大阪市立美術館に寄付したのである。

斉藤の裏に某政治家のカゲで告訴取下げに

さて憎みて余りあるは平山堂斉藤利助の行いであって、父は事実関係が明確になってから斉藤を刑事告発した。ところが斉藤が小西家文書を詐取のうえ売却した渡邊氏に、斉藤を紹介したのが某有力政治家で、スキャンダルが自分に及ぶことに汲々として斉藤と図って当局に圧力をかけ、最終的に本件は告訴取下げの憂き目となったのである。

さて渡邊氏に渡った小西家文書はその後どうなったか、「名品」はその後、所有者が転々と替わるが、昭和53年（1

978）に文化庁が買い上げ現在は独立行政法人国立文化財機構京都国立博物館の所有となっているが、実際には大阪市立美術館の管理となり、小西家文書は昭和の初めからおよそ50年の歳月を経て一体化したのである。

さて、斉藤とのその後のつながりをお話しておきたい。斉藤は光琳資料の不正売買で多額の利益をあげたのであるが、酷な言い方であるが、天は悪を見逃さない。斉藤には後継者となる一人息子がいた。慶應で美術史を専攻し、出来のよい息子で斉藤は期待をかけていたのであるが、太平洋戦争で戦死してしまう。結果、後継者なき平山堂は斉藤の死後、高橋平山堂に代替わりしている。

尾形光琳「円型図案集」
（小西家伝来・尾形光琳資料　武藤金太寄贈）

斉藤と武藤家との関係は、当家からすればしこりの残るもので、勿論父親とは没交渉であったが、祖母千世子は同じ北鎌倉に住んでいたため当たり障りなく付き合っていたようである。斉藤にしてみれば武藤家とは良い関係にあると世間に思われていたかったのである。

私も学生時代北鎌倉で祖母と生活していたので、斉藤とは何度も会ったことがある。見掛けはそのような悪事を働くとは思えない好々爺であった。

斉藤が死んだのは確か昭和40年代と記憶しているが、その際遺族から、父も亡くなっていたので、私に弔意を何らかの形で表して頂きたいとの希望がよせられたが、私は父の無念を思い黙殺した。

さて、斉藤との事件に深入りし過ぎたきらいがあるので、小西家文書の内容について少し触れたいと思う。

小西家文書とは前述のとおり、尾形光琳の長子寿市郎が養子として入った小西家に伝わった光琳関係の文書、光琳の画稿などの総称である。

内容は、有名な「鳥類写生帳」「画稿綴込」や光琳の父尾形宗謙に関する文書、光琳乾山兄弟に関する文書など極めて貴重なもので、この資料が、現在まで残ったお蔭で、光琳の生涯の全貌が正確に浮かび上がったと言って過言ではない。例えば従来あいまいであった光琳の生年、没年もこの文書によって明らかになった。

しかし、この文書に含まれていた光琳の遺書、その他数点の重要な資料が現在行方不明となっている。一悪徳商人の所業の影響はここまでに及んでいるのである。

中国の名品「阿部コレクション」

流失を恐れ博物館へ160点を一括寄贈

さて、大阪市立美術館の館蔵品は、紡績業全盛時代の二人のコレクションによって出来上がっているのであるが、その一つが尾形光琳に因む小西家文書でありもう一つは、東洋紡績元社長阿部房次郎氏が収集寄贈された中国宋、元、明、清時代の160点にも及ぶ絵画コレクションである。

阿部コレクションは著名な大学者内藤湖南、長尾雨山の両氏を収集顧問として大正時代に収集された。当時の中国は清朝の末期で、辛亥革命の影響などから数々の名品が、戦火による逸失や国外への流失で散逸の危機に曝されていた。阿部氏はこの状況を憂い、多大な労力と財力を傾け収集を続けられたのであった。そして、折角収集したコレクションの再度の流失を恐れ、自分の死後収集品をすべて一括して美術館へ寄贈するよう遺言された。この遺志に従い子息の孝次郎氏（後の東洋紡績社長）が昭和17年（１９４２）に大阪市立美術館に寄付され、現在に至っている。

ところが、ここで面白い話がある。望月信成氏の『一筋の細い道』によれば、最初阿部孝次郎氏は東京国立博物館（当時は東京帝室博物館）に収集品全てを一括して寄贈したいと申し入れされたのであるが、東京国立博物館は、一括ではなくて価値の高いものだけを受け入れたいと応じたのであった。一説には、大コレクションの中に一部真偽の定かでないものが含まれているとして、全部の引き受けを渋ったのではないかともいわれている。

コレクションというものは、全部が全部優品などということはあり得ないのである。中には水準の劣るものも交じっているのが普通である。

折角の申し入れに水を差す、このような回答に阿部氏もいたく不信の念を持たれ、東博への申し入れを撤回し、あらためて大阪市立美術館へ寄贈を申し入れされたのであった。

当コレクションには、王維筆といわれている「伏生授経図巻」という初唐時代の名画巻や、同じく唐時代の名作「五星二十八宿神図巻」蘇東坡筆「李太白仙詩巻」その他中国美術史上

伝・張僧繇（ちょうそうよう）「五星二十八宿神形図」（阿部孝次郎氏寄贈）

の重要な作品を含んでいる。

この阿部コレクションが市立美術館の所有となったのが強い動機となり、以後、美術館は中国の絵画を初め、中国の古文化財を収集して日本一の中国美術の収集館を目指すことになったのである。

大正から昭和にかけて収集された六朝、隋、唐時代の石仏、青銅器、陶磁器からなる山口コレクションを購入し、それに加え近年小野順造氏の中国石仏コレクションが加わり中国彫刻に関しては質量ともに日本一を誇っている。その他田万コレクション、カザールコレクションなどなど特色ある収蔵品を擁しているのである。

第3話　大阪市立東洋陶磁美術館

所蔵品の主体は「安宅コレクション」

総合商社10社の一角を占める

赤レンガの中之島中央公会堂と道路を挟んだ東側に、シックな茶色のタイルで表面を覆われた市立東洋陶磁美術館がある。

東洋陶磁美術館は、一見繊維とは関係がないのではないかという反論があるかもしれないが、この美術館の所蔵品の主体は、あくまで安宅コレクションといわれる、今は存在しない安宅産業二代目安宅英一氏により収集されたものである。その当時、総合商社十社の一角を占めていた同社の取扱商品の主たるものは、鉄鋼関係であったが、繊維関係の取り扱いも多く、特に毛麻関係の商売については強かったため繊維雑記の一篇とする事をお許し願いたい。

この美術館は、昭和57年（1982）住友グループ21社から中国、韓国の陶磁器約千点からなる安宅英一氏収集による安宅コレクションの寄贈を受け、大阪市により設立された。その後、館蔵品は増え現在では2千点を数える。

明治37年の創業だが幾多の試練

さて、それでは如何にして、このようなコレクションが生まれ、そして大阪市のものになったかを、先ずお話したい。

安宅コレクションは、特異なコレクションである。収集にあたったのは、安宅英一という稀代の執念に燃えた収集家であったが、収集の原資は安宅産業という営利会社から出ており、当然コレクションは安宅産業の所有であった。

安宅産業は、明治37年（1904）安宅弥吉氏により個人商店安宅商店として創業されたのであるが、それ以前、弥吉氏は東京高商卒業後、個人商店であった日下部商店に入り、その香港支店長となるが、赴任後、従来の扱い品目であった米、木材、雑貨に加えて砂糖、鉛、亜鉛などの非鉄金属、石炭、棉花、帆布、塗料などを扱うようになった。特に砂糖の商いについては辣腕を発揮して、業界でも高く評価されていた。

ところが、日露戦争が始まると不況が訪れ、メインバンクの百三十銀行が倒産し、そのあおりをくって日下部商店は、倒産してしまう。別会社の日森洋行として経営していた香港支店も閉鎖の憂き目を見る。

そこで安宅氏は、明治37年個人商店安宅商会、後の安宅産業を創業する。

大戦終了後に株式会社に改組

安宅氏の経営は、堅実無比をモットーとしたもので第一次世界大戦前、戦時を通じて業容を拡大させ、大戦終了後の大正8年（1919）株式会社に改組する。

特に、安宅が大きな商圏を持っていたのは、鉄鋼の販売で、第一次大戦前から戦後にかけ官営の八幡製鉄所（現在の新日本製鉄）の指定問屋5社（鈴木商店、三井物産、三菱商事、岩井商店、安宅商会）の一角を占め、さらに最有力商社の鈴木商店が昭和恐慌により倒産すると、そのシェアを引き継ぎ、指定問屋4社の中で19％を占めるにいたった。

安宅弥吉氏の経営哲学は、「蛙跳び経営」といわれるものであった。これは、蛙は1回跳ぶと、次に飛ぶ前にはいったん身を縮めて、力を蓄えるのであるが、それと同じように、経営は、一歩一歩着実に歩を進めるというものであった。

このような堅実経営により、鈴木商店が躓いた第一次世界大戦後の不況においても、安宅はびくともしなかったのである。しかし、守りだけが彼の経営の本質ではなく、攻めるべき局面においては積極的な攻めの経営を行い、業績を拡大していった。

重雄派と英一派の二つの派閥生む

ところが、昭和17年（1942）弥吉氏は、詳細は不明であるが、陸軍とトラブルを起こし、それが、原因となり社長を退任する。

跡目を継いだのは長男の英一氏ではなく、10歳年下の次男重雄氏であった。

英一氏は、実業に興味がなく、浪費家で芸術家のパトロンを気取るなど、堅実を旨とする創業者から見ると「英一には、会社を守り発展させていく才能はない」と判断したようである。しかし、社長となった重雄氏も京大の哲学科出身の学究肌の人物で、かならずしも経営専一というタイプではなかった。

このため社内においては、重雄氏を盛り立てる方向ではまとまらず、重雄派と英一派の二つの派閥を生み経営に支障をきたしたのであった。英一派の中心となったのが、後に社長となる猪崎久太郎氏であった。彼は野心家で英一氏が、ロンドン留学中にたまたま、同地の駐在であった縁により英一と親しく、英一を担ぐことによって、一気に出世の階段を駆け上ることを狙い、一方、実務は面倒だが、会社の実権を握りたいという英一の利害が一致して、以後、猪崎の発言力が増していくのである。

青花辰砂蓮花文壺
　本品は、安宅英一氏個人の蔵品で、本美術館が開館してしばらくたった昭和61年に寄贈された。18世紀官窯の傑作で、青花に辰砂が配されており、気品をたたえた朝鮮時代の陶磁器を代表する絶品である。

尾を引く二重権力体制

戦後の昭和20年（1945）重雄は、社長を退き、英一は、猪崎を社長にと画策するが、重雄の反対で神田正吉が就任する。

戦後の財閥解体の中で、安宅家の持ち株はわずか2％となるが、そのような中で、昭和30年（1955）英一は会長に就任するが、社内の権力を握りワンマン体制を確立したのは、昭和32年（1957）に社長に就任した猪崎であった。しかし、その猪崎も英一会長には、全く歯が立たず人事権は英一が持つという状態、いわば二重権力体制が続いていくのである。

この二重権力構造は、英一会長が昭和40年（1965）に会長を辞任し、相談役社賓という余り世間には例のない肩書に退いた後も続くのである。

昭和41年（1966）安宅産業に住友商事との合併話が持ち上がる。戦後にスタートした住友商事は、未だ規模も小さく、メインバンクの住友銀行は、メインバンクを同じくする安宅産業との合併を画策する。条件も1対1で社名は住友安宅商事、社長は住友商事の津田久氏。会長は猪崎と合併調印寸前まで話が進んだが、安宅の独立を重んじる英一社賓の鶴の一声で合併は破談となってしまう。一説には、英一の子息安宅照弥氏の将来の社長への芽を摘むとしての反対ともいわれている。

人事権の衝突から再編も及ばず

この結果、英一会長をバックに絶大な権力を持っていた猪崎社長は失脚し、同年会長となる。猪崎の後に社長となった越田左多男氏は、人事権を振りかざす英一と衝突し、任期半ばで退職、次の市川政夫社長は、なんとか安宅産業を近代的な商社に脱皮させるべく懸命の努力を重ねるが、人事に介入する英一社賓との対立、猪崎会長の容喙もあり、商社の命である売上向上を十分に達成出来なかった。すなわち、当時から商社の実力をはかるバロメーターは、あくまで売上高であって、この点安宅産業は総合商社下位に甘んじており、なかなか上位商社との差を縮められなかった。このため、既に盛りをすぎていた繊維関係の商売を増やしたり、マンション等の不動産事業に取り組んだりするが、なかなか結果を残すことができ

なかったのである。

このような中で、社運をかけて取り組んだのが、カナダにおけるレバノン系アメリカ人シャーヒン氏との石油精製工場建設プロジェクトであったが、昭和48年（１９７３）のオイルショックを契機に昭和50年（１９７５）に破綻し、実に１千億円以上に上る貸付金、売上債権が焦げ付く結果となり、メインバンクの住友銀行主導のもとに解体、再編を余儀なくされ、最終的には昭和52年（１９７７）伊藤忠商事に吸収合併され、安宅産業は70年以上に亘る歴史を閉じた。

松本清張の『空の城』に描かれる

破綻の直接的な原因となったカナダの製油所については、売上至上に走り十分な調査がなされていなかったとか、担保取得に関する契約上の不備などが指摘されている。この経緯については、小説であるから、多少誇張はあるかもしれないが、松本清張氏の『空の城』に生々しく描かれている。また、安宅産業の解体、伊藤忠商事との合併、安宅コレクションの処理等については西川善文元三井住友銀行頭取の『ザ・ラストバンカー』に詳しく述べられている。

さて朝鮮陶磁、中国陶磁の大コレクション安宅コレクションであるが、昭和26年（1951）から収集が始まり経営危機が表面化した昭和50年まで続けられ、これは、安宅英一氏が心血を注いだコレクションであるがあくまで安宅産業の所有であった。

社有品であるから、当然会社が倒産すれば負債の弁済に供されるべきものであったが、幸い貴重な体系的なコレクションの散逸を避けるべきであるという意見が、債権者の住友銀行を動かし、昭和55年（1980）当時の頭取磯田一郎氏は、公共機関への寄託こそが最も望ましいとして、大阪市への寄贈を決定した。具体的には、住友銀行を中心とする住友グループ21社の協力のもとにコレクション約千点の買い取り資金総額152億円を、昭和57年の7月までに大阪市の文化振興基金に寄付し、その寄付金で大阪市が買い取ることにしたのである。一方美術館の建設資金18億円は、基金への積み立てによって生じる運用利息を充当した。

安宅コレクションについては、英一会長、後の社賓の道楽、独走という見方が世間に流布しているが、これはかならずしも正確ではない

美術品の購入を行うことは、安宅産業取締役会で承認決議されたものであったが、当然会社としての資金に制約があったため「金に飽かして買い漁った」という評は当っていない。

朝鮮、中国の鑑賞用陶磁器に限定

忘れてならない前館長伊藤郁太郎氏の存在

さて、安宅コレクションを語るには、この人を抜きにすることのできない人がいる。市立

伊藤郁太郎前館長の近影

東洋陶磁美術館の前館長伊藤郁太郎氏である。伊藤氏は昭和6年（１９３１）大阪の生まれで、東北大学の美学美術史学科を卒業後昭和30年（１９５５）安宅産業に入社し、安宅英一氏のもとで安宅コレクションの収集、維持、管理に携わっていたが、美術品室長であった昭和52年（１９７７）安宅産業が伊藤忠商事に吸収合併の際、退社されるが、昭和57年（１９８２）大阪市立東洋陶磁美術館が設立されるとともに館長に就任、平成21年（２００９）に館長を退き、名誉館長に就任されている。

伊藤氏は、安宅英一氏に22年間にわたり側近として仕え、英一氏の事、コレクションの事について一番精通した人で、市立東洋陶磁美術館開館後は、館長としてその運営、発展に努められた。

今回、この小稿をまとめるにあたり、特に伊藤さんの著書『美の猟犬』と『安宅英一の眼』『東洋陶磁の展開』両書の論考を参考にさせて頂いた。

安宅コレクションとは、伊藤氏の「安宅コレクションとは、安宅英一という類まれな芸術的天分に恵まれた収集家によって創造され指導された完成されることのない、しかし、不滅の、巨大な一個の芸術作品であった」という『美の猟犬』の巻頭の言葉に尽きるのではなかろうか。

参考にさせていただいた本

『60年史』にコレクションの記述なし

ところで、昭和43年（1968）に『安宅産業60年史』という立派な社史が刊行されているが、不思議なことに、同史には美術品の事に全く触れられていないと伊藤氏は書かれているので、私は、そんなことはあるまいと『60年史』を購入し、目を通してみたが、指摘の通りであった。矢張り、会社の中で安宅コレクションは、意識的に無視されていたのである。しかし、ある時期からコレクションの一部が公開されるようになり、その質の高さが知られるようになってから、会社の幹部の意識も少し変わってきたらしい。それが証拠に昭和40年代の末には、会社で美術館建設を考えようという空気が生まれてきていたようであるが、この話も会社の危機とともに消え去ってしまった。

伊藤さんの著書により初めて知ったのであるが、英一氏は人事権の掌握のみに興味を持ち、会社の経営については無関心だったというのが世評であるが、取締役会への出席はさておき、会社の稟議書には丹念に目を通していた由。また、安宅の命取りとなった石油事業について終始疑問を持ち、最後まで反対であったようである。

話は前後するが、一般に安宅コレクションとは朝鮮、中国の鑑賞陶磁器を内容とするものといわれているが、大コレクションにはもう一つの大きな柱があった。即ち、若くして亡くなった日本画の巨匠速水御舟（１８９４〜１９３５）のコレクションである。安宅氏は、早くから速水の魅力に取りつかれ、昭和26年（１９５１）速水作品の収集に手を染め、最終的には日本画30点、素描76点計１０６点にも及ぶ大コレクションを作り上げた。

しかし、安宅産業の経営危機に伴い、比較的早い時期（昭和51年）に安宅の手を離れ、山種美術財団（山種美術館）に譲渡された。

戦後の財閥解体などで古美術品が市場に流出

伊藤さんの著書を読ませて頂き、その他思ったことを幾つか書かせていただきたい。

安宅さんのコレクションは速水御舟の作品は別にして朝鮮、中国の陶磁器のコレクションである。

戦後の財閥解体に端を発し、大きな社会体制の変化と過酷な財産税や富裕税などが実施された結果、従来特定の階層が保有していた古美術品の優品が市場に流れ出し、この時期、古美術に深い関心を持っていた経営者、その他がこの混乱に乗じて積極的な収集を行い、多くの私立美術館が生まれた。即ち、五島美術館（東急）、ＭＯＡ美術館（世界救世教）、大和文華館（近鉄）、サントリー美術館（サントリー）、出光美術館（出光興産）などであるが、安宅としての美術館は出来なかったが、安宅コレクションもこれらの一つと考えてよい。しかしながら、前記の美術館と比較して安宅コレクションは著しく内容を異にしている。それは朝鮮、中国の鑑賞用陶磁器に限定されており、かつ、一品一品収集者自らが手がけたもの

国宝　油滴天目茶碗
中国南宋時代（12～13世紀）建窯で焼かれたもので、黒釉の表面に無数の斑点がきらめいており、この様子がまるで水面に広がる油の滴りのようで油滴天目といわれている。国内に伝わる油滴天目の中でも器の形、釉調子などがきわだっており、まれにみる優品である。関白豊臣秀次の所持として有名で、その後若狭酒井家に伝わった。

であるからである。なるほど、人は、「安宅コレクションは、朝鮮のものは別にして、中国のものは名品主義に徹しすぎている」と批判する。しかし、私は、それは如何なる不都合を生じさせるものではないと思う。ましてや、後発で始めた中国陶磁器の収集であれば、このやり方が一番効率的であったろう。そうでなければ、このような名品を短時間で収集できるはずがない。

このような陶磁器に限定されたコレクションについて、伊藤さんはかつて安宅氏に進言されたことがあった。即ち若狭酒井家から有名な「油滴天目茶碗」を購入した際、「この際、伴大納言絵巻をお願いしてはどうか」と提案したところ安宅氏は暫く考えた後、「やめておきましょう」とおっしゃったと伊藤氏は書き記されている。

安宅コレクションには、日本陶磁器がない。安宅氏は伊藤さんに九谷の最高のものを探せと命じられたが、安宅氏の目にかなう九谷は手に入らなかったようである。

『安宅英一の眼』に見る二つのエピソード

『安宅英一の眼』の論考の最後にエピローグとして、伊藤さんは二つのエピソードで締めくくられている。

一つは、会社が昭和51年（1976）製油所問題に端を発して重大な経営危機に陥った際、安宅氏は追われるように会社を離れたのであるが、その時「会社のためなら安宅コレクションを投げ出してもよいのですよ。それで会社が救われさえすれば」。しかし、そのとき安宅氏はコレクションの処理に関する一切の発言権を失くしていた。

歓談中の安宅英一氏。
（日本経済新聞社発行『美の猟犬』から）

その二は、昭和57年大阪市立東洋陶磁美術館開館後二度目の訪問をした安宅氏は、車椅子に乗ってギャラリーを廻るが、安宅氏に伊藤氏は話しかける。「あれほど一生懸命集められたコレクションが、人手に渡って、さぞ口惜しいことでしょう。お気を落とされているでしょうね。と慰めて下さる方が多いのです」と言ったところ、安宅氏は「コレクションは誰が持っていても同じでしょう」と言われたとのことである。コレクションが、どのような結末を迎えようと、コレクションとしての価値は変わらない。伊藤氏は、安宅さんの気持ちは、暗いものではなくて、一点の曇りもない、晴れ渡った秋の空のようなものであることを悟らされた。と述懐されている。

当然のように平静に語る、この語り口こそ、究極のコレクターの心意気を示すものであろう。

私ごとであるが、私の祖父武藤山治は、安宅さんとは、ジャンルは違うが中国、日本の古美術品の大コレクターの一人であったが、大正から昭和にかけて政治活動資金を賄うため、収集していた光琳、乾山などを含む美術品を相当処分した。

その際、父親が「折角集めたものを売ってしまって残念だったね」と言うと祖父は「美術品などは誰が持っていても同じだよ。自分は十分に楽しんだから」とあっさりした様子だったという。

「東洋陶磁美術館」は大阪市民の誇り

市立東洋陶磁美術館に収められている、特に優れた名品であるが、国宝は油滴天目茶碗、飛青磁花生の2点、重要文化財は木の葉天目茶碗、青磁鳳凰耳花生、高麗青磁象嵌牡丹唐草唐子文水注など13点を数える。指定美術品以外でも粒よりの名品が揃っており、特に朝鮮陶磁器は量、質とも世界一と言ってよい。また、開館後韓国人実業家李秉昌氏から平成11年（1999）に多くの朝鮮陶磁器の優品の寄贈を受け、その他を合わせ現在約6千点の収蔵となっ

国宝　飛青磁花生
中国元時代（13～14世紀）龍泉窯で作られたものである。飛青磁とは素地の上に鉄絵具による斑点をおき、その上に青磁釉を施したもので姿形とも優美この上ない名品である。鴻池家に伝来した。

ている。

先日、この稿を起こすため、久しぶりに美術館を訪れた。暑い夏の午後のせいか、人影もまばらであった。おかげで、誰にも邪魔されず安宅コレクションの数々を堪能することができた。

大阪に、このような世界でも有数の陶磁器美術館があることは、私達にとって誇りであり、これほど幸せなことはない。もっと多くの方々に足を運んで頂ければと、また安宅英一さんという稀代の天才コレクターのことを思いながら美術館を辞去したのであった。

第4話 藤田美術館

政商として活躍、風雲児 藤田傳三郎（1841・7・3〜1912・3・30）

「大阪紡績」の創立者の一人

藤田傳三郎といえば明治時代を代表する大阪の実業家であるが、現在その事績について知る人は少ない。今回「繊維雑記」の一編として藤田美術館を取り上げたのは、古美術品の大収集家でもあった彼が、現在の東洋紡の前身である大阪紡績の創立者の一人であるからである。しかしながらこの事実を承知している人は殆どいないと思う。

さて数年前、私の在籍している会社の関係会社が、役員全員を太閤園に招待してくれたことがあった。その際、出席者の誰も、この太閤園のいわれと藤田傳三郎についての知識がなかったので、その場でこれらについて次のように話したことがあった。

藤田美術館玄関（右側の建物）。正面は美術品の収納倉庫。左側は庭園

藤田傳三郎

私が、ここを初めて訪れたのはたしか中学生の頃で、美術史学者の父親に連れられてであった。用件は記憶にないが、藤田家の名宝で、多分「紫式部日記絵詞」を特別に父親が見せて頂けるのに同行したのであったように思う。どのような建物であったか全然覚えていないが、藤田家の奥様と思われる上品な女性に応対して頂いたことをかすかに覚えており、帰り道、父親から「あの方は勝海舟のお孫さんだ」と教えられた。

高杉晋作に師事し奇兵隊に

さて、明治時代の関西財界の大立者、風雲児藤田傳三郎は天保12年（１８４１）長州・萩の町人の家に生まれるが、実家の生業は醸造業であったが、維新の混乱期に、有名な高杉晋作に師事して奇兵隊に投じた。そこで後に明治維新の大立者となる木戸孝允（桂小五郎）、井上馨、山縣有朋らと交友関係を結ぶ。この人脈が後に藤田が政商として活躍する基になるのである。

藤田は明治2年（１８６９）長州藩が藩政の改革により大砲、小銃、砲弾、弾薬などを払い下げた時、人脈を利用してこれらを一手に引き受け、大阪に搬送して官軍に転売し、巨利を得た。

さらに革靴（軍靴）の製造に手を染め、それを土台に建設業に手を広げる。そして明治10年（１８７７）に勃発した西南戦争では陸軍に被服、食糧、軍靴などを納入するだけではなく、人夫の斡旋まで行い巨額の利益をあげる。この点大倉財閥の創始者大倉喜八郎と同様、死の商人的なイメージが彼には付きまとう。

「藤田組偽札事件」仕組まれ投獄

ところが、薩摩と長州の勢力争いの一環であった「藤田組偽札事件」が明治11年（1878）におこり、藤田はこれに連座して投獄の憂き目にあう。この事件のあらましは、同年各府県から納付された国庫金の中から偽札が発見され大騒ぎになるのであるが、これは「藤田組が、ドイツ滞在中の井上馨と組んで現地で偽札を造り、密かに持ち込んで会社の資金にしようと企てた」という疑惑で、会社には家宅捜査が入り、藤田を含む会社関係者が拘引され、東京に移送されたのであった。その後まもなく証拠不十分で藤田は無罪放免となるのであるが、その3年後、実際に偽札を造った一味が逮捕され冤罪は晴れる。

この事件の背景は、明治新政府は薩摩と長州の二大派閥により成り立っていたのであるが、薩摩の両雄西郷隆盛と大久保利通が相次いで亡くなり、薩摩と長州の均衡が崩れ、長州系が主導権を握ることに危機感を持った薩摩系の巻き返しであった。特に若くして長州の大物と手を結び、大金持ちとなった藤田は妬まれ、藤田とその庇護者である井上馨や山縣有朋が標的になったのである。

鉄骨コンクリート造りの美術館の倉庫と展示会場。戦火にも無事焼け残った

「藤田組」と改め再出発する

この事件の直後は、陸軍や繋がりの深かった大阪府からの発注がなくなり、藤田は苦境に立たされる。しかし明治14年（1881）大幅な組織替えを断行し、あらたに従来の「藤田傳三郎商社」から「藤田組」として再出発する。そして藤田は東海道線の大阪、京都、大津、長浜、敦賀間の建設と逢坂山トンネル、柳ケ瀬トンネルの開削工事を請け負う。さらに山陽鉄道（現在のJR西日本鉄道）建設の企画と建設に参加し、現在の南海電鉄の前身である阪堺鉄道を起こした。また大阪の五大橋の架橋や琵琶湖疏水の開削などの工事を請け負い、建設業として目覚ましい躍進を示す。

さらに我が国はじめての本格的紡績会社の大阪紡績（現東洋紡積）の設立にも参加し、紡績業にも進出する。

鉱山・電力・銀行・新聞などへ進出

明治17年（1884）藤田組は、秋田県の官営小坂鉱山の払い下げを受け、鉱山運営に革新的な技術を導入し、明治30年代後半には、銀と銅の生産で我が国有数の鉱山に成長させる。この鉱山が後の同和鉱業、現在のDOWAホールディングス㈱である。

その他、関西電力の前身である宇治川水力電気や、後の三和銀行である北浜銀行の創設に指導的な役割をはたす。また文化面では現在の毎日新聞は、行き詰まった地方紙「大阪日報」を買収して彼の尽力により再建されたものである。このような多角的事業経営に乗りだすことにより、藤田財閥を形成していったのである。

特筆される「児島湾干拓事業」

彼の事績のうち特筆されるものは、「児島湾干拓事業」である。この計画は岡山藩主により一部進められていた。明治になってから旧藩士たちが工事を進めようとしたが、資金難から傳三郎を頼ってきた。何分大がかりで、しかも難工事のため採算の見通しは全く立たなかったが、国土創成計画に夢を感じた彼は、この計画を引き受ける。

このあたりが単なる成金、政商の枠を超えた彼のスケールの大きなところである。干拓事業は明治17年に出願され22年（１８８９）に認可されるが、地元の反対運動や、不況、大洪水などから着工に至ったのは10年後の明治32年（１８９９）となる。目的とする干拓面積は１８００ヘクタールという広大なもので、７区に分けて軟弱地盤と闘いながら干拓は進められた。第１区から第５区までは藤田組が直接施工して昭和25年（１９５０）に完成し、あとの２区は藤田組と農林省が手がけ、全部が完成したのは実に着工以来65年経過した昭和38年（１９６３）であった。

優れた調停能力を発揮する

このように藤田は実業界に大きな足跡をのこしたが、もう一つ二つ触れておきたいのは、まず彼の優れた調停能力を生かし、実業界をまとめていくため大阪商法会議所（現大阪商工会議所）の設立発起人となり、五代友厚についで明治18年（１８８５）二代目の会頭になっ

藤田美術館正門入口に架けられた表札

たことである。また明治20年（1887）には大阪商品取引所を設立し、初代理事長をつとめた。

　もう一つは北浜銀行の岩下清周、干拓事業で手腕を発揮したのち毎日新聞を全国紙に育てた本山彦一、さらに戦前、戦後の政界において「怪物」といわれおそれられた久原房之助は、藤田の甥であるが、政界入りする前は、藤田のもとで小坂鉱山の経営で名をあげ、藤田組の支配人となる。後に独立して現在の日立製作所につながる久原鉱業をつくり、一時は久原財閥を形成するほどの勢いであった。久原と武藤山治とは縁が深いが、またの機会に触れたい。これらの有能な人材を育てたことは藤田の大きな功績である。

　このように藤田は、政商といわれる枠を超えたスケールの大きな人物で、実業界において数々の業績を残したが、一方では能や茶道をはじめとする日本文化の愛好者で、邸宅内には能舞台や数多くの茶室が散在し、自らも楽しんだ。

古美術品の国内収集に乗り出す

明治維新後の我が国では、廃仏毀釈や西洋文化の移入により、それまで大切に伝えられてきた貴重な美術品が海外へ流出した。

藤田は、何故自分が仏教美術や茶道具を収集したかを次のように述べている。「予は当時この状態を見て思へらく、社会の秩序は、文物制度の整頓と相まって早晩一定すべく、その美術志向は国富の増進と共に崇高に赴くべし、さればこの際に於て、大いに美術品を蒐集し、傍ら国宝の散逸を防がば、他日の悔いを遺さざる事を得るべしと、依って資を傾けてその蒐集に努めぬ」と語っている。

藤田美術館には、このような主旨のもとに、藤田傳三郎、長男平太郎、次男徳次郎が収集した東洋古美術品が保存展示されている。美術館は藤田家の「かかる国の宝は一個人の私有物として秘蔵するにあらず、広く世に公開し、同好の友とよろこびを分かち、またその道の研究の資料にせまほしく」との願いから、昭和29年（1954）に開館し現在に至っている。

明治の末から大正の初めごろに建てられた藤田家邸宅は、昭和20年（1945）の大阪大空襲により大部分が焼失したが、蔵や多宝塔などは幸運にも類焼を免れた。美術館はこの蔵を改装して展示室にあてられており、室内は、木材がそのままの姿で温かみのある空間を形成している。また窓からの自然光が心地よく、大変落ち着いた雰囲気である。

隣接する藤田邸跡公園と太閤園には、当時の邸宅庭園が保存整備されている。

美術館には国宝9点、重要文化財51点を含む5千点の名宝が収蔵されており、特に室町時

紫式部日記絵巻（国宝）　寛弘5年（1008年）秋の皇子誕生を中心とした紫式部の日記を、13世紀なかばに絵画化したもの。つくり絵の伝統に立ちながら、機智的な構図と爽やかな色調とに、鎌倉時代の特色があらわれている。

代の絵画「柴門新月図」、鎌倉時代の「紫式部日記絵詞」、南宋時代の「曜変天目茶碗」は有名である。

この稿をおこすため、昨年末、久し振りに同館を訪問した。蔵を展示室にしているので多少不便な点はあるが、個人のコレクションを展示するには、こぢんまりとしていて大変気持ちのよいものであった。

やや場所的に不便ではあるが、大阪にこのような個人コレクションを展示するところが存在することは、もっともっと知られてもよいのではないかと感じた。

そして政商として語られる反面、このような典雅な趣味を持った風雲児藤田傳三郎のことに思いを馳せながら美術館をあとにした。

第5話 船場

花屋仁左衛門の奥座敷が俳人「松尾芭蕉」終焉の地

今とは比較にならないほどの活気に満ちていた

私は、昭和35年（1960）に大和紡績㈱（現在のダイワボウホールディングス㈱）に入社したのであるが、当時は南久太郎町と呼んでいた場所にあった本社に転勤したのは昭和37年（1962）の12月であった。当時は、まだまだ繊維の街「船場」は健在で今とは比較にならないほどの活気に満ちていた。心斎橋筋、井池筋、北久宝寺通りなどには繊維問屋が軒を並べていて熱気にあふれていた。

広く知られる「旅に病んでゆめは枯野をかけまはる」は芭蕉がなくなる４日前の10月８日の発句といわれる

船場については、私より詳しい方が多数おられると思うが、船場は河川と人工の堀川に囲まれた

南御堂の庭園「獅子吼園」に並ぶ句碑。左の句碑が天保14年（1843）、芭蕉150回忌記念に建てられたとされる一番古い句碑

四角形の地域で、ものの本によると東端は東横堀川、西端は西横堀川、南端は長堀川、北端は土佐堀川の東西1キロ、南北2キロの地域である。しかしすでに西横堀川と長堀川は埋め立てられている。

船場の名称の由来はいろいろな説がある。すなわち「戦場」、「洗馬」、「砂場」、「着船場」などが源といわれているが、江戸時代の地形から考えて「着船場」の着がとれて「船場」になったというのが最もふさわしいのではなかろうか。

秀吉が描いた街づくり

船場が栄えたのは豊臣秀吉の時代に遡る。大坂城が築城されると多数の家臣団や武士団が住み着き、これらを支えるために武器、武具から食料、生活諸物資などが大量に必要となったのは当然のことであるが、そのため大坂の平野や堺、京都の伏見などから商業者が強制的に移住させられ、急速に城下町の整備が進んだ。その名残として平野町、伏見町、堺筋などの名前が今も残っているのはご承知のとおりである。

そして、船場には船宿、料亭、両替商、呉服店、金物屋などが誕生し、政治、経済、流通の中心として栄えはじめた。

明治になってからも繊維問屋、証券会社、銀行、薬品会社などが集中し、活気を呈したのである。

特に、繊維は我が国を支えた一大勢力であったため、船場といえば繊維、繊維といえば船場というように、繊維が船場の代名詞であった時代が長く続く。

私が会社に入った頃は、今のような高速道路もなかったし、船場センタービルもなかったが、まだまだ繊維の街・船場というイメージは強く残っていた。しかし、昭和40年（1965）の大不況、昭和48年（1973）のオイルショックを契機として一挙に繊維業界の地位は低下していった。

当然、船場においても繊維関係の店舗は激減していく。

クラシックな名建築も

船場は、このように大変歴史のある古い街である。周辺を歩き回るとクラシックな素晴らし建物が見受けられる。すなわちメレル・ヴォーリズの造った日本基督教団大阪教会。渡辺節の綿業会館、辰野金吾の旧大阪教育生命保険ビル、安井武雄の大阪倶楽部、その他高麗橋野村ビル、旧生駒時計店、芝川ビルなど枚挙にいとまがないほどである。私が勤めていた旧

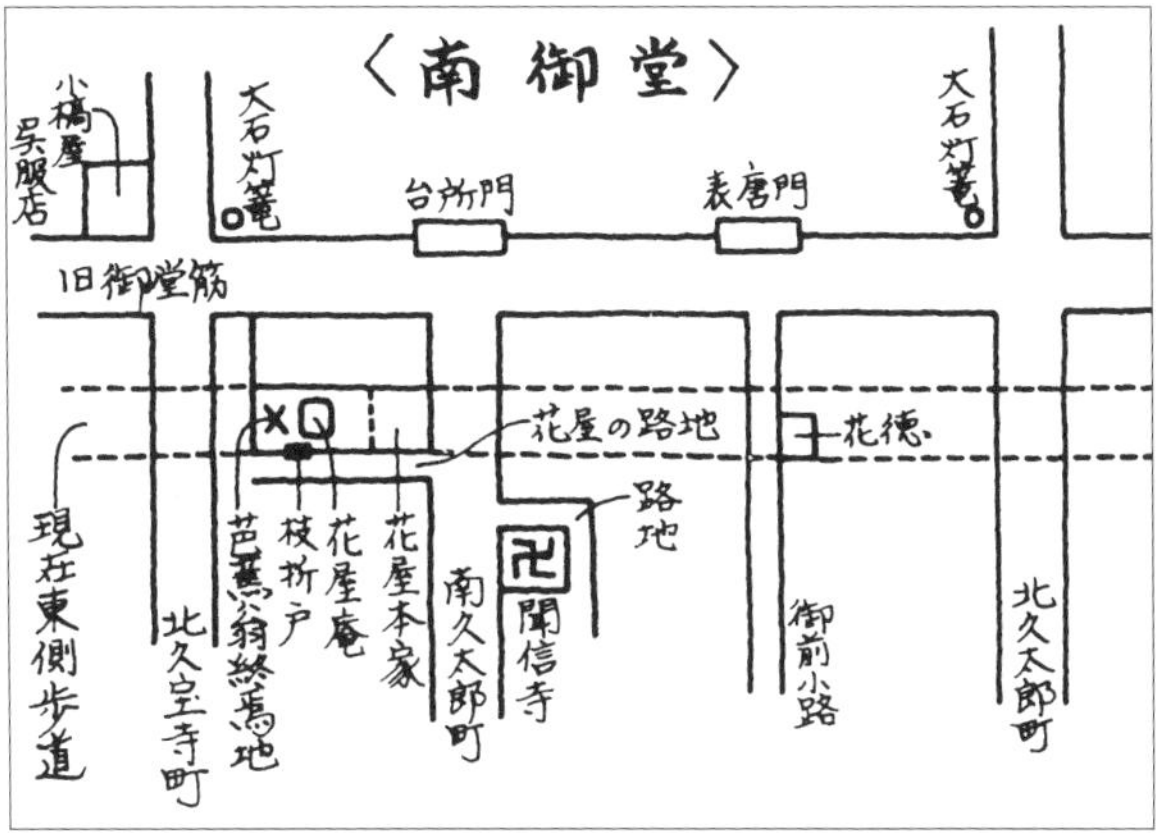

芭蕉終焉の地、花屋の位置（米谷修氏「大阪春秋」第４号より）
（終焉の地の碑は、少し北側に建っている）

大和ビルは安井武雄が、昭和27年（１９５２）、戦後最初に手掛けた本格的な建物であった。平成三年に建て替えられて、御堂筋ダイワビルとして現在にいたっている。そして余談だがこのビルは丁度大阪市の真ん中に位置している。

私が入社したころは、大和ビルの東側を走る南久太郎通り、南側の北久宝寺通り、そしてそれと交差する心斎橋筋、丼池筋は文字通り繊維問屋のメッカであった。

芭蕉が51歳の生涯を閉じた地

そしてこの旧大和ビル、現在の御堂筋ダイワビルの建っている場所こそ俳聖松尾芭蕉が最後の息を引き取ったところなのである。

江戸時代この場所には、南御堂とその墓所への参拝客を目当てに商いをしていた花屋があった。元禄7年（１６９４）12月、旅に病んだ芭蕉は大坂における後援者で、かつ弟子でもあったこの花屋仁左衛門の奥座敷で51歳の生涯を閉じた。一般に芭蕉翁といわれているからにはもっと歳を重ねた高齢者と思うが、平均寿命の短い当時としても51歳とは意外な感じもするのである。

芥川龍之介が臨終の場面描く

芥川龍之介は、芭蕉臨終の場面を短編『枯野抄』として著している。

大坂に来て病に倒れた芭蕉の枕元には、其角、去来など蕉門の多数の門弟たちが控えている。彼らは死期の近い師の顔を窺いつつ、芭蕉亡き後の一門の行く末に想いを巡らし、いやむしろ自分たちが今後どうなるのかを案じながら小声で話し合っている。

一方芭蕉は、夢うつつの中で弟子たちの思惑に満ちた話し声を聞くとはなしに耳にしながら、辞世の句について考えている。すでに「旅に病むで夢は枯野を駆けめぐる」と決めているものの弟子たちの話し声を聞いているうちに「旅に病むで枯野をめぐる夢心」のほうがよかったのではなかろうかなどと思い巡らしていたのかもしれない。

南御堂前の御堂筋東側緑地帯に立つ石碑

小説は芭蕉の臨終で幕を閉じるが、芥川らしい繊細にして、卓越した子弟の心理描写が本編の白眉といえよう。そもそも芥川がこの小説の想を得たのは、師である夏目漱石の臨終に立ち会ったことによるといわれている。漱石の臨終にあたって、漱石の弟子たちにも、芭蕉の弟子たちと同様、いろいろな感慨が去来したことであろう。

芭蕉は、寛永21年（１６４４）伊賀の国、現在の三重県伊賀市の出身で、生家は苗字帯刀を許された準武士であったが、階級はあくまでも農民で、決して豊かなものではなかったようである。

若くして俳諧の道を志し、有名な北村季吟に師事し地元で活躍するが、31歳の時江戸にのぼり、以後研鑽に励み「蕉風」といわれる極めて芸術性の高い句風を確立した。

芭蕉は旅に明け、旅に暮れた俳人であるが、有名な「奥の細道」の奥州、北陸の旅も、つい5年前の元禄2年（１６８９）のことであって「奥の細道」が完成したのも、亡くなったこの年のことであった。最後の旅となったのがこの大坂であったが、次は長崎への旅立ちを考えていたようである。このようなことから、また18歳の時仕えた地元の有力者が家康の御庭番服部半蔵の近親者であったことや、奥の細道の旅程における異常に早い健脚ぶりから、俳諧師芭蕉は、実は幕府の隠密ではなかったかという説も根強くある。

芭蕉が亡くなった花屋の奥座敷は、大和ビルの南東角あたりではなかったかと言われているが、私の会社でもこのことを知っているものはほとんどいない。

ただ、ビルの前を南北に走る御堂筋の東の側道と本線の分離帯の中には銀杏の大樹とともに「此付近芭蕉翁終焉ノ地ト傳」という昭和九年に建立された石碑がひっそりと、しかし毅然として立っている。

碑は南御堂の「獅子吼園」に

芭蕉の碑は南御堂の中にもある。すなわち、南御堂の本堂南側の庭園「獅子吼園」に「旅に病んでゆめは枯野をかけまはる　ばせを」裏側に「胡華庵超然・紫雪庵宗保・呉松庵古斎」と刻まれた大きな句碑があり、御堂筋の碑と一対となっている。この碑は天保14年（１８４３）芭蕉１５０回忌を記念して建てられたようで裏側の名前は天保の俳人たちである。

碑は最初南御堂境内にあったが、御堂筋の拡張により境内が削られたため、昭和10年（１９３５）道路の緑地帯に移されたが、その後自動車の往来が激しくなったため昭和37年再び御堂の境内に移され現在に至っている。句界における芭蕉の影響力は今も強く、こちらの方には参る人たちも多い、また毎年芭蕉忌には俳句同好の士が集まり盛大な句会が催されているようである。

第6話

北御堂と南御堂（門前町として活況）

「御堂筋」は〝北と南を繋ぐ道〟に由来

両御堂の周辺は近江商人で活況呈する

「南御堂」を御堂筋西歩道の北から写す

当時、船場を含めての広い商域が北御堂、南御堂を中心とする大きな門前町であった。

実際、両御堂の周辺には熱心な近江商人などが集まり活況を呈したのである。

それでは、両御堂とは何なのかということを説明させて頂きたい。御堂については、一般に御堂筋沿いの北と南にある大きな寺院であることはよく知っていても、それ以上に詳しい知識を持っている人は少ないので、この両寺院の詳細について申し上げたい。

北御堂（正式名称は「津村別院」）

覚信尼の孫「覚如」が寺院化して本願寺と命名

御堂筋西側の歩道から急傾斜の階段が特徴である「北御堂」は、通称であって正式名称は「浄土真宗本願寺派（西本願寺）本願寺津村別院」という。

ここで、なぜ本願寺は、東本願寺（真宗大谷派）と西本願寺（浄土真宗本願寺派）の二つに分かれているのかについて説明しておこう。

浄土真宗の開基親鸞《しんらん》の没後、末娘の覚信尼《かくしんに》が文永9年（1272）東山の大谷に父親親鸞の墓を移して、ここに大谷廟堂を建て、以後、これを子孫が継承するものと定めた。従って今の門主は東西とも親鸞の血を引いている。

以後、覚信尼の孫覚如《かくにょ》が、寺院化して本願寺と寺号を付け、同じく親鸞の孫でかつ師匠でもあった如信《にょしん》を迎え、開基親鸞、二世如信の形で各地の門徒をまとめていった。教団の勢力は初め伸び悩んだが、8世の蓮如《れんにょ》は稀にみる傑僧で、近畿、北陸を行脚して教義を広め、京都山科、大坂石山に本願寺を建立して、その後実如《じつにょ》、証如《しょうにょ》が跡を継いで発展の途をたどり、農民層を主体とする独自の宗教団組織を創り上げた。更に11世の顕如《けんにょ》の時代には戦国大名と肩を並べるほどの大勢力となり、織田信長と10年にわたり石山本願寺を巡る攻防を繰り広げる。

天正8年（1580）顕如は信長と和睦して、退城して紀伊に移るが、長男の教如《きょうにょ》は徹底抗戦を続けたため、顕如と教如の親子は不和になるが、その後和解して豊臣秀吉の庇護を受け、本願寺は河内の源泉寺から大坂の天満を経て、天正19年（1591）京都の七條堀川に移った。これが現在の西本願寺である。

大谷派と本願寺派に分かれる

さて、顕如没後教如が12世となるが、母親の如春尼《にょしゅんに》は弟の准如《じゅんにょ》を偏愛し、秀吉に依頼して教如を追放して、准如が12世となってしまう。追放された教如は、徳川家康に接近し、関ケ原の合戦時には関東方につき、大坂方の准如派と争い、関東方の勝利により勢力を取り戻して慶長7年（1602）に家康の援助で京都烏丸六条に大寺院を築き、東本願寺と称した。

そして教如は、12世に復活するが准如派はこれを認めず、父顕如の影響を受けた人々も准如についたため、教如は東本願寺の始祖ということで落ちついたのであった。以来浄土真宗は東（大谷派）、西（本願寺派）に分かれ今日に至っている。

結局、家康は両者の争いに付け込み、大宗教勢力本願寺の分断に成功したのであった。

さて、北御堂は津村別院といわれるが、「津村」とは摂津国西成郡の郷名で、入江であった古代の円江《つぶらえ》が転じたと云われている。津村別院は准如が慶長2年（1597）石山本願寺を擬して建てた寺院である。これより先顕如は天満橋付近の「楼の岸」と呼ばれていた場所に、門徒衆が参拝しやすいように小さな御堂を設けていたが、それを移転させ、発展させたのが津村別院である。

当初は狭小であったが、元禄年間に入ってから拡張を続け、本堂、御影堂（二尊堂という）

同朋会館に設置された菩薩立像

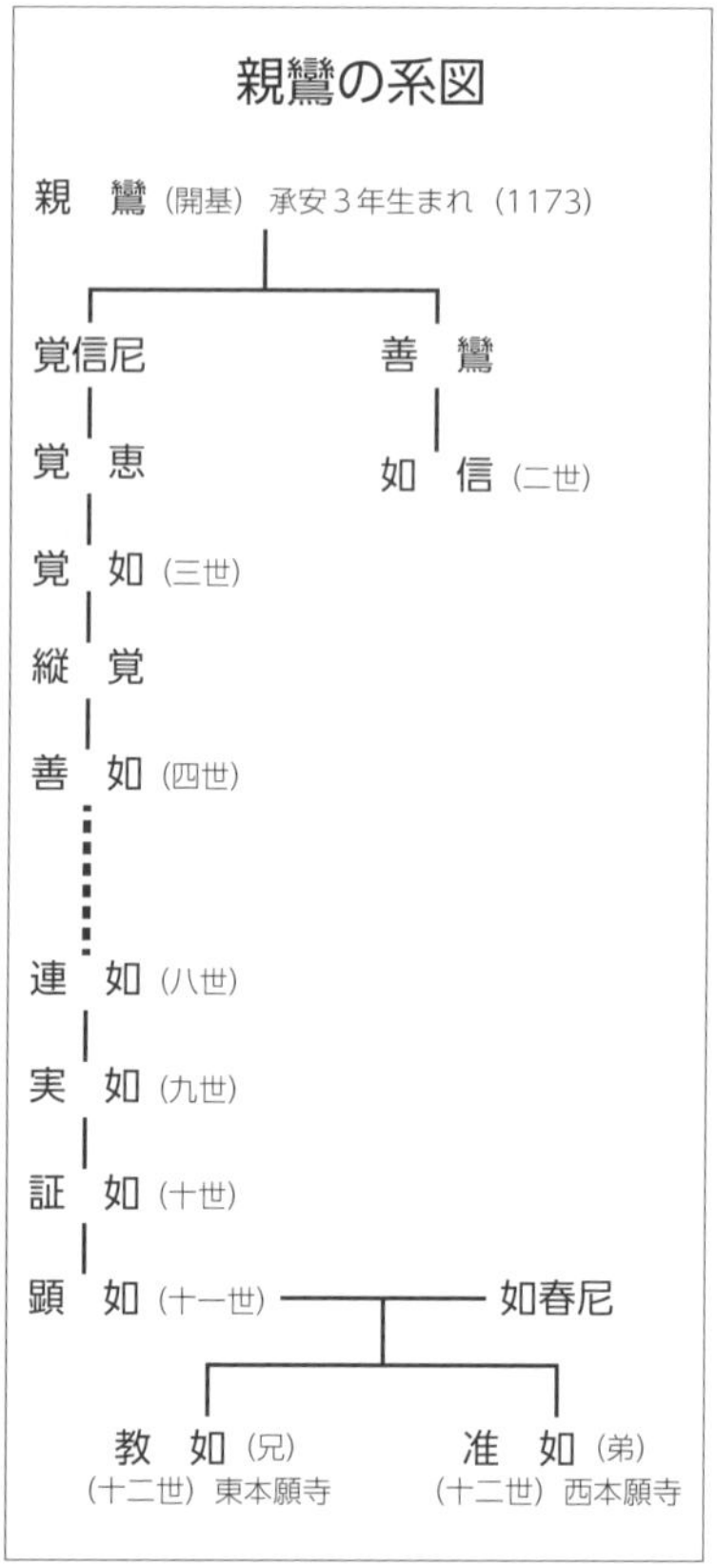

が享保6年（1721）に完成する。この建物は、間もなく享保の大火で焼失するが、享保19年（1734）に大量の石材を手当して市街地より一丈高い地盤を築く。この時建てられた建物は昭和20年（1945）の空襲で失われるが、昭和39

年（１９６４）建てられた鉄筋コンクリート造りの大本堂が一段高いのはこのためである。

津村別院と称されるようになったのは、明治32年（１８９９）からで、御堂筋に南御堂と二寺院が並ぶ北の位置なので北御堂または表御堂といわれる。

住職は、本院門主（龍谷門主）が兼ねるが別院輪番がおかれている。

南御堂（正しくは「大谷派難波別院」）

徳川家康の力を得て勢力取り戻す

正しくは真宗大谷派難波別院で、通称が南御堂である。

先にも触れたように母如春尼と弟准如に12世の地位を追われた教如はしばらく各地を行脚した後、慶長元年（１５９６）道修町に小堂を起こすが、同3年（１５９８）大谷本願寺として現在の南御堂の地に移転する。やがて徳川家康の力を得て、教如派は勢力を取り戻し、慶長7年京都烏丸六条に東本願寺を建立して寺基を移すまで、当寺は教如を12世とする本願寺教団（現在の真宗大谷派）の実質的な本山であった。

京都に東本願寺が建立された後、大坂の大谷本願寺は「難波別院」として大坂における拠点寺院となり、商人をはじめとする同地の門徒達の篤い崇敬を集めるとともに「南御堂」として広く親しまれている。

話は前後するが、大坂城落城後、教団は多数の用石を貰い受け、これに川砂や石材を加えて、北御堂同様に地盤を盛り上げ、正徳4年（１７１４）二重屋根の壮大な本堂が築かれた。

北御堂と同様戦災で総てを失うが、昭和36年（1961）鉄筋コンクリート造りの寺院が再建された。

別院名の「難波」は摂津国西成郡上難波村に由来し、また東側の「御堂筋」は南御堂と北御堂を繋ぐ道であることに由来する。

別院輪番がおかれ、実務を主管していることは北御堂と同様である

「菩薩立像」は歴史的な遺産

南御堂の中で、余り一般の方々に注目されないものがある。これは、本堂北側、同朋会館のロビーにあるガンダーラ彫刻である。片岩という石に刻んだ彫刻は1・13メートルの「菩薩立像」でガンダーラ仏教遺跡から発掘された紀元2～3世紀の作といわれている。

ガンダーラはパキスタンの北部ペシャワールを中心とする一帯でヨーロッパや中央アジア、中国からインドに入るシルクロードの十字路で、古くから交通の要衝であった。

マケドニアのアレキサンダー大王が、この地に進攻したのが紀元前327年であるが、大王は単に武力による進攻だけでなく、造形技術などを持った工人を同行させていた。

元来仏教では、仏の姿を仏像として刻む習慣はなかったのであるが、アレキサンダーによってもたらされたギリシャ文明の一端と仏教が結びつき、この地にギリシャ風の仏像が作られるようになる。実際に、ガンダーラの仏教美術が栄えるのは紀元1世紀以降であるが、2～3世紀にガンダーラを支配したクシャナ朝、特に有名なカニシカ王のもとでガンダーラ美術は繁栄し黄金時代を迎える。このヘレニズムの流れが中国を経て極東の日本にまで達するの

である。

同朋会館の仏像は写真の通りであるが、よく見ると仏像ではあるがヨーロッパ人の顔かたちで、威厳に満ちた堂々たる菩薩像である。

同朋会館で株主総会開く

私ごとではあるが、北御堂は私の勤めている会社（ダイワボウホールディングス㈱）から少し距離があるが、南御堂は、御堂筋を挟んで真ん前にあったからよく出入りして、数々の思い出がある。

ガンダーラの仏教美術として栄えたギリシャ風仏像

現在伊藤忠ビル（すでに伊藤忠商事は移転したが）のある場所は昭和40年代の初めごろはまだ空地で、南御堂の墓地跡地だったと記憶しているが、すっかり荒れ果て墓石がごろごろしていた。
今でこそ、会社の社葬は姿を消し、「お別れ会」に代わってしまったが、つい20年ぐらい前までは、大阪で社葬といえば北か南の両御堂で行われたものである。しかし断然南御堂の方が多かったように思う。多分急勾配の階段のある北御堂より南御堂の方が条件が良かったのではないか。

夏の暑い最中の昼休みに静けさと若干の涼を求めて、南御堂の本殿によく行ったものである。冷房は入っていなかったが、高い天井の建物内部はひんやりとしており、クラシック音楽の調べが耳に心地よかったことを思い出す。

もう一つの思い出は、今書かせて頂いた同朋会館を、何年間か当社の株主総会の会場として使用させて頂いていた。株主総会には、不特定多数の株主が出入りするので、御堂の方からお断りがあり、5～6年で他の会場に変更になったのであるが、その時ガンダーラ彫刻のことを知り大変興味を持ち今に至っている。

第7話 和泉市久保惣記念美術館

戦後の我が国復興に大きく貢献

木綿の仲買人として出発

私は、昭和35年（1960）に大和紡績㈱（現在のダイワボウホールディングス㈱）に入社したのであるが、当時は、戦後の我が国復興に貢献した紡績業の産業界における地位は、依然として高いものがあった。

雪景色の「和泉市久保惣記念美術館」（中庭から2014.2.14写す）

初代久保惣太郎胸像と並び記念撮影。右が河田館長、左が筆者

新々紡のグループに属していた久保惣を含め、紡績業の経営は安定していたのである。

久保惣は、もともと綿ネルを主体として生産する織布業者であった。すなわち、初代久保惣太郎氏が明治10年代の後半から20年にかけて木棉の仲買人になり、同時に出機屋（農家への賃織）を行っていたが、その後、広幅のネル生地の仲買に手を広げて、明治31年（１８９８）には、綿ネル生地（製織、起毛、捺染）の一貫生産に乗り出し、後に泉織合資会社として法人化したのであった。

しかし、日露戦争後の不況から個人経営の製織業に戻り、ネル以外の細布へ手を広げ、明治40年代には、新たに現在の美術館のある内田村に新工場を建設する。更に第一次世界大戦による好景気に乗じて三工場を増設し、織機８００台、従業員２００名へと拡大発展していく。初代惣太郎氏は昭和3年（１９２８）に死去し、二代目惣太郎を長男の茂三氏が襲名する。茂三氏は積極策に打って出て、従来の委託加工（賃織形式）生産を自家生産に切り替え、販売シェアを高めた。また、織機の設備台数を増やし、昭和10年（１９３５）には、３工場で２１５０台という大規模なものとなった。

戦中、倉紡グループに入る

しかし、昭和12年（１９３７）には日中戦争が始まり、戦時体制に突入すると種々の規制が実施され、特に原綿の割当制が敷かれると、原綿は紡績会社に割り当てられたので、輸出綿織物を生産するためには紡績会社の傘下に入らざるを得ないことになった。この結果久保惣は倉紡のグループに入った。

更に、太平洋戦争に入ると軍の集中指定が加速し、久保惣の二つの工場は、松下電器への売却を余儀なくされ、また残りの工場は軍需用の織物工場として存続せざるを得なくなった。

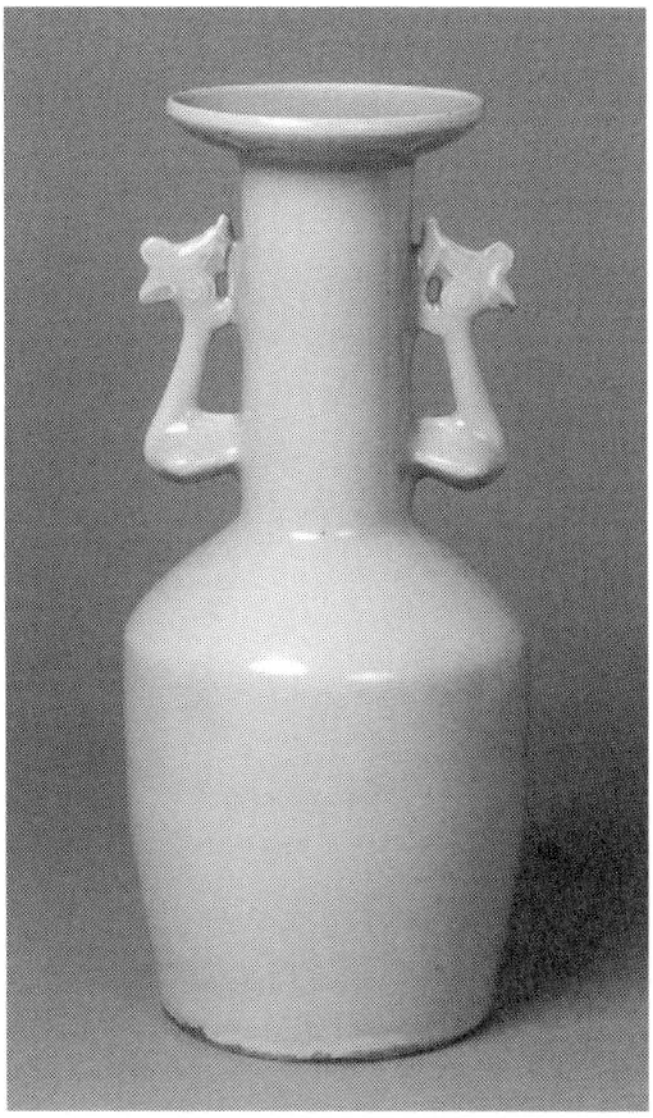

国宝「青磁鳳凰耳花生　銘万声」
（南宋時代、高さ30・8㎝）

初代、二代の久保惣太郎氏の経営姿勢について触れると、目につくのは先ず、いち早く広幅ネルの将来性に目を付け、生産については、自家工場に広幅織機を積極的に導入したことであろう。いうならば先見性と洞察力に優れていたのである。

初代の経営姿勢は堅実経営そのものであり、一方従業員の面倒をよくみて、育てた。こうした人道主義的な社風と地域との繋がりを大切にすることが、久保惣の発展を支えたのである。

二代久保惣太郎氏は、経営において、先ず販売を重視して販売網の確立に努めた。昭和11年（１９３６）には個人経営を改め久保惣織布株式会社とした。一方生産面では、生産工程でのラージパッケージ化など合理化に努めた。

また、得てして、個人経営の場合には兄弟同士が、かならずしもしっくりしないことが多い中、二代目は、三人の兄弟がそれぞれの個性を発揮できるよう環境を整えたのであった。

戦後、倉紡、鐘紡の系列に

戦後の昭和20年（１９４５）９月いち早く工場の生産を再開したが、松下に売却していた工場も買戻し、倉紡、鐘紡の系列下に入って両社から綿糸の供給を受け、輸出の賃織を開始した。

そして、当時社長となっていた次男の忠清氏は、昭和25年（1950）新々紡として紡績業に参入する。当初2千錘から出発するが何度かの増設により、昭和29年（1954）には2万8００錘、昭和37年（1962）には2万8千錘、最終的には系列を含めて8万862０錘の規模となる。また昭和47年（1972）には空気精紡機6２００ドラムを新設した。

久保惣の紡績への進出の目的は、自家織機への原糸供給ではなく、あくまで市販糸の販売であった。この目的を果たすため、極めて積極的な設備投資を行うが、その反面織布部門への設備投資は一部を除き見送られ、革新織機の導入は一部に限られ、全体としては縮小へと向かった。

市況悪化で廃業問題起こる

さて、綿紡績業界は、昭和40年の大不況を乗り越え、以後昭和48年（1973）のオイルショックまでは、大きな落ち込みもなく推移したのであったが、オイルショックを契機として市況の悪化が顕著となり、その後は台湾、韓国、東南アジアからの安価な綿糸の流入、国内的には合成繊維の台頭もあって、大幅な地盤沈下を余儀なくされた。このため大手紡績会社も含め、業界各社は、膨大な赤字に苦しめられるところとなった。

このような中で同社においては、工場火災により損害が発生し、業績においても昭和49年（1974）、50年（1975）に多額な赤字を計上したことなどから、廃業問題が持ち上がる。

廃業とは、企業にとって最も由々しい問題である。久保惣自体赤字決算が続き、体力を弱めていたことは事実であったが、戦後の好況期に資本の蓄積が進んでおり、一挙に廃業という事態は、客観的に見て考えられなかった。

三代久保惣太郎氏（英夫）には宗一氏、恒彦氏の兄弟があり、当初は営業、生産技術、経理財務をそれぞれが担当し、兄弟のまとまりもよかったのであるが、昭和36年（1961）から恒彦氏が発足間もないトヨタカローラ南海（当初はトヨタパブリカ）の経営に専念することになった。それより前から恒彦氏は、経営先進国の英国の例から見て、綿紡績業の将来に対し不安を抱くようになり、経営の多角化を模索するようになっていたようである。

そのような中で三代惣太郎氏が病に倒れ、再建にはなかなか意欲が湧かなくなっていたようである。

重要文化財　響銅 鵲尾形柄香炉

三兄弟で協議、廃業を決定

昭和52年（1977）前半、廃業について、惣太郎、宗一、恒彦の三兄弟で議論をされ始めた。俎上にあがったのは、紡績織布の規模を漸次縮小して、それが軌道に乗らない場合は、廃業する案（宗一）。もう一つは、この際一挙に廃業に持ち込む案（恒彦）であった。当時の久保惣の体力からして段階的撤退案は採ってとれない案ではなかったが、最終的に「日本の紡績には将来性はない」という、自動車販売業で成功した冷静な経営者の目を持つ恒彦氏の意見がとおり、早々に廃業する案が大勢を決めた。

廃業が順調に進んだ背景で一番大きかったのは、矢張り久保惣の所有する土地、建物、有価証券の一部売却で廃業資金が捻出できたことであろう。その他、長年に亘る労使の協調路線から労使間には信頼関係が確立されており、労使間のトラブルが全く無かったこと、それに関連するが、廃業後の従業員の受け皿に恒彦氏の経営する自動車販売店が、役割をはたしたことなどもあげられよう。

以上が久保惣織布㈱の100年にも及ぶ歴史のあらましであるが、一方久保家が収集した東洋古美術コレクションについては知る人ぞ知る斯界では有名なものであった。

美術品の売却を免れ市へ寄贈

私の父親はギリシャ古陶器を研究する美術学者であったが、久保惣さん所有の有名な国宝「青磁鳳凰耳花生」が好きでよく「毘沙門堂」「毘沙門堂」と言っていたことを思い出す。

久保惣の廃業が決定されると、廃業資金捻出のため美術品売却案も出たようであるが、やがて美術品を売却することなしに、廃業資金が賄えることがわかると、今度は美術品そのものを、どのようにするのかが一族の間で意見がかわせられるようになった。

すなわち、美術品を売却して売却代金を一族で分配する案、国立博物館等に寄贈する案、地元の和泉市に寄贈する案などが検討されるが、最終的に和泉市に寄贈することになった。

昭和53年（1978）久保惣は和泉市に美術品の寄贈を申し出る。そして、その条件は

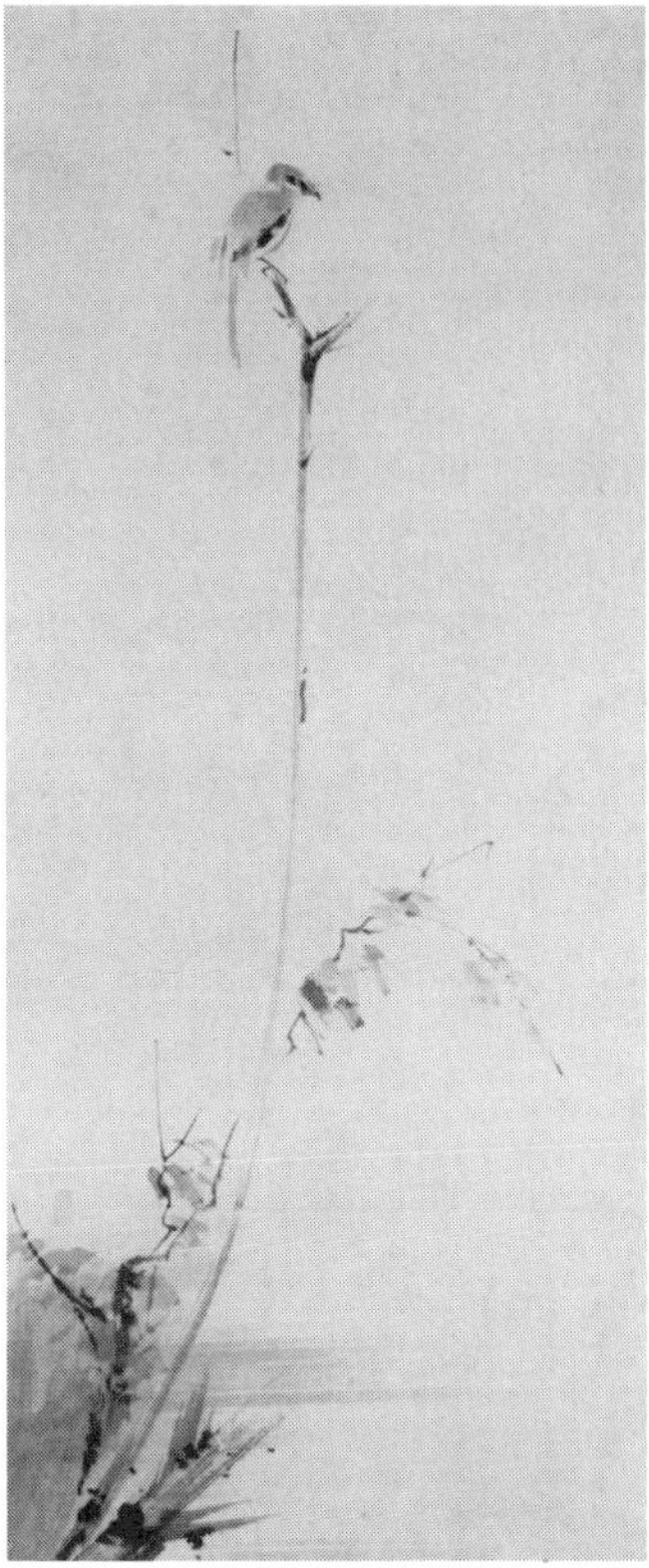

重要文化財　枯木鳴鵙図　宮本武蔵筆

当時100億円といわれた美術品の寄贈に加え美術館建設用地の提供、美術館の建設資金、美術館の基金3億円、さらには当初の運営費3年分を久保惣が負担するという破格のものであった。

そして、昭和57年（1982）に久保惣美術館は完成して和泉市に寄贈された。それと同時に久保惣の出資金を基金とし、それに加えて、惣太郎家からも遺産の半分の寄付を受け、地域文化の振興と、美術館への支援活動を目的とする久保惣記念文化財団が設立された。

久保惣美術館のような個人コレクションによる美術館は全国に幾つもあるが、同館は、その設立の経過からして極めてユニークな存在である。栄華を誇った綿紡績会社の大半は廃業、倒産してその名前の痕跡すら留めていないのが大半であるが、どうして久保惣は確かに本業を廃業したが久保惣美術館として別個の輝きを保持し続けたのであろうか。

ツキにも恵まれ誇りを永続

いろいろと理由はあると思われるが、研究者の考察によると、一つは「金の面」で幸運にめぐまれたこと、すなわち久保惣の会社所有地が、折から開発中の泉北ニュータウンの影響と、昭和52年以降の土地バブルにより大幅に値上がりし、また手持ちの株式の値上がりも大きかった。その点で廃業資金以外の相当額の資産が残ったという「ツキ」に恵まれたのであった。

「人の面」では廃業時に恒彦氏の強力なリーダーシップと兄弟一族の結集力が発揮されたことであろう。

「物の面」では久保家の家族、本社、工場が隣接していたことである。

また、当該地が、和泉市の郊外、いわば辺鄙な場所に立地していたことも結果的には良かったのである。もし市街地にあったならば跡地の有効利用として別の方向に向かったかもしれない。

久保一族としては初代久保惣太郎以来の地元に対する「報恩の心」を大切にすると同時に、廃業することは確かに先祖には申し訳ないが、その代わりに美術館という久保惣の「誇り」を永続させることが最も重要なことであったであろう。そうすれば久保惣の名前は美術館によって永遠に続くからである。

オーギュスト・ロダンの「考える人」

久保惣美術館に収められている美術品は約1万1千点といわれているが、作品の大半は初代惣太郎氏、二代惣太郎氏、忠清氏、三代惣太郎氏、恒彦氏の5人が係わったコレクションで、その内容は、初代惣太郎氏が収集されたと考えられる富岡鉄斎に始まり、二代惣太郎氏とその夫人は茶の湯に対する造詣が深く、茶道具を多く収集され、また千家の茶室を模した茶室を本宅に造られた。

積極的に古美術品を収集

二代惣太郎氏亡き後、忠清氏が収集に努めたが、当時は、朝鮮戦争後による糸へん関係は、好況を謳歌した時期であった。同時に古美術品業界は、戦後の混乱期で寺社や旧華族、戦前からのコレクターなどが、経済的理由から多くの名品を手放す時期とも重なっていたので古美術を収集するには絶好の機会であった。忠清氏はこの機会に乗じ、平安時代の国宝「歌仙歌合」や重要文化財「法華経方便品」鎌倉時代の重要文化財「駒競行幸絵巻」江戸時代の宮本武蔵筆「枯木鳴鵙図」などを収集された。

さらに三代惣太郎氏は、特に絵巻物や磁器の名品を収集品に加えられた。具体的には、南宋時代の国宝「青磁鳳凰耳花生」銘万声、重要文化財では鎌倉時代の「伊勢物語絵巻」室町時代の「山王霊験記絵巻」などは特筆されるものである。

以上が第一次久保惣コレクションといわれるものであるが、その後五代目の経営者となる恒彦氏が中心となり、第二次久保惣コレクションすなわち中国商周時代の青銅器、新石器時代の「玉璧」など中国金工品を中心とする220点、さらには、モネの「睡蓮」ロダンの「考える人」などを含む380点がコレクションに加わった。そして、これらは、平成9年（1997）から16年（2004）にかけ和泉市に寄贈された。

重要文化財「源氏物語手鑑」土佐光吉筆　江戸時代・慶長17年（1612）

次に、第三次久保惣コレクションといわれる実業家江口治郎氏の収集による中国玉器、青銅器またユニークな煎茶器のコレクション５５０余点を取得し、平成22年（２０１０）に和泉市に寄贈された。

第四次久保惣コレクションとは、恒彦氏とご子息二人がそのほとんどを収集された歌麿、写楽、北斎、広重、国芳など著名な浮世絵の作品を多数含む６千点に及ぶもので、平成16年から21年（２００９）にかけて和泉市に寄贈された。

「源氏物語手鑑」を全面展示

さる2月14日、私は初めて久保惣美術館を訪問し、河田館長自らのご案内により、数々の名品を鑑賞させて頂いた。折から新たに重要文化財に指定された第一次久保惣コレクションの一つ土佐光吉の「源氏物語手鑑」が全面展示されており、大変贅沢な時間を過ごさせて頂いた。

第三代久保惣太郎氏は、美術館を造るのであれば「絵巻物」の美術館を造りたいという意思を持っておられたようであるが、なるほど平安、鎌倉、室町各時代に亘る作品の質は超一級品で圧倒されるものであった。先にも触れた国宝「青磁鳳凰耳花生」は圧巻で帰宅後亡き父親に報告した。

当日は、何年振りかの大雪の後で5千坪に及ぶ美術館の敷地は雪に覆われ、思わぬ風情を感じたのであった。

泉州といえば、大阪の中心からは外れたところであるが、ここにこのような内容の豊かな美術館が存在することは正直言って驚きである。この美術館のことが、もっともっと世間に知られなければならないと強く思う次第である。

雪の溶けかけている中、久保家五代に亘る「誇り」である美術館の再訪を念じながら心を残して、辞去したのであった。

本稿は、業界の先輩で、日頃お世話になっている元東洋紡績㈱専務脇村春夫氏の博士論文「日本の短繊維織物産地における大手企業経営（「産地大経営」）の戦後の展開」を全面的に参考にさせて頂いた。

第8話 孫文記念館と旧武藤山治邸

明石海峡大橋開通で脚光浴びる二つの邸宅

きわめてユニークな造形美誇る

神戸市垂水区の舞子公園は、兵庫県内有数の県立公園である。垂水区の西側にありながら、明石の東端に接しており、淡路島を前に白砂、青松が連なる一帯の美しい浜辺は、古くから舞子の浜と呼ばれ東側の須磨の浜と並ぶ名所で、江戸時代には山陽道の休憩所として多くの待合茶屋が設けられていた。有名な歌川広重は「播磨舞子の浜」の図で強い風波により砂が流され、まるで自然に「根上がりの松」のような形となった美しい海岸風景を描いている。

明治になると明治天皇や有栖川宮が度々訪れられ、有栖川宮は現在舞子ビラとなっている場所に別邸を設けられた。

明治33年（1900）に初の県立公園に指定され、老松の林と明石海峡の織りなす風景は文字どおり絶景といって過言ではない。戦前、松林の状態は良好に保たれていたが、戦後になり排気ガスや病虫害により弱り始め、県は種々対策を講じたが、昭和30年代には最悪な状態となった。

このため県は、防風林や防潮堤の設置、道路の整備、肥料の研究、海外で育った松の移植などの対策を行ったところ、昭和40年代の後半から効果が表れはじめ、松林は回復してきた。

昭和61年からはじまった「明石海峡大橋」の建設工事に関連して、更に松の移植を進めた結果、現在のような美しい状況になった。

このような自然と人工のコントラストの美しい舞子公園を訪れると、二つの古い建物があるのに気づく。両方の建物とも極めてユニークな造形美を誇っているが、この二つの由緒ある建物の歴史と由縁についてお話したい。

手前が孫文記念館で対岸左が旧武藤山治邸（明石海峡大橋から写す）

一つは公園の海岸側に位置している俗に「六角堂」と呼びならわしている風変わりな建物で、現在は「孫文記念館」となっているもので、二つ目は如何にも明治における近代建築を具現している建物である。

広重画く舞子浜

二つの建物は、そもそも現在の場所から300メートル東にほとんど並んで建っていた。

孫文記念館

後援者だった呉の別邸

明石海峡大橋をバックに孫文記念館が脚光浴びる

元々の名前は「移情閣」といい、華僑の実業家呉錦堂の旧別邸である。館内には、中国において辛亥革命を指導した孫中山（孫文）の生涯にわたる写真、遺墨、遺品などを展示しており、日本における唯一の孫文に関する博物館である。

この建物に関しては、やたらに孫文の名前がクローズアップされているが、そもそもこの特異な建物は、神戸における華僑の指導者であり、かつ孫文の日本における有力な後援者であった呉錦堂の別邸であった。

孫文の胸像

「移情閣」の名前のいわれは、呉が自分の故郷であった浙江省寧波府慈渓県に対する思いを、この地に移す

孫文の生涯をパネルで展示している

という意味で「移情閣」と名付けたといわれている。

この建物は、呉錦堂が明治20年代に「附属棟」と呼ばれている洋館を最初に造り、ついで「松海別荘」と呼ばれる「本館」が建設され、ここに大正2年（1913）孫文を招いたのである。

その後、大正4年（1915）彼が自らの還暦と第一線からの引退を記念して、八角形三階建てコンクリートブロック造りの楼閣を建て、「移情閣」と名付けたのであった。

昭和3年（1928）現在の国道2号線が拡幅された際、本館は解体撤去されたが、「移情閣」は船舶航行の目印になっているという理由で残された。

そして、本館に接続していた「附属棟」が「移情閣」とつながり、現在の形となった。

平成6年（1994）明石海峡大橋が建設されるに伴い「移情閣」と「附属棟」は一旦

解体され西南200メートルの現在の場所に平成16年（2004）に移築されたのであった。

さて、「移情閣」を残した呉錦堂（1855～1926）とは如何なる人物であったか。呉は、1855年の中国浙江省寧波近郊の小村に生まれた。

生家は、貧しくはあったが無学な家ではなかった。この辺りの主な農作物は綿花であり、後年彼が紡績業と深く繋がりを持つことになるのはこの縁によるものかもしれない。

綿花や石炭で財を成す

呉は、1882年農業に見切りをつけ、上海に出稼ぎに出る。そこで蝋燭や香料を扱う商店に勤めるが、たちまちの内に生来の商才を発揮して店主の信頼をかちとる。そしてまもなく独立して、明治18年（1885）に交易のため初めて長崎に渡来する。

その後、中国商品の運輸と輸出入販売により成功をおさめる。彼が巨利を得たのは、中国産の綿花の日本への輸入販売と北九州産の石炭の中国向け輸出であった。他の華僑より一歩先んじていた点は、単に商品の交易により利鞘を稼ぐだけではなく、自前の船舶を所有して、物流に力を注いだことである。石炭の輸出を手掛けていたころから、孫文の初期の革命運動に係わっていたのではないかといわれている。

一方彼は、勃興期にあった日本の紡績業、とりわけ新興の鐘ヶ淵紡績と深い関係を持つ。すなわち綿花を供給するとともに、その製品を販売するという両面での有力取引先となった。特に神戸の兵庫に我が国最新鋭の工場立ち上げに成功した鐘紡支配人武藤山治と親交を結ぶ。

鐘紡株の仕手戦で敗れる

当時の鐘紡は三井財閥の傘下にあり、たまたま、鐘紡の株式が三井呉服店から三井合名に移された際の明治34年（１９０１）その一部が三井から呉に売却され、大株主として鐘紡の取締役となる。その後起こった日露戦争は海運業を通じて巨万の富をもたらす。

更に呉は、セメント会社やメリヤス会社を興すほか、当時輸出産業の花形であったマッチ工業にも関与し、阪神財閥の一翼を担う大実業家となった。

ところが呉錦堂は、明治39年（１９０６）鈴木久五郎（鈴久）との鐘紡株を巡る大仕手戦に巻き込まれた。

呉は思惑好きで、大株主であることを背景にカラ売りを繰り返して利益を得ていたが、彼の一瞬の隙を突き、大がかりな買占めに打ってでたのが若干29歳の鈴久であった。呉も買占めに応戦する。また武藤も両者の仲裁に入るが、最後に、安田財閥をバックとする鈴久に凱歌があがり、呉は完敗する。

そして持ち株を全量手放し、大きな痛手を受け、武藤も責任をとり鐘紡を退社する。しかし、日露戦争後の不況から株式相場は大暴落し、鈴久は破産する。武藤は専務取締役として復帰し、以後、鐘紡を日本一の会社に発展させて行く。

その後、呉錦堂は資産の大半を中国に移し、実業家としてまた慈善家として活躍する。

貴重な資料、唯一の記念館

この呉錦堂の別邸に、孫文が大正2年に訪れた際には国賓級の歓迎の場となった。この事実により日中国交正常化10周年を記念して昭和59年（1984）11月12日旧呉錦堂別邸「移情閣」が孫文記念館として開館されたのである。

しかし、孫文が訪れた時には「移情閣」はまだ出来ていなかった。彼が訪れたのは本館の「松海別荘」である。

呉錦堂は別邸の建設を明治20年（1887）ごろから着手し、最初にできたのが「附属棟」次いで「松海別荘」そして大正4年に横山栄吉の設計により「移情閣」を完成させた。

「辛亥革命」を目指す中国人

孫文の活動を支えた日本人（宮崎、梅屋、山田氏ら）

木骨コンクリートブロック造り、地上3階建て八角形であるが外から観ると六角形に見えるため六角堂と呼ばれている。

館内には、復元された金唐紙が壁面に用いられ、孫文の自筆や遺品、パネルなど大変貴重な資料が展示されている。なお当該建物は、平成13年（2001）11月14日付けで国の重要文化財に指定されている。

一方、大変残念なのは「移情閣」にはこれが造られた当時の家具備品は一切残されていない。これがもう一つの旧武藤山治邸と相違する点である

旧武藤山治邸

旧鐘紡の「舞子倶楽部」

「移情閣」の北東JR舞子駅に近いところに平成22年（2010）に移築完了したのが旧武藤山治邸（旧鐘紡舞子倶楽部）である。

この建物は、明治40年（1907）に旧国会議事堂の設計者大熊喜邦が設計し、現在の竹中工務店が施工した木造2階建コロニアル様式の西洋館である。元々は現在の位置から東に300メートルの位置に移築された洋館と日本館が建っていた。

武藤山治の胸像

この家は祖父武藤山治が、鐘紡の経営に当たっていた時代のほとんどを過ごしていた住居

で、大正10年（1921）頃まで、ここに住まいしていたが、祖父の没後昭和12年（1937）に父が鐘紡に寄付して、以来鐘紡舞子倶楽部として存在していた。

武藤山治が永年居住した邸宅

山治は慶応3年（1867）現在の岐阜県に生まれるが、慶應義塾で福澤諭吉の薫陶を受けた後アメリカで苦学し、帰国後三井銀行を経て鐘紡の再建に携わり、事実上の鐘紡の創業者であったが、その後政治家、ジャーナリストとして活躍した。

クリスマスの飾り付けがなされた貴賓室

応接室からの眺め（右が孫文記念館）

明石海峡大橋が建設された際、国道2号線が拡幅され、この建物は移転を余儀なくされたのであるが、鐘紡は土地の接収代金で、同じ垂水区の狩口台に土地を求めて、移築したのであった。しかし、鐘紡の不手際により貴重な日本館を取り壊してしまい、洋館のみが移築されたのであった。

その後鐘紡の経営が傾き、資産処分の一環としてこの不動産が俎上にあがったのであるが、その際、鐘紡から、寄付をした武藤家に対して時価で買い戻して欲しいという常識を疑う申し入れがあった。

県に寄贈、元の場所近くへ

結局私から兵庫県の井戸敏三知事に、兵庫県でお世話願えないかと要望したところ知事の英断で、県が鐘紡から寄付を受け、それを元の場所に近い舞子公園へ移築することが決まり平成22年にゆかりの深い呉錦堂旧邸「移情閣」（孫文記念館）の向かいに復元されたのであった。

具体的には、兵庫県は平成19年（２００７）鐘紡から建物と共に家具、絵画、蔵書等調度品について寄付を受け、建物は、移築の際に外観は一部新材に置き換わっているが、内部の仕上げ材や家具調度、絵画、蔵書は往時のまま保存されており、明治期の西洋館の住宅形式や当時の実業家の生活様式を窺がうことができる貴重な建物といわれている。

絵画や仏像など多数展示

家具、絵画、蔵書について付言するならば家具は舶来、国産の最高のものが備えられている。絵画については、岡田三郎助、山本鼎、満谷国四郎、鹿子木孟郎など当時の一流のものが並んでいる。また平安時代の重要文化財級の仏像（木彫）が一体ある。

大読書家であった山治の蔵書には英書が多く、研究していたナポレオン関係の書籍にはロシア語のものまである。

しかし前にもふれた様に、旧山治邸には洋館と日本館があり、洋館よりも、なお一層当時の生活様式がわかる日本館が取り壊されてしまったことは、建築史の上からも、返す返す誠に残念なことである。

さて、「移情閣」と「武藤邸」は、写真にもあるとおり現在の場所から３００メートルのところに１００メートルの距離をおいていわば隣同士で建っていた。

読書家山治の書斎

呉錦堂と武藤山治は仕事の上でも極めて親しい間柄であった。

「移情閣」が舞子公園に移築されたのが平成6年（完成は平成10年）であり、「武藤邸」の移築が完了したのが平成22年であるから、およそ20年ぶりに両建築は再び隣同士で再会を果たしたのであった。

井戸知事は、まさに両者が惹きあったのではないかといわれていたが、不思議な因縁を感じるのである。

第9話　住吉村　観音林・反高林

阪神間モダニズム発祥の地

阪神・省線・阪急開通で高級別荘地に様変わり

繊維をめぐるこのシリーズも大阪から西へ飛び、舞子公園にある二つの邸宅まで進んだところで、そろそろ大阪へ引き返そうと思う。

そこで、大阪への帰途、繊維に因む適当な場所はないかと考えていたところ、はたと思い当たったのが、現在の神戸市東灘区住吉町観音林、反高林（現在は悪名高い町名変更で東灘区住吉山手1丁目、住吉本町となっている）のことであった。

阪神間の高級住宅地といえば先ず芦屋を思い浮かべる人が大半であろう。確かに芦屋の山沿いには大区画の大邸宅が立ち並び、六麓荘はその代表的な場所である

現在では芦屋と並んで岡本の人気が高く地価も最高の水準となっている。しかし、元来、阪神間の住宅地として別格の水準を保ってきたのは住吉、御影なのである。

明治38年（1905）に阪神電気鉄道が大阪、神戸間に鉄道を布設したが、その頃から阪神間という呼び名が伝わるようになった。鉄道が開通する前のこのあたりは、寂れた農漁村にすぎなかったのだが、この頃から大阪の船場商人や企業経営者が移り住むようになり、当初は別荘であったが、その後本邸が設けられるようになった。

白鶴美術館正面にて著書

観音林クラブスケッチ

当初は阪神電車の芦屋駅を中心に芦屋川沿いに屋敷が設けられ発展していったのであるが、その後、省線（国鉄）の開通、阪急電車の開通とともに芦屋、夙川から岡本、住吉、御影へとブルジョアの住宅が広がっていった。

私のように戦前、戦時下のこのあたりの状況を知っているものが記憶をたどりつつその事実を書き残しておかない限り、その歴史は忘れ去られてしまうと思い今回この一編を書くことにした。

阪神大水害と終戦間際の空襲で、大きな爪痕残す

私は、昭和12年（1937）生まれであるが住吉に在住していたので、戦前戦中のこのあたりの風景をはっきりと思い出すことができる。昭和13年（1938）の阪神大水害でこの地域

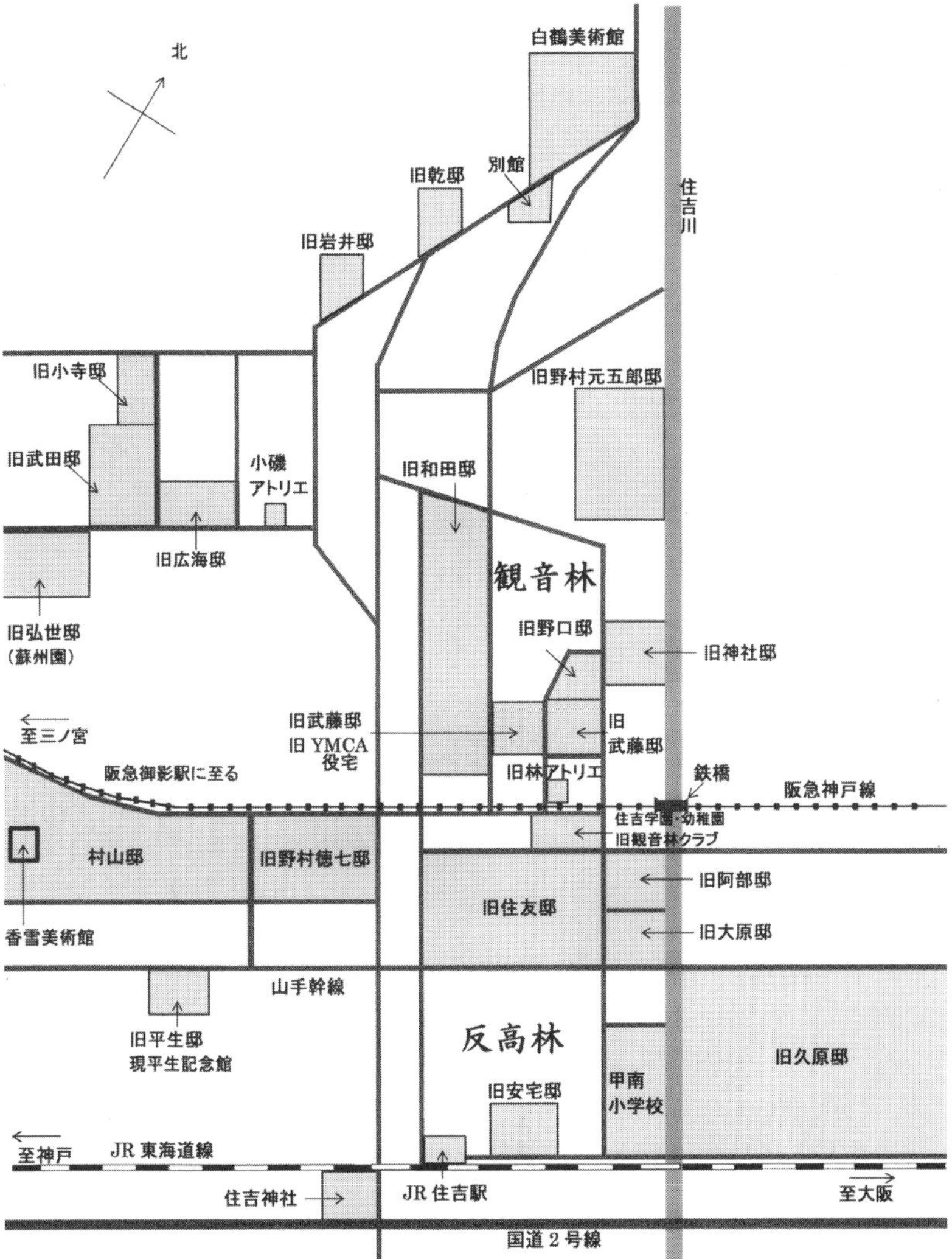

この地図及び各邸宅については、あくまで筆者の記憶によるもので、邸宅の場所ならびに広さについては事実と相違するかもしれません。その点についてはお許し願います。

筆者

住吉界隈地図

はかなりの被害を受けたのであるが、それにもまして第二次世界大戦の爆撃は大きな爪痕を当地に残し、特に昭和20年（1945）8月の終戦間際の爆撃により多くの邸宅が灰燼に帰した。

芦屋は代表的な高級住宅地としてのイメージが、今なお定着しているが、芦屋、夙川は企業の経営者、商人が主体で本当の資本家の邸宅があったのは住吉、御影であった。

繊維業特に紡績業はまさに、当時の我が国経済の屋台骨を背負っていた産業であったから、その資本家たちの大邸宅はほとんどが住吉にあり、今もこの目に焼き付いている。しかし、現在ほとんどが無くなってしまっている。

芸術家や文化人も住み独自のコミュニティー

次に主として繊維関係者の邸宅についてお話したいと思っている。

特に現在の住吉町観音林、反高林（現在は住吉山手、住吉本町）に繊維会社を経営する資本家の大邸宅があった。

そして、昭和13年の大水害で被害を受けた明治45年（1912）に建てられた「観音林クラブ」という地域社交クラブを中心にコミュニティーが存在していた。

一般に阪神間モダニズムと云う言葉があるが、これはこの地域に次々と富豪の邸宅が建設され、さらに、当時の新興階級であった大学卒業のインテリサラリーマン層すなわち中流階級の住宅が増え、文化的、経済的な環境が整い、それにともない多くの芸術家や文化人が移り住むようになったため、この地域独特の西洋文化の影響を受けた生活を楽しむ独自の文化が育ったのである。

さて観音林はこのクラブを中心として阪神社交界の中心と謳われた。

国鉄（現在のＪＲ）住吉駅を北側に出て、そのまま東へ進み、甲南幼稚園、小学校の前の筋を北へ登って行くと、緩やかな登りの両側にはまさに当時を代表する資本家、実業家の邸宅が並んでいた。

この邸宅群も昭和13年の阪神大水害と昭和20年の米軍の爆撃により、今残っているのは皆無といってよいほどで一部が写真でようやくその当時の面影を知る事ができるのみである。

各邸宅の跡

安宅弥吉邸跡（安宅産業創始者）

住吉駅前の東西の通りを東に進むと、左側にスーパーマーケット「シーア」の駐車場がある。ここが安宅産業創始者の安宅弥吉邸跡である。

大原孫三郎邸跡（倉敷紡績創始者）

甲南小学校の前の筋を北に進み山手幹線の下をくぐった右側に今は公園になっているのが倉敷紡績創始者の大原孫三郎邸跡である。

大原孫三郎邸跡

阿部房次郎邸跡（東洋紡績社長）

大原邸の北隣が東洋紡績社長阿部房次郎邸であったが水害で傷んだまま私の中学生頃までは存在していた。その後取り壊され跡地に川崎重工（川崎製鉄だったかもしれない）の独身寮がつくられた。現在は立派なマンションになっている。

住友吉左衛門住吉本邸跡（住友財閥）

阿部邸の向かいが住友財閥の総帥住友吉左衛門氏の広大な本邸で、つい最近まで昔のままであったが、今は住友不動産の開発による一部高層のマンションとなっている。

住友吉左衛門住吉本邸跡

甲南小学校（正面に見えるのは旧久原邸のマンション）

観音林クラブ（現・住吉学園）

観音林クラブは、住友邸の北側の道を隔てた向かい側、甲南小学校の前の筋の西側にあった。水害で廃屋になったまま私の小学生の時分まで残骸をさらしていた。跡地は住吉学園の幼稚園になっている。幼稚園の東隣には旧住吉村の村有財産を管理する一般財団法人住吉学園の建物があるが、これも比較的新しい建物である。

観音林クラブの跡地

武藤山治邸跡（鐘ヶ淵紡績の事実上の創始者）

甲南小学校の前の筋をさらに北に進み、阪急のガードを越え、さらに進んだ西側が鐘ヶ淵紡績の事実上の創始者武藤山治邸跡である。現状はマンションとなっている。

武藤山治邸跡

元神戸ＹＭＣＡの代表者の邸宅跡

武藤邸の西側の細い道を隔てた向かい側が心斎橋の大丸を手掛けたメレル・ヴォーリズの設計による元神戸ＹＭＣＡの代表者の邸宅であったが、後に武藤家が譲り受けた。しかし昭和20年の空襲で焼失した。現在は戸建ての住宅となっている。

林重義画伯アトリエと住居跡（洋画家）

武藤邸の西側の細い道を3分ほど南へ下ると阪急電車の線路に突き当たるが、その手前の左側に関西を代表する林重義画伯のアトリエと住居があった。ここも今はマンションとなっている。林画伯の代表作「将棋をするピエロとアルルカン」は住吉学園の2階に飾ってある。

野口弥太郎邸跡（洋画家）

武藤邸の北隣が著名な洋画家野口弥太郎氏の旧宅であるが、今は何軒もの戸建住宅が建っている。

神社柳吉邸跡（倉敷紡績社長）

野口邸の道路を挟んで前の邸宅が倉敷紡績社長神社柳吉旧邸である。ごくごく最近まで残っていたが戸建住宅になっていた。

旧野村元五郎邸跡（野村銀行創始者）

武藤邸をそのまま北に進み突き当りが野村証券創始者野村徳七の実弟で野村銀行（大和銀行から現りそな銀行）創始者野村元五郎氏の本邸であった。この邸宅は建築家安井武雄氏の設計であったが戦災で一部被害を受けたものの原型はほとんど失われないまま残っていたが、現在は野村不動産の開発で何棟ものマンションと大型画地の高級住宅になっている。正確な面積がいか程あるか知らないがおそらく3千坪以上はあったのではなかろうか。

旧野村元五郎邸跡

白鶴美術館

白鶴美術館（白鶴酒造の嘉納治兵衛氏創設）

野村邸の北側の端にある道を西側に進むとＪＲ住吉駅から北上してくる道と出会う、これを真っ直ぐ北へ進むと突き当りが、有名な白鶴美術館である。

白鶴酒造の代表者嘉納治兵衛氏が心血をこめて収集した東洋美術品の宝庫で、特に古代中国殷周時代の青銅器や唐時代の銀器のコレクションは世界的に有名である。

美術館は、昭和9年（1934）に開館して現在至っているが、幸い水害、戦災にも遭遇しなかった。白鶴美術館の南に絨毯を集めた別館があるが、本館と比較して平凡なものである。別館が建つ前に敷地は広々とした気持ちのよい芝生であったが、ここは谷崎潤一郎の『細雪』にも記述のある場所であった。

旧乾豊彦邸（乾汽船社長）

白鶴美術館別館の西側の比較的狭い道をわずか南へ下った西側に綿業会館の設計を手掛けた渡辺節氏による乾豊彦邸がある。スパニッシュ風の上品な洋館である。

この建物は、建設された当時そのままであるが、現在は神戸市の所有となっている。

旧乾豊彦邸

旧武田長兵衛邸（武田薬品社長）

乾邸から南へ約200メートル進み、二本目の角を西へ進むと二本目の西角に広がっているのが武田薬品の武田長兵衛邸である、現在は武田薬品の資料館となっているがチューダー様式の洋館で素晴らしい品格を備えている。

小磯良平画伯邸（洋画家）

武田邸に至る道の北側に、日本を代表する洋画家小磯良平画伯の住居があるが、これは戦後建てられたもので、画伯の没後アトリエは六甲アイランドにある小磯記念美術館に移築されている。

旧弘世助三郎邸（日本生命創始者・現蘇州園）

武田邸の筋向かいの邸宅が日本生命創始者の弘世家のものであったが、戦後は所有者が転々として、現在は蘇州園という中華料理の場所となっていたが、何年か前にフランス料理、イタリア料理に変ったようである。

旧武田長兵衛邸（現武田薬品資料館）

旧弘世助三郎邸（現蘇州園）

小寺敬一邸跡（尼崎紡績役員）

武田邸の前を北上し、次の道と交わる角の小寺敬一邸は南隣の別棟と共にメレル・ヴォーリズの設計によるものであったが、つい数年前別棟を残して取り壊されてしまった。戸建ての住居が建ちつつある。

村山龍平邸（朝日新聞創始者）
香雪美術館

住吉、御影において忘れることが出来ない建物があと二つある。皆さんの中には、大阪から阪急電車で三宮に向かう途中、御影駅の手前で電車は突然大きく不自然なカーブを描きながら走行するのをご存じの方も多いと思う。これは小林一三氏が、阪急神戸線を敷設しようとした時、当然でき

村山龍平邸

香雪美術館

るだけ直線にしようと考えたのであるが、その場合、朝日新聞の創始者村山龍平氏の広大な邸宅敷地の一部を取り込むことになり、村山氏と付近の住民から反対された結果であった。村山龍平邸は、現在敷地の一部に龍平氏の収集した古美術品を収める香雪美術館が建っており、それ以外は全く明治の終わりからの姿をとどめている。敷地は広大としか言いようがなくおそらく数万坪はあろう。敷地の中に入ったことはないが、全体は大きな森で江戸時代、いやもっと昔からの姿を保っているのではないかと思う。

旧小寺敬一邸 別棟

野村徳七邸跡

野村徳七邸跡（野村証券創始者）

村山邸から細い道をへだてた東側に野村証券の創始者野村徳七氏の広大な邸宅があった。

野村邸は昭和20年の空襲により消失したが、小学生であった私はこの邸宅のことをはっきり覚えている。レンガ造りでくすんだ色をした洋館で、まるでスコットランドの古城のようであった。

現在は、野村不動産により開発され大きなマンションが7、8棟建っている。

平生釟三郎邸跡（東京海上社長・甲南学園創始者）
現平生記念館

野村邸から少し南に下り現在の山手幹線に面した南側に東京海上社長、甲南学園の創始者平生釟三郎邸があった。現在は平生記念館になっている。

こうしてみると、旧住吉村一帯に広がっていた由緒のある建築群は今や白鶴美術館、村山龍平邸、武田長兵衛邸、乾豊彦邸ぐらいしか現存していないのではなかろうか。

平生釟三郎邸跡

久原房之助邸跡

久原房之助邸跡　（久原鉱業創始者）

所在地が住吉、御影ではなく、甲南小学校から住吉川を隔てた旧本山村野寄にあった久原房之助邸のことは忘れられない。久原氏は久原鉱業の創始者で久原鉱業は現在の日立製作所に繋がるのだが、後に政界に進出して政友会の総裁を務め怪物といわれた。この邸宅のスケールの大きさは並みのものではなかった。敷地は、南は現在の国道2号線から北は山手幹線まであり、敷地の中には六甲山から直接引いた疏水による大きな池があった。邸宅はロシア風というかオリエント調で、まるでクレムリンのような塔が幾つかある豪壮なものであったが、終戦間際の焼夷弾攻撃で焼失した。戦後はこの中に高等学校や川崎重工の大きな社宅が建設されていた。現在はバブルの産物である超高級マンションをはじめ多くのマンションが建っている。

安宅弥吉・英一　仏教学者鈴木大拙を後援　朝鮮・中国の古陶磁器収集

さて、現在の神戸市東灘区住吉町観音林、反高林（今の町名は住吉山手一丁目、住吉本町）について、かつて存在した主として繊維関係の企業創業者や経営者の邸宅群を取り上げた。たしかに、観音林、反高林やその他住吉、御影の邸宅の主は企業経営に秀でた方々ではあったが、只それだけの人ではなかった。阪神間モダニズムの基になっている文化面についても多大な貢献がなされている。

地図をもう一度参考にして頂きたいのであるが、ＪＲ住吉駅から散策を始めると先ず安宅

大原美術館外観

弥吉氏（1873～1949）の邸宅跡がある。安宅氏は安宅産業の創始者であるが、一方著名な仏教学者鈴木大拙氏の後援者で、また甲南女子学園の創始者の一人でもあった。そして、その子息の安宅英一氏（1901～1994）こそかつてこのシリーズの東洋陶磁美術館の項で紹介した朝鮮、中国の古陶磁器の大収集家である。

大原孫三郎

西欧の一級品を展示する大原美術館を倉敷に創設

甲南小学校の前の道を北に進むと山手幹線と交差する北側の公園が、倉敷紡績創始者の大原孫三郎氏（1880～1943）の旧邸である。大原氏は岡山県の倉敷に我が国個人美術館を代表する大原美術館を創設している。この美術館は、西洋美術、近代美術を展示する美術館としては我が国最初のもので、孫三郎氏が応援していた児島虎次郎氏を使って収集した印象派を始めとする西欧美術品を展示しており、昭和5（1930）の開館であった。倉敷がまだ一地方都市にすぎなかった時代に、西欧の一級の名品を展示する美術館が出来たことは、まさに画期的なことであった。

因みに、ニューヨークの近代美術館がオープンしたのは1929年であり、まさに孫三郎氏の先見性は驚くべきものである。

コレクションの詳細に簡単に触れると、有名なグレコの「受胎告知」をはじめとしてモネ、セザンヌ、ルノワール、ゴーギャン、ロートレック、ルオー、ユトリロ、マチス、ピカソからポロック、ジャスパー・ジョーンズなどまでまさに綺羅星のように収蔵されている。また、日本の近代絵画も粒よりのものが収まっている。

グレコ「受胎告知」（大原美術館 蔵）

これらの収蔵品の中核をなす作品は、1920年から1923年頃に収集されている。丁度その頃、武者小路実篤や志賀直哉、有島武郎など学習院出の作家達により文芸雑誌「白樺」が創刊されたが「白樺」は単に文芸だけではなく印象派や後期印象派の絵画を紹介する美術雑誌の側面もあった。日本の洋画家達は、この雑誌により大きな刺激を受けたのであるが、この実物をもたらしたのが大原美術館であった。

阿部房次郎　図録『爽籟館欣賞』を上梓、博物館や図書館へ寄贈

旧大原邸の山側に東洋紡績の社長をつとめた阿部房次郎氏（1868～1937）の屋敷があった。前にも書いたように立派な日本館であったが、昭和13年（1938）の水害で大きな被害を受け、その後建物は壊され、現在は高級マンションが建っている。

阿部氏は、実業家として優れていただけではなく、古美術、特に中国の宋、元、明の絵画の大収集家でもあった。阿部氏は単に収集するだけではなく、収集された名品を一人で秘蔵するだけではもったいないとして、これらの名品を当時の印刷技術の粋を集めて『爽籟館欣賞』と題する豪華な図録をつくり、これを博物館や図書館さらに世界各国の美術館などに寄贈され、これにより阿部コレクションの声価が高まったことは言うまでもない。昭和12年に房次郎氏は逝去したが、遺言で長年に亘り収集された200点の絵画を東京帝室博物館（現在の東京国立博物館）に寄贈したいという意思表示がなされていた。

これを受けて、子息の孝次郎氏が正式に寄贈を申し出されたところ、当然同博物館としては、その好意に感謝したのであったが、200点にも及ぶ大収集品の中にごく一部真偽に問題のあるものがあるとして、最終的にはそれを除いて寄贈を受けたいと返答したのであった。

阿部家としては、先代が「収集した物件を全部無条件で寄贈したい」と遺言状に記載されており、選り好みせずに全部受け取って欲しいと重ねて申し出たが、博物館側は真偽のわからないものは受け取ることは出来ないと主張し、デッドロックに乗り上げてしまった。

この結果、孝次郎氏は遺言とは違うが、故人とゆかりの深い大阪市立美術館への寄贈を考えられ、無条件で寄贈を受けるということでこの貴重なコレクションは天王寺の美術館に収まったのであった。いまや、この阿部コレクションは市立美術館の看板の一つとなっている。帝室博物館は、些細なことにこだわり、まさに大魚を逃がしたのであった。

住友吉左衛門　古代中国青銅器の世界的コレクター

旧大原邸、旧阿部邸と道路をはさみ西側に位置していたのが旧住友吉左衛門氏住吉本邸であった。現在は高層を含むマンション群になっている。

住友家は、当地ではなく京都に古代中国青銅器を中心とする世界的コレクションを収蔵する泉屋博古館を有している。

武藤山治　与謝蕪村の収集家・研究家として知られる

阪急電車のガードをくぐり、しばらく北に進むと西側にあったのが旧武藤山治邸である。現在はマンションになっている。武藤山治（１８６７～１９３４）は事実上の鐘紡の創業者であるが、この時代を代表する古美術の収集家としても有名である。平安時代の久能寺経などの古経や琳派の優品、仏画、肖像画、などを収集していたが、なんといっても与謝蕪村の収集家、研究家として当時世に受け入れられていなかった蕪村の価値を天下に知らしめたという功労者であった。

林　重義　住吉学園に「将棋をするピエロとアルルカン」展示

武藤家の西側の細い道を南へ下ると阪急の線路に突き当たるが、その東側に林重義画伯のアトリエがあった。

現在林重義（１８９６～１９４４）といっても知らない人が多いが、かつては東の梅原龍

林　重義 筆「将棋をするピエロとアルルカン」（住吉学園 蔵）

三郎、西の林重義と云われたこともある大画家であった。昭和19年（１９４４）49歳の若さで亡くなったので、その名前は忘れ去られつつあるのは残念であるが関西を代表する大画家である。阪急の線路を隔てた道路の南側にある住吉学園の2階に、代表作「将棋をするピエロとアルルカン」が飾ってある。

野口彌太郎

代表作「門」は大阪のリーガロイヤルホテルに

旧武藤邸の北隣に独立美術の同人であった野口彌太郎（１８９９～１９７６）画伯の旧宅があった。野口画伯は関東の人と思っている人が多いが、住吉に在住していた。関西学院の中等部を卒業後上京し川端画学校に学び、二科展などに入選後フランスに渡り、サロンドートンに入選したりする。帰国後は独特の重厚な画風で活躍した。野口画伯の代表作「門」は大阪のリーガロイヤルホテルのロビー正面喫茶室の右側の壁に飾ってある。

旧武藤邸の西側に旧ＹＭＣＡの役員宅があった。メレル・ヴォーリズの設計による洋館であったが、荒廃していたため私の父親が引き受けて手直しし、私もそこで育ったが戦災で焼失した。

野口彌太郎 筆「門」　データ提供 リーガロイヤルホテル大阪

和田久左衛門

セザンヌやゴーギャンの大コレクターとして有名

その家の西側に広大な和田久左衛門邸があり、今は宅地やマンションが相当の部分を占めているが、和田さんのご一族も敷地の一部に住まわれている。一部といっても相当な広さである。

和田家は、三井新町家三井源右衛門に連なる名家である。私は子供の頃道を隔てたその豪邸を見て育った。まさに広大なお屋敷で、その白亜の洋館の一部が道からやっと見えるだけで、全貌は窺いしれなかった。大きな門の内側に背の高いヒマラヤ杉の大木が植えられていた。印象深く覚えているのは今に至るまで個人の家では見たことがない大きな温室があり、はっきりとはしないがゴルフのショートコースが邸内にあったのではないかと思う。

和田氏は美術にも造詣が深く、セザンヌやゴーギャンなど後期印象派絵画の大コレクターであった。和田さん所有のゴーギャンの二人並んだタヒチの女の大きな絵を白鶴美術館の展示で見た事を思い出す。

小磯良平　アカデミックな画風と比類なきデッサン力

和田邸の一番西側の道路を北に進むとJR住吉駅から白鶴美術館へ北上する道と交差するが、そのまま西側に進むと北側に小磯良平（1903～1988）画伯の住居が残っている。これは戦後建てられたもので、アトリエもあったが、これは六甲アイランドの小磯記念美術館に移されている。小磯画伯については余りにも有名なので、敢えてここで語る必要はないのだが黒田清輝、藤島武二に繋がるアカデミックな画風である。その比類のないデッサン力は有名であるが、余りにも美しすぎる作風には物足りなさを感じる人もいる。

画伯もその点は自覚されており、一時は抽象的な画風を試みられたこともあったようだが、かならずしも成功せず、もともとの小磯調の絵に戻られた。私の家とは近かったので散歩される画伯と何度もすれ違った事がある。

村山龍平　邸内の「香雪美術館」に重文の絵画など多数

画伯宅の前の道を西に進み、次の角を下って阪急の踏切を越え、そのまま西に進むと村山邸と出会う、村山邸の東側の道を広大な屋敷の石塀沿いに南に下ると正門がある。正門の前の道を西に進むと弓弦羽神社があり、この前に朝日新聞の創始者で茶人でもあった村山龍平氏（1850～1933）が収集した東洋、日本の古美術品を収蔵、展示する香雪美術館がある。収蔵品は、日本絵画では雪舟の「山水図」、有名な仏画「稚児大師像」、「瀟湘八景図屏風」、中国絵画では梁楷の「布袋図」など。その他彫刻、工芸品、書跡など重要文化財18点、重要

「稚児大師像」（香雪美術館蔵）

美術品22点を含む大コレクションが収まっている。

美術館は、広大な村山邸の一角にあるが、村山邸の総敷地面積は1万6850平方メートルでこの中に明治41年（1908）に竣工した洋館の他いずれも20世紀初頭に造られた書院棟、玄関棟、茶室、美術蔵など6棟の建物があり、土地を含めて「旧村山家住宅」の名称で国の重要文化財に指定されている。

もう一つ触れておこう。村山邸の道を隔てて今は巨大なマンション群となっているのが、野村證券を始めとする野村財閥の創始者野村徳七氏（1878～1945）の旧邸跡である。野村氏は、証券のほか多くの企業の運営に携わる一方茶道や能をたしなむ大変な趣味人であった。

茶人としては号を得庵と称し、京都に日本庭園碧雲荘を築造した。また茶人であった野村氏は茶道具を中心とする古美術の収集家でもあった。その収集品は野村美術館として碧雲荘のそばに存在している。佐竹本三十六歌仙切「紀友則」が看板であるが、私は雪村筆「風濤図」が大好きである。

嘉納治兵衛

古代青銅器から仏教美術など国宝、重文を多数収集

さて、本命の白鶴美術館であるが小磯邸からもと来た道を戻り、JR住吉駅からの道を真っ直ぐ北に進んだ突き当りが白鶴美術館である。

白鶴美術館外観

この美術館は、白鶴酒造七代目当主の嘉納治兵衛氏(1862~1951)が収集した中国の古代青銅器、銀器、陶磁器、我が国の仏教美術、絵画など国宝重要文化財24件を含む1300点にも及ぶ大コレクションを展示するため昭和6年(1931)に開館された。この美術館は、我が国における第二次世界大戦以前からの歴史を持つ数少ないもので、個人美術館としては東京の根津美術館と双璧をなすものと思う。

収集品の中国古代青銅器は質、量からいって住友、根津両コレクションに匹敵、あるいは凌駕し、日本一といって過言ではない。唐時代の銀器のコレクションも素晴らしい、加えて有名な狩野元信の「四季花鳥図屏風」や国宝の「賢愚経」、平安時代の「法華経第八」も収集品の白眉といって差し支えない。極め付けは「宋白地黒掻落龍紋梅瓶」で、これはこの世の中にどうしてこのような

宋白地黒搔落龍紋梅瓶（白鶴美術館蔵）

ものが存在するのかと思われる程の逸品中の逸品である。「明金襴手獅子牡丹唐草文八角大壺」もスケールの大きい名品である。

建物は、すでに開館してから80年を数えるが風格のあるまさに昭和期を代表する建築である。銅葺きの瓦に白亜の建物が調和し、あたりの松の緑に溶け込む様は云うに言われぬ独特の風情がある。

平成7年（1995）に開館60周年を記念して「絨毯美術館」が新館として開設されている。

このように住吉、御影など阪神間は、文字どおり阪神間モダニズムの文化発祥の地であることをご理解していただけたと思う。住吉、御影のさして広くない地域に白鶴、香雪の我が国を代表する私立美術館が存在していること自体、まさにこの地が文化発祥の源である何よりのあかしである。

文化面からの再考

マンション化のターゲットになった大邸宅群

この状況をみると昭和初年から今に至る激動の時代を感じざるをえない。戦前と違い土地を所有することは固定資産税を含めて莫大な経費がかかるようになり、低賃金で雇用できた人手も潤沢に使えなくなった。それに加えて戦後実施された富裕税や財産税が重荷になり屋敷を手放す人が増え、さらに戦後の税制では相続税も大きなものとなった。この重荷に耐えかね言葉は悪いが土地の切り売りが進んだのである。

また戦後は大金持ちが減っていく一方、所得の平準化が進み中産階級の数は増加していった。これらの人が求めたのは良い環境のなかで手ごろな価格の住居であり、こうしてそれにこたえたのがマンションであった。このためマンションの適地として広い敷地が求められ、その格好のターゲットになったのがほかならぬ阪神間の大邸宅であった。

このように大邸宅群のほとんどは失われてしまったが、これらが基になって生み出された阪神間モダニズムは文化の面において全国的に大きな影響を及ぼした。

第10話　紡績に因む三つの神社（坐摩神社・紡績神社・御霊神社）

地域の守護神として信仰

紡績神社は綿業会館の屋上にある

大和紡績㈱の氏神様であった南御堂の西側にある坐摩神社（いかすり神社）の夏の大祭7月22日が会社の休日であったことを覚えている。当時の会社の所在地は、南久太郎町四丁目で御堂筋を挟んで南御堂の真正面の立て替え前の大和ビルであった。これについては前にも述べたことがあったが、ここはかつて松尾芭蕉が亡くなった所で、芥川龍之介の小説『枯野抄』の舞台となった花屋の跡地でもあった。

それまでは、不覚にも坐摩神社の事は、全くといってよいほど知らなかったが、船場では「坐摩さん」と親しみを込めて呼びならわされており、かつ船場界隈の繊維問屋の大多数の氏神であり、祭りの時は、会社も休みになるというこの神社について興味をそそられた。

坐摩神社本殿

この「坐摩さん」と綿業会館の屋上にある紡績神社とその祭礼を行う御霊神社について書きたい。

坐摩神社

「三つの鳥居」は、住居を守る・旅行安全・安産の神

坐摩神社の正式な読み方は「いかすりじんじゃ」で、一般には「ざまじんじゃ」と読まれるが、地元では「ざまさん」という通称で親しまれている。

おそらく、読者の中には「いかすりじんじゃ」など初めて聞く方が多いと思うが、ここは、大阪市の中心部の船場にある古い神社で、まさに同地の守護神的な存在である。位置する場所は、南御堂の西隣にあり、入口は大小三つの鳥居が組み合わされた「三つ鳥居」である。

三つの鳥居

住居を守る神、旅行安全の神、安産の神と言われている。祭神は、生井神《いくゐのかみ》、福井神《さくゐのかみ》、綱長井神《つながいのかみ》、波比祇神《はひきのかみ》、阿須波神《あすはのかみ》の五柱の神で「坐摩神」と称されている。「いかすり」とはどういう意味なのか、不思議な名前なのである。坐摩神社の説明によると「居住地を守る」という意味であり、「居所《いか》知《しり》」が転じたものとなっている。

元々この神社は昔の淀川の河口に存在していたようで、都下国造《つげのくにのみやつこ》の勢力下にあった。淀川河口の地は、摂津国菟餓野《とがの》（都下野とも書く）が、当時の上町台地一帯を指す

坐摩神社の由緒板

坐摩神社発祥の地　石町の行宮

ものであった。

この神社の世襲宮司は、渡辺氏と称し都下国造の末裔である。

創建の歴史は古く、神功皇后が三韓征伐より帰還の際、淀川河口に坐摩神を祀ったのが起源とされ、現在も旧社のあった中央区石町には坐摩神社行宮が存在しており、神功皇后が休息された「神功皇后の鎮座石」といわれる巨石が残っている。

創建時の「石町」は摂津の「国府」の置かれたところ

このように創建時は、現在とは異なり、都下野の渡辺津と呼ばれていた淀川の河口、現在坐摩神社行宮が所在する中央区石町に存在していたのであった。石町《こくまち》は摂津国の国府のおかれていた場所で、石町の名は国府の転訛である。

平安時代の終わり頃この渡辺津は、源融を祖とする嵯峨源氏の源綱（渡辺綱）が支配しており、棟梁であった彼がこの神社を司り、渡辺を苗字として渡辺氏をおこし、以来その子孫は渡辺党といわれる武士団に発展した。

そして、淀川河口に立地する有利性を生かし、水軍として勢力を伸ばし、瀬戸内海の水軍の指導者となった。

ところが、天正11年（1583）豊臣秀吉が大坂城を築城するにあたり移転を命じられ、西横堀川に近い現在地に遷座したのであった。ここは本町通りに近かったので多くの物売りや見世物が集まり一大門前町を形成した。

上方落語寄席発祥の地　記念碑

繊維神社

特に古着屋が多く集まり、この古着屋は坐摩の前の「古手屋」として名高く上方落語の題材、例えば「古手買」「壺算」などにもなっている。初代桂文治が初めてこの神社で寄席を開いたとされており、神社内に「上方落語寄席発祥の地」という記念碑がある。また、この古手屋の中から後年の百貨店「そごう」が生まれ、船場が繊維の町として発展するきっかけとなった。神社の中には繊維問屋の守護神である繊維神社もある。さらに、西横堀川沿いに陶器問屋が並び立つが、これは坐摩神社の末社に陶器神社があることに由来している。

全国でも珍しいのは地名の次に「町名」がついている

神社の所在地名は、現在「久太郎町四丁目渡辺」となっており、これは他に例を見ない町名である。悪名高い町名変更で、全国的に歴史のある町名が消えてしまったことは皆さんよくご存じの通りであるが、この地は移転してきた時代から「北渡辺町」「南渡辺町」で昭和5年（1930）に「渡辺町」になった由緒ある地名である。

全国でもめずらしい町名板

歌川国芳　渡辺綱　鬼の腕を切り落す

しかし、町名変更の原則から「渡辺町」も消える運命にあった。これに対して渡辺姓の末裔《まつえい》でつくる「全国渡辺会」を中心に強い反対運動が盛り上がり、例外中の例外として今の町名になったのである。

神社自身は、さすがに桃山時代に移転したものではあるが、官幣神社にふさわしい立派な雰囲気を保っている。社殿は昭和11年（1936）に再建されたが、昭和20年（1945）の大阪大空襲で焼失した。その社殿を模して、昭和35年（1960）に鉄筋コンクリート造りで建てられたが、隣の南御堂に負けない立派なものである。

ここでこの神社を差配し、渡辺党の棟梁であった渡辺綱について触れておこう。渡辺綱は、清和源氏の嫡流源頼光に仕えた四天王の筆頭で、武勇に優れ大江山の酒呑童子退治や京都の一条戻り橋で源氏に伝わる名刀髭切丸で鬼の腕を切り落としたことで有名である。この場面はよく浮世絵の題材などに使われているのでご承知の方も多いと思う。

渡辺綱は、前にも書いたように嵯峨源氏の源融の子として武蔵国で誕生したが、後に摂津源氏の源満仲の娘婿の養子となり、母方の里であった摂津国西成郡渡辺に住まいして渡辺党の祖となったのである。

紡績神社

綿業会館の屋上に鎮座　浜崎太平治が弁天社を工場に移築

さて、紡績に因む大阪の神社について、もう一つ触れたいと思う。

それは、意外な場所に存在するもので、しかも、そのような社があることは、ほとんど知られていないと思うのである。その名前はずばり紡績神社で、この神社は第1話で書かせて頂いた綿業会館の屋上に鎮座されている。大阪のビルの屋上によく小さな神社が祀られていることは、ご存知の方も多いと思う。その大半は商売繁盛ということから稲荷神社がほとんどである。

一般の方々にはあまり知られていない綿業会館（日本綿業倶楽部）の屋上に「紡績神社」はあるのであるが、先ず本殿は、南向きに建てられており、鳥居、石灯籠、手水鉢もあり、それに加えて幾株かの植え込みを配し、広さはおよそ10坪ほどであるが、まことに良い風情を保っている。この紡績神社の由来は次の通りである。

日本における最初の洋式紡績工場は、薩摩の島津斉彬公が豪商浜崎太平治の献上した舶来の綿糸を見て、これの国産が出来ないかと思い立ち、次代の忠義公の時に実現したもので、紡績工場の運転開始は、慶応3年（1867）のことであった。島津家は、更にその第二工場ともいうべき堺紡績所を泉州の堺に建設し、明治3年（1870）に運転を始めたが、同5年（1872）に政府が買い上げ、その後同11年（1878）には鹿児島県人の肥後孫左衛門が払い下げを受

紡績神社正面

けるが、実際の経営を担ったのは、浜崎太平治であった。

この浜崎が、明治12年（1879）に工場の外にあった弁天社を工場構内に移転し、紡績神社としてお祀りしたのであった。

神社の棟木に㊉の薩摩藩島津家紋所が表示されている

その社殿の構造は、石の鳥居、石灯籠、吊り金燈籠にいたるまで実に堂々としたもので、神殿の棟木には丸に十の字の薩摩藩島津家の紋所が表示されている。おそらくこれは浜崎氏と島津家との関わり合いから生まれたものと思われる。

また、棟木の両側には桐の紋が一つずつ付けられており、これはこの地が、太閤秀吉がしばしば周遊した地であることに由来しているのではないかといわれている。

堺紡績所は、その後川崎紡績所となり、明治22年（1889）10月には泉州紡績所となり、さらに、これが大日本紡績（現在のユニチカ）の前身の一つである岸和田紡績となる。

綿業会館が竣工したのが昭和6年（1931）12月31日で、開館が翌年1月1日であったが、開館の竣工に伴い会館の守護神を安置してはどうかとの話が持ち上がり、たまたま岸和田紡績の構内に祀っていた紡績神社を招請することになり、昭和8年（1933）12月15日に遷座式が採り行われたのであった。

紡績神社は、会館屋上の東北の角に建設が始まり、翌年11月に竣工し、11月15日に遷座祭が行われた。以来11月15日を毎年大祭として綿業倶楽部で御祭りを行っている。勿論ご祭神は、大祭の日にも厨子の中にあるので見ることはできないが、この日には、内陣の奥にある丸に十の字の島津家の紋所や桐の紋を見ることができる。

厨子の中に納められていたのは木彫りの千手観音坐像

さて、紡績神社の祭神については、弁財天として永らくいい伝えられて来たが、有名な絹川太一氏の『本邦綿絲紡績史』によれば、未だ岸和田紡績にそれがあった時、当時の工場長が開扉したところ厨子の中に納められていたのは、以外にも高さ15センチメートルの木彫りの千手観音の坐像であった。

おそらく神社の中に仏像があるのは、神仏混淆の名残であったのであろうが極彩色の色鮮やかなもので、一度見ただけで感激を覚えるほど見事なものであったと伝えている。工場長は驚いて扉を閉め、念誦して扉を開いてしまった非礼をお詫びしたということであった。

毎年行われる例大祭は、綿業会館と同じ淡路町にある由緒ある御霊神社の神主により執り行われている。

私もこの11月の例大祭には綿業倶楽部の理事としてここ20年来参列させていただいている。

御霊神社

神社内に「文楽座の跡」のブロンズ記念碑もある

御霊神社は、繊維とは直接関係はないが綿業会館の紡績神社の例大祭を取り仕切って頂いているので、最後にこの神社について触れておきたい。

この神社が何時創建されたかは不明であるが、古来、瀬織津比売神、津布良彦神、瀬布良媛神を祭り圓神祠《つぶらしんし》と称していた。元々は圓江（つぶらえ即ち現在の靫）にあったが、豊臣時代の文禄3年（1594）に現在の地に移る。そして江戸時代の寛文年間に現在の御霊神社と改称した。

御霊神社

「文楽座の跡」とされる記念碑

御霊神社が有名なのは、明治17年（1884）に人形浄瑠璃の劇場文楽座が開設されたことで「御霊文楽座」として大変な賑わいを見せた。しかし残念なことに大正15年（1926）にこの文楽座から出火して本殿も焼失し、昭和5年に再建されるが、昭和20年の空襲で再び焼失した。現在の社殿は昭和32年（1957）に再興されたものである。

神社内には「御霊文楽座跡」の石柱と「文楽座の跡」というブロンズの記念碑が設けられている。

第11話　中之島大阪市中央公会堂と旧國民會館

設計者は応募者中最年少の岡田信一郎

ともに言論活動の場として大阪人の意識高揚に貢献

リニューアルを終え21世紀を生きる中之島大阪市中央公会堂

中之島地区で一際偉容を誇る公会堂は、かつて「北浜の風雲児」といわれた岩本栄之助の個人的寄付により創られたことをご存じの人は少ないと思う。

岩本は、株式仲買店の経営者であったが、若くして大成功した人物であったので、当然当時大阪いや我が国を代表する産業であった紡績業と何らかの繋がりがあるのではないかと思い、岩本氏の経歴を繙いてみると繊維業に関係した節は見当たらなかった。

しかし、私の祖父が創設した旧國民會館とは偶然にも設計者が当代を代表する岡田信一郎という大建築家であるので、その意味で大変縁が深いので、今回は中央公会堂と旧國民會館という題で一文を草する次第である。

中之島大阪市中央公会堂

「児玉源太郎大将の副官を務めた岩本栄之助中尉」

中之島のシンボルである国の重要文化財で大阪における大正期を代表するこの建物が、岩本栄之助による個人としての寄付により創られたことは有名な事実である。

岩本栄之助は、明治10年（１８７７）現在の大阪市中央区で両替商岩本商店の次男として生を受けた。

大阪市立商業学校（現在の大阪市立大学）卒業後家業を手伝うが、日露戦争に従軍し、陸軍中尉となり、有名な児玉源太郎大将の副官を務めた。

戦後は、明治39年（１９０６）家督を継ぎ、大阪証券取引所の仲買人となる。当時北浜の証券市場は、日露戦争の終結を契機として株価は急騰し、空前というのか、まさに熱狂的な異常な状況が渦巻いていた。当然北浜の仲買人たちは、この急騰は長続きしないと見て、大半が売り方に回っていた。

しかし、株価の高騰は止まらず、仲買人の大半は危機に瀕し、破産一歩手前にまで追い込まれていた。

相場で仲間を救うとともに自身も巨大な利益を得る

そこで彼等は、手堅く買い方に回って利益を上げていた栄之助に、株価が下落するよう売り方に回ってもらいたいという虫のよい懇願をしたのであったが、彼はこの願いを聞き入れ、買い方から売り方に回ったのであった。しかし、翌年の明治40年（1907）株価は大暴落し、同業者はピンチを脱し、逆に莫大な利益を得たのであった。

当然、岩本も仲間を救うと同時に巨額の利益を得たのであった。そうして「義侠の相場師」「北浜の風雲児」として一躍彼の名前は日本中に知られるようになった。

渋沢栄一団長の渡米実業団に加わり欧米文化学ぶ

さて、彼はかねてから、株の売買で得た利益を何らかの形で社会に還元しようと考えていた。そして、その考えを更に強く実行しようと決意した契機は、明治42年（1909）に財界の巨頭渋沢栄一を団長とした実業界の有志による渡米実業団に参加したことであった。彼は米国に渡り、アメリカにおいては富豪の多くが、財産や遺産を慈善事業や公共福祉事業に寄付していることに深く感銘したのであった。この寄附文化といわれるアメリカの風習は今も連綿として受け継がれている。

そこで、彼は大阪に戻るとこの地にどこにも負けない公共のためのホールを建設しようと決意したのであった。

旅の途中、父親が急逝したため急いで帰国した彼は、父親の遺産50万円に自らの資産50万円を加えた100万円を大阪市に寄付したのであった。

当時の100万円は現在の金額にするとおそらく50億円から100億円に近い金額になるのではなかろうか。

寄付をした岩本栄之助

設計者の岡田信一郎

それを受けた大阪市は、江戸時代中之島に集中していた各藩の蔵屋敷が廃され、この地が寂れていた為その再生を目指して、市民のための公会堂を建設することにしたのであった。

　建設に当たっては、当時の我が国を代表する最高の人材が集められた。すなわち、建築界の重鎮東京駅の設計で有名な辰野金吾を建築顧問に迎え、設計については、明治45年（１９１２）13名による懸賞付き建築設計コンペが行われ、選ばれた案は、応募者中最年少弱冠29歳の岡田信一郎の作品であった。

　この案をもとに辰野金吾と片岡安が実施設計に当たったが、岡田案の優れた点がほとんど生かされたのであった。

　公会堂は大正２年（１９１３）６月に着工され、大正７年（１９１８）11月に完成した。

　しかし、寄付者の岩本は、大正４年（１９１５）第一次世界大戦の影響による相場高騰により莫大な損失を出してしまう。周囲の人々は寄付した１００万円の内いくばくかを急場をしのぐため返金してもらってはどうかと勧めるが、栄之助は、これを潔くないとして、大正５年（１９１６）10月自宅でピストルにより自殺をとげる。39歳の若さであった。

従って、公会堂が完成した時、落成式典で公会堂の鍵の入った箱を大阪市長に手渡したのは岩本の4歳の遺児で、衆人の涙を誘ったのであった。

アインシュタインやヘレンケラーなど世界の人々も

さて建物の概要は、鉄骨煉瓦造、地上3階、地下1階で敷地面積5641平方メートル。建物面積2164平方メートル、総床面積8425平方メートルでネオルネッサンス様式を基本として、それにバロック的な壮大さを付け加えている。細部にはセセッションといわれるウィーン分離派に源を持つ幾何学的意匠や植物のデザインが取り入れられている。アーチ状の屋根は見るものに訴えるものがある。天井画、壁画にもそれぞれ特徴がある。

建物は、各種の講演会や会合に使用され大阪市民に親しまれている。歴史上の人物であるアインシュタインやヘレンケラーの講演が行われたのもこの場所である。その他以前はヨーロッパのオペラ公演なども行われた。

しかしながら、一方では老朽化も進み、昭和46年（1971）には公会堂の取り壊し、再開発の方向性が議論されるようになり、これに対しては反対運動が盛り上がり、昭和63年（1988）に保存活用の方針が決まり、平成11年（1999）から平成14年（2002）にかけ3年半を費やして保存工事、耐震工事、免震工事が行われ、平成14年11月にリニューアルオープンをはたして現在に至っている。また同年12月に大正期を代表する建物として国の重要文化財に指定された。

建物が出来てから約100年市民が誰でも楽しめる建物をという、岩本栄之助の夢が今なおしっかりと生き続けているのである。

設計者について

鉄筋コンクリートを駆使「様式の天才」と言われる

公会堂の設計者岡田信一郎が晩年に設計した旧國民會館に話を進めていくのであるが、ここで両建物を取り持つ当事者である岡田信一郎について述べておきたいと思う。

岡田信一郎は、明治16年（1883）東京で生まれるが、第一高等学校を経て東京帝国大学の建築科を首席で卒業した俊才である。和洋のデザインを問わず歴史的な様式に従って建築を鉄筋コンクリートで作ることに長け「様式の天才」と呼ばれた。

代表作は何と言っても今述べた大阪市中央公会堂や東京の明治生命館であるが、元首相の鳩山一郎とは一高、東大を通じて同窓であった関係から音羽の鳩山邸（現鳩山記念館）の設計を手掛けている。その他の作品としては鎌倉国宝館、旧琵琶湖ホテルも残存している建物として極めて重要なものである。

彼は昭和7年（1932）に49歳で没しているので、これから述べる旧國民會館は、昭和6年（1931）11月の起工であるから彼の最晩年の作品といえる。

旧國民會館

山治の意思を継ぎ「武藤記念講座」千回を超す

旧國民會館は、鐘紡の事実上の創始者にして後に自己の政党国民同志会を率いて衆議院議員となり、更には、当時経営危機に直面していた恩師福澤諭吉の創刊した時事新報の再建に努め、その途上凶弾に倒れた武藤山治が政界から引退するに当たり、国民の政治意識を目覚めさせるために、政治教育の殿堂として創ったのが社団法人國民會館である。その建物は社団発足前の昭和6年11月に大阪城前の大手前の地に起工され、昭和8年（1933）5月に完成したのであった。

設計は前出の岡田信一郎で弟の岡田捷五郎が補佐の任にあたった。施工は現國民會館住友生命ビル（現在は國民會館大阪城ビルに名称変更）と同様竹中工務店が担当した。

敷地面積は1344平方メートル、床面積887平方メートル。延床面積2973平方メートル、建物は鉄骨鉄筋コンクリート造り、外壁はスクラッチタイル、建築様式はクラシックモダン、内装はアールデコであった。建物の階数は6階建であるが1階から3階までを大講堂が占める劇場形式の建物で、収容人員は1500人で当時大阪では最大のホールであった。創立者山治亡き後も、彼の弟子たちにより政治教育の実践は確実に行われていた。しかし、第二次大戦末期には、戦時の非常態勢ということでエレベーターや廊下、階段の手摺といった金属製品や、はては皮革製品まで供出させられたのであった。戦後は、このように内

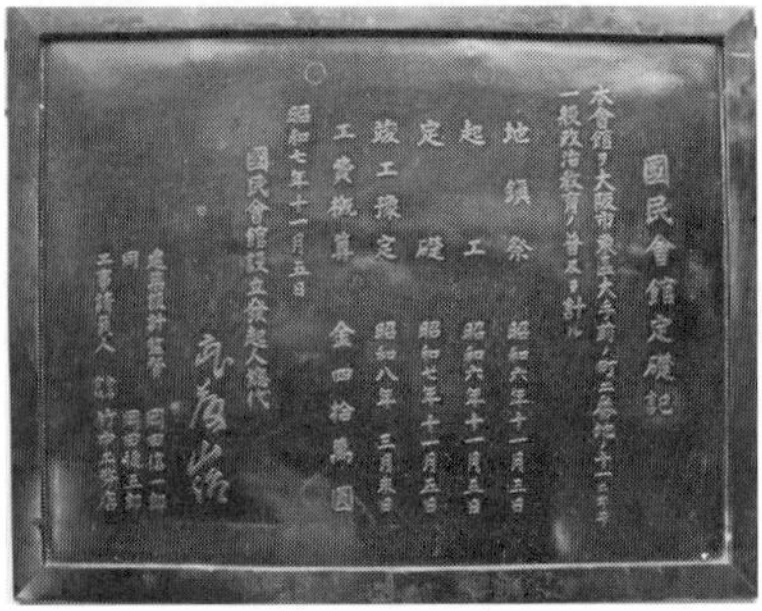

旧國民會館と銘板

亡くなる前の武藤山治

部は丸裸の状況で理事長を務めていた父親は、インフレの中、基金も底をつき、私財を投じて急場を凌いだこともあったようである。このような状況下にあっても政治教育の活動、特に武藤記念講座は一回も休むことなく続けられた。

昭和60年代になり建物の老朽化は加速度的に進み、法人の経営も難しくなったため、竹中工務店の肝いりで由緒ある建物ではあるが、建て替えが検討され、昭和63年12月に取り壊しが行われ、平成2年（1990）竹中工務店の設計施工による現在の國民會館住友生命ビルに生まれ変わった。それでは、國民會館の創立者武藤山治の波乱に富んだ生涯について簡単に触れておこう。

日本最初の広告代理店を興し英字新聞の記者となる

武藤は慶応3年（1867）現在の岐阜県海津市に生まれる。父の佐久間国三郎は、蛇池の佐久間といえば、その地方では知らぬものがないほどの豪農の当主であったが、大変な勉強家かつ読書家で地方では珍しく当時ベストセラーとなっていた福澤諭吉の『西洋事情』などに大いに感銘を受け、自分の長男山治を是非福澤先生のもとで学ばせたいと思うようになり、明治13年（1880）山治を伴い上京して慶應義塾に入塾させる。

山治は、無事明治17年（1884）慶應義塾を卒業するが、福澤先生からの感化もあって翌年学友二人と共にアメリカに渡り、サンノゼのパシフィック大学でスクールボーイとして働く傍ら同大学で2年間勉学し帰国する。

帰国後は、東京の銀座で日本最初の広告代理店取次の事業を起こした後、その英語力を生かして横浜の英字紙ジャパンガゼット新聞の記者となる。さらに福澤先生の推薦により明治維新の大立者の一人後藤象二郎の秘書を兼務する。その後明治21年（1888）ドイツクルップ社の代理店であった東京イリス商会に入社して、明治政府の富国強兵策の重要施策である鉄道の全国敷設のための鉄道レールをドイツから輸入、販売する仕事に従事する。

画期的な規模を誇る鐘紡兵庫工場の建設が飛躍へ

明治26年（1893）三井財閥の総帥中上川彦次郎の知遇を得て、三井銀行に入行するが、翌年、当時成績不振で三井のお荷物的な存在であった鐘ヶ淵紡績の再建のため同社に移り、明治27年（1894）当時としては画期的といわれた4万錘の規模を持つ鐘紡兵庫工場の建設に携わる。

当工場は、明治29年（1896）に無事操業を開始する。しかしその後幾多の困難に見舞われるが、彼は、持前の熱意と努力により難問を次々と解決していった。また彼の時代の先を読む経営は、温情主義経営といわれ、従業員を家族のように大切にするという独特の経営に発展する一方、技術的には工場に最新鋭の機械を揃え、さらにテーラーシステムを導入するなど、他社に負けない品質を維持していったため鐘紡の営業成績は他社を圧倒し、「鐘紡の武藤か、武藤の鐘紡か」と云われるような一頭地を抜く存在に鐘紡をならしめたのであった。

実業界では、誰にも負けないような大成功を収めた武藤であったが、何時のころからか社会の矛盾について深く考えるところがあり、それの実践として大正5年から一民間人にもかかわらず「軍事救護法」の制定に努力を傾けるようになる。

「軍事救護法」とは何か軍国主義を象徴する法律のようであるが、明治以降我が国は日清、日露、第一次世界大戦と大きな戦争を経験してきた。

このため我が国は多数の戦死者、戦病死者、戦傷者を排出した。しかしながら国家政府は国のために亡くなった人、傷ついた人及びその家族に対して極めて冷淡で十分なケアを行って来なかった。

山治の正義感は到底これを許さなかった。大正4年一民間人に過ぎなかった彼ではあったが、これらに対する国家としての責任を果たすよういろいろと政府に掛け合うが、政府の腰は重く、埒が明かなかったため、これらの人々を救済するための法律を独力で成し遂げようとする。すなわち、私財を投じ、調査所をつくり、その調査に基づき実態を明らかにして時の政府の要人たちに粘り強く働きかけ、陸海軍の妨害を含む幾多の困難を乗り越えて、かならずしも十分なものではなかったが、大正６年（１９１７）軍事救護法が成立したのであった。しかしこの時彼は民間人としての限界を悟ったに違いない。

国民同志会率いて国政に乗り出し衆議院議員当選

大正13年（１９２４）彼は実業同志会、後の国民同志会を率いて国政に乗り出し、衆議院議員に当選する。以来昭和７年まで３回の選挙を闘い、その間台湾銀行、鈴木商店がかかわる震災手形法に対する反対や有名な井上準之助蔵相との金解禁に関する反対論争、更に彼のモットーである小さな政府、国鉄、郵便などの国有企業の民営化、また現在の生活保護法の制定を目指すなど多彩な活躍を行うが、彼の考え方は正しいとして支持する選挙民が多くいるにもかかわらず同志会の勢力は伸びず、一方では普通選挙の実施に伴う買収の横行、さらには無産政党の伸長もあって、彼は政治の実践活動に次第に行き詰まりを感じるようになる。

そして、むしろ正しい政治を実現するためには、国民の政治意識を根本から変えていかなければならないとして、国民に対する政治教育の徹底こそ現在の我が国にとって一番必要なことであると考え、昭和７年の選挙には出馬せず、政治の実践活動からは手を引くことになる。

そして、国民の政治意識を高めるための政治教育活動のため社団法人國民會館を昭和７年10月に設立した。

そして、その実践の場所として私財50万円を投じて旧國民會館をこの大手前の地に建設したのであった。山治はこの会館により演説会、講演会、映画、演劇など当時として考えられるあらゆる手法を駆使した政治教育の普及徹底を考えていた。

「時事新報」で論陣張り健筆振るうも暴漢に――

しかし、同じ昭和7年山治の運命を変える出来事が起こる。すなわち、この年、折から経営危機に陥っていた恩師福澤諭吉の創刊した時事新報の経営立て直しのためその大任が山治に委ねられたのであった。

山治は約2年間、その立て直しに鐘紡で培った経営手法をフルに生かして、懸命の努力を重ね、その効果は短期間で現れ、昭和9年の初めには収支均衡まであと一歩にまで業績は回復する。しかし、時事新報に掲載した特集記事が災いしたのか昭和9年（1934）3月9日出勤途上北鎌倉でテロに遭遇し、翌10日死去したのであった。

このため、彼が彼の理想とした政治教育の殿堂國民會館を訪れたのは昭和8年6月14日の國民會館開館式ただ一回のみであった。

第12話 ユニチカ記念館（東洋紡・鐘紡・大日本紡績）

当時は十大紡が繊維業界を牛耳っていた

三大紡の影響力は絶大

今回は尼崎市にあるユニチカ記念館を取り上げた。さる3月26日、旧ニチボー記念館（旧尼崎紡績本社工場）、現在はユニチカ記念館を訪問した。2回目の訪問であったが改めて赤レンガ造りの美しい建物に感激した。

ユニチカは、大日本紡績（後のニチボー）と日本レイヨンが昭和44年（1969）に合併してユニチカとなったのであるが、もともとは同根で日本レイヨンを創ったのは大日本紡である。

したがって、このユニチカ記念館を語るためには先ず大日本紡績の歴史を紐解かなければならない。

私が紡績業界に入ったのは昭和35年（1960）であったが、当時は十大紡という巨大な10社の紡績会社が繊維業界を牛耳っていた。その中でもとりわけ東洋

再現された社長室で玉井担当課長（右）と筆者

戦災をまぬがれた唯一の事務棟の正面玄関

紡、鐘紡、大日本紡の3社が三大紡といわれ、業界における影響力は、絶大なものであった。

大日本紡の事実上の創業者である菊池恭三氏の事は、最初の「綿業会館」の稿で、相当詳しく書いたので重複するかもしれないが、大日本紡の歴史とともに最初に触れさせていただきたいと思う。

綿作は農家の有力な収入源

我が国の紡績業が、どのようにして始まったか、明治初年から明治10年（1877）の西南戦争の頃まで、いわゆる洋式の紡績工場は、鹿児島と堺、東京の鹿島の3工場しか存在していなかった。当時西日本においては、幕末まで綿花の栽培が非常に盛んであった。何故なら綿の栽培は稲作と並んで農家の有力な収入源であったからである。しかし、この綿というものは、アメリカとかエジプト、インドで採れるような上質のものではなかった。この綿を手繰り機という人力による紡績機械で糸にして、それを原料として粗布といわれる織物をつくっていた。ところが、開国と同時に、急激に輸入品が増加したため、内地の綿作は大打撃を受けた。具体的には、明治新政府が発足してからのたった10年間で、輸

軍需工場と見なされ米軍の爆撃を受け、消失する前の尼崎紡績本社工場の全景模型
（左端上の矢印が事務棟）

入総額の36％が海外からの輸入綿糸によって占められたのであった。

安政２年、薩摩に工場作る

我が国で、最初の紡績工場がつくられたのは安政2年（１８５５）薩摩の藩主島津斉彬が、英国から紡績機械を輸入して工場をつくったのが嚆矢とされるが、これは極々小規模なものであった。

輸入綿糸の増加に危機感を抱いた政府は、いろいろと奨励策を講じる。例えば「官営モデル工場の設置」とか「紡機の年賦払い下げ」などで英国産業革命の担い手であった紡績業を立ち上げようとしたのであったが、ほとんど成果が挙がらなかった。

一方、当時の財界の指導者であった渋沢栄一氏は、第一国立銀行の頭取であったが、自分の銀行で扱う荷為替の中で、あまりにも綿糸の輸入が多いことに危機感を持ち、民営の大がかりな紡績工場を展開すべきであると考え、東京、大阪の産業資本家と華族21家から出資を仰ぎ民間の力で、明治16年（１８８３）１万６千錘の設備を持つ大阪紡績（後の東洋紡）を設立する。

五代目 小寺源吾社長

中興の祖、四代目 菊池恭三社長

一方、綿作地であった泉州では平野紡績、摂津紡績が、江戸時代において坂上綿といわれる綿作地であった尼崎では、尼崎紡績（後の大日本紡）が創られたのである。

廃城による旧藩士窮状の事業

尼崎紡績の成り立ちについては、この記念館の資料によると明治４年（１８７１）に廃藩置県が行われ、さらに明治６年（１８７３）には廃城令が発布され、尼崎城は廃城となった。このため碌を失った旧藩士の窮状を救済すると同時に尼崎に新しい産業を興し、町の活性化が求められた。

当時の尼崎の有力な産業は、醤油の醸造であったので、これら地元の有力者に加え大阪の財界にも働きかけ、出資をあおぎ、尼崎がもともと綿作地帯であったことにも由来して紡績会社を設立することになったのである。

明治22年（１８８９）有限責任尼崎紡績会社が設立される。当時の資本金は50万円で、設備は９２１６錘、従業員は６５８名であった。

中興の祖は第四代菊池社長

さて、大日本紡績の発展に多大な貢献をした人物がいる。中興の祖というべき第四代社長をつとめた菊池恭三氏である。菊池氏は安政6年（1859）伊予国宇和郡現在の愛媛県八幡浜市に生まれた。大阪英学校（第三高等学校の前身）を経て上京し、造船業を志し、工部大学校（現在の東大工学部）に入学して機械工学を専攻する。卒業後横須賀造船所をへて造幣局に勤務するが、明治22年乞われて平野紡績に入社し、英国に留学してマンチェスターなどで紡績技術を習得して、帰国後、同紡績の技師長となる。さらに摂津紡績の技術指導にも当たり、紡績技術者の第一人者になっていく。折から明治23年（1890）尼崎紡績が最新鋭機械を備えた本社工場の操業を開始したのであったが、菊池氏は尼崎紡からも技術指導を懇請され、新工場の操業開始に貢献した。

「日紡貝塚」のバレーボールの活躍を後世に伝える展示

当時、技術者は非常に不足しており、大学卒業の工学士は殆どいなかったのであるが、それにしても当時の先端を行く平野、摂津、尼崎の3社の支配人、工場長を兼務したということは、如何に菊池氏の力量が優れたものであったかを表している。

銀行家としても高い評価受ける

その後、菊池氏は明治34年（1901）尼崎紡績の社長に就任、さらに大正4年（1915）には平野紡績を吸収合併していた摂津紡績の社長に就任、大正7年（1918）には両社が合併して誕生した大日本紡績の社長となり、昭和11年（1936）までその任にあたった。その間、日本レーヨンを設立して大正15年（1926）初代の社長となった。

また、三十四銀行（後の三和銀行）頭取の小山健三氏に大日本紡発足の際、大変世話になった関係から、同氏と信頼関係を築き、小山氏の三十四銀行頭取引退に際し、後継に指名され、周囲が抱いた当初の懸念を払拭して、銀行家としても高い評価を得たのであった。

オリンピック出場時の日本チーム制服

菊池氏の評価されるところは、技術者として、我が国の綿紡績技術を確立したパイオニア的な存在であった。我が国紡績の得意とした混綿技術や湿撚法の開発、ガス紡績、広幅織布、レーヨンなど絶えず他社に先駆けて進出したことは、極めて評価されるところであろう。

尼崎に現存する最古の洋風建物

さて、尼崎紡績本社工場は、明治23年９２１６錘でスタートしたのであるが、この年は、大不況の年でその後10年間はかならずしも順調に推移したわけではなかった。そのため当初の設備数は明治25年（１８９２）まで続き、ようやく同年２３０４錘を増設し、その後第２工場、第３工場と増設が続き日露戦争、第一次大戦の好況により、大正15年には敷地面積６万２１９７坪、紡機８万３７８４錘、織機１００６台にまでになる。

現存するユニチカ記念館は、本社工場が設立された明治22年の11年後の明治33年（１９００）に、本社事務所として完成した建物で、尼崎市に現存する最古の洋風建築といわれている。設計者は、茂庄五郎氏であるが、施工業者は不明とのことである。

戦災免れた事務棟を記念館に

記念館の資料によると、建物を形成する煉瓦は、英国からの輸入品といわれており、『尼崎市史第10巻』において「日本人の手によって施工されたものと推測される」と記載されている。

その後尼崎紡績は、大正６年（１９１７）本社機能をすべて大阪市東区備後町に移転したため、尼崎の本社は名目だけとなってしまった。備後町の本

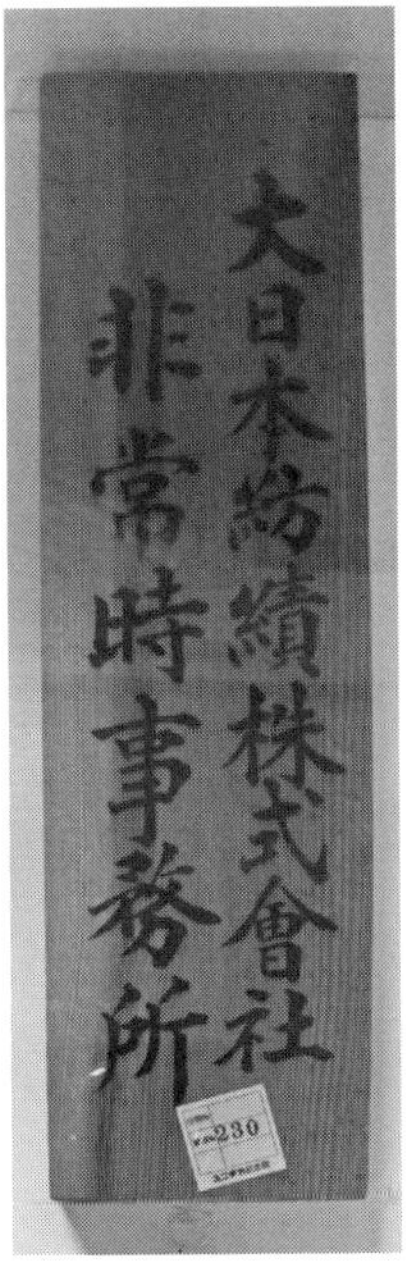

戦時中の看板

東京オリンピックで金メダルに輝いた大松博文監督率いる日本チーム（ニチボー貝塚）

社は、風格のある建物であったが、それも今はなく、跡地には、大阪国際ビルディングが建っている。

大正7年尼崎紡績から大日本紡績に社名が変更されるが、尼崎工場として操業を続け、従業員は約3千名を擁し、周囲には約700軒の商店などの関連施設が広がっていた。

しかし、太平洋戦争末期の米軍による空襲により工場群は壊滅したが、この尼崎工場事務所だけが奇跡的に戦災を免れ、一部外壁や内装の損傷について改修工事を施し、昭和34年（1959）ニチボー記念館として生まれ変わり、昭和44年ニチボーと日本レーヨンの合併により、社名が、ユニチカとなったためユニチカ記念館と改称され、現在に至っている。

歴代社長の写真やバレーボールの足跡も

内部の展示室には、尼崎紡績設立以来120年にわたる数々の資料が展示されている。具体的には初代社長広岡信五郎氏、中興の祖四代社長菊池恭三氏、菊池社長の後を継いで日紡の発展に貢献した小寺源吾氏、戦後活躍した原吉平氏など歴代社長の肖像写真、焼失する前の尼崎工場の精巧な全景模型、尼崎紡績設立関係の書類、日本レーヨン発足関係の資料、また今となっては大変貴重な商標ラベル、戦時中から戦後にかけて手がけた繊維以外の商品など、珍しいものとしては、島本町にあった大日本紡績結核療養所の入院患者と国鉄の特急「はと」食堂車従業員との心温まる交換を記念して贈られた「はと」のヘッドマーク、さらには東京オリンピック女子バレーボールで、金メダルに輝いた大松博文監督率いる「ニチボー貝塚」の資料など興味深いものが多数展示されている。

1階展示室にはヨーロッパのデザイン関係の資料が展示されているがこれも大変貴重なものである。

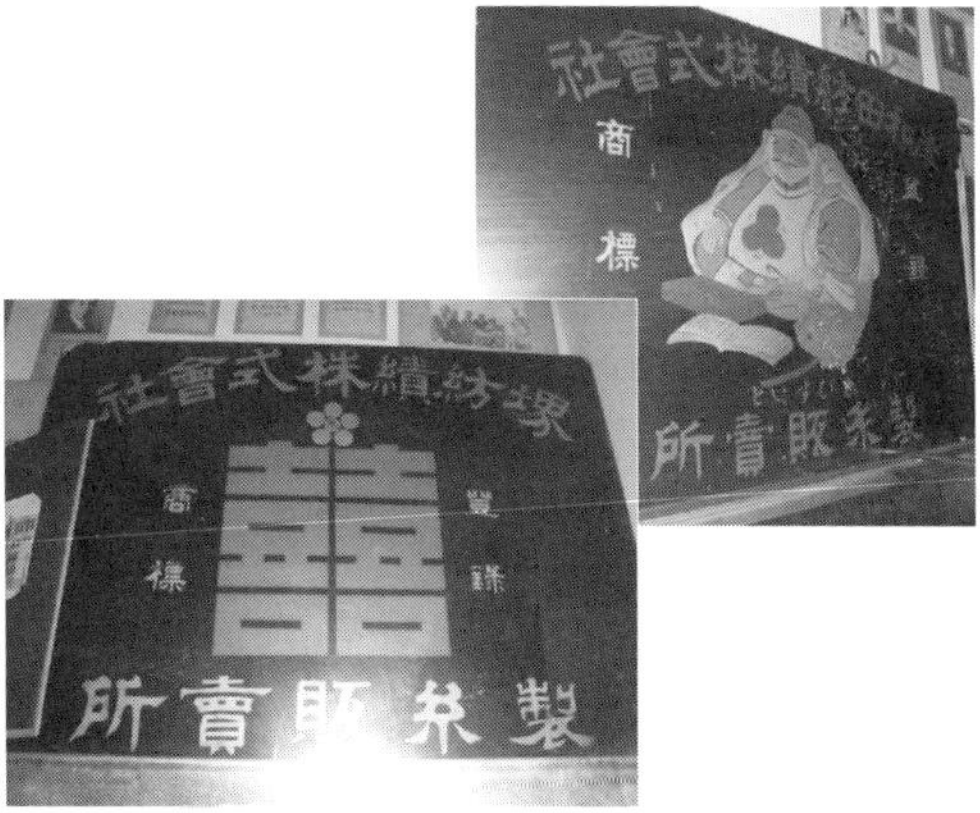

堺紡績や岸和田紡績の商標登録も記念館に保存されている

なぜ尼崎が06番なのか

最後に、このことは前にお邪魔した時に聞かせて頂いたので承知していたのだが、何故、兵庫県に所在する尼崎市の電話局番が06と大阪と同じかということである。これは明治26年（1893）に当時の尼崎紡績に電話が必要となり、会社が大阪電話交換局の許可を受け、自力で大阪から尼崎まで電柱を建て、電話回線を引いたことに由来する。これにより、尼崎は現在でも局番は大阪と同じ06なのである。当時の紡績産業の力が、如何に大きなものであったかをこの事実は如実に物語っている。

国道43号線がすぐ南側を走っているにも拘わらず、喧噪感が全く感じられない静寂に包まれた記念館、ここに、今からつい70年前に我が国を代表する大紡績工場があったとは到底思えないのである。

栄枯盛衰は世のならいであるが、日本の資本主義を先導した紡績産業の輝かしい栄光の歴史を、噛みしめつつ記念館を後にしたのであった。

第13話 田尻歴史館

紡績業界に君臨した英雄、谷口房蔵

東洋紡績と合併した泉州の合同紡績

平成26年（2014）の3月、何気なく日本経済新聞夕刊の「軌跡」という欄を見ていたところ、泉州の生んだ綿の王「谷口房蔵」のことが4回にわたり連載されていた。

後に、東洋紡績と合併する泉州の大紡績会社「合同紡績」の創始者である谷口房蔵の名前はよく存じていたが、不勉強にも彼が造った別邸が出身地である泉南の田尻町に現存しており「田尻歴史館」として一般に公開されていることを初めて知り、6月2日建築家の安達英俊氏に同道して頂き、同館を訪問した。

城野伊八郎の元で天秤棒を担ぎ農家を回る

この邸宅は、大正12年（1923）に谷口が大阪市内の本邸とは別に出身地に造った屋敷であった。

谷口房蔵は、文久元年（1861）この田尻町（当時は田尻村大字吉見）に生を受けるが、この地は、零細な漁業と農業による文字通りの一寒村にすぎなかった。

生家は、父親が長く村役を務めたほどの名望家であったが、家計は決して楽なものではなかった。彼が15歳の時、家産はいよいよ傾き、ついに口減らしのため、遠縁に当たる樽井村の素封家で紋羽《もんぱ》（目の立った粗い綿布）問屋の城伊こと城野伊八郎に引き取られ、商売の見習いをすることになった。房蔵は、天秤棒を担いで近辺の農家を歩き廻った。すなわち問屋からは原綿を入れた籠を、財布には工賃を詰め、毎日農家をまわり、仕上がり品の紋羽を受け取り、工賃を支払い、原綿をまた預けていくのである。

ところが、紋羽の商売自体、先行きが望めなくなってきていた。その間房蔵は、自分の生きていく道を、いろいろと模索するが、結局自分は、木綿で身を立てるしか道はないと思い定め、大阪へ出て幾多の苦難を重ね、木綿商として名をあげていくのである。

出迎えて下さった指定管理責任者の黒川哲子氏と筆者（歴史館正面）

明治紡績の経営を任され頭角を現す

ところが、明治27年（1894）にたまたま株式を所有していた明治紡績の乱脈経営について株主総会で追及したところ、それなら、お前がやってみろということになり、その経営に参画し、見事に経営を立て直す。それとは別に清算中の朝日紡績を個人で買収し、これに次々と経営危機に陥った紡績を傘下に収め、合併を繰り返し、明治33年（1900）大阪

美しい日本庭園（左奥に茶室がある）

合同紡績を設立して専務取締役（後に社長）となる。彼の経営理念は『谷口房蔵翁伝』にあるとおり、先ず親切第一主義を標榜、次いで工場能率向上、工場保健実施、情実縁故採用と従業員の飽食主義廃止、従業員は技師以上の鑑識を備えることをあげている。いうならば、鐘紡の温情主義と同じく家族主義的経営に加え、技術に重きを置く合理的工場経営と言って差し支えない。

さらに谷口は、明治紡績の合併を意図して、何度もその実現に取り組むが他の株主の強力な反対により実現しなかった。

豊田式織機も傘下に入れ大阪財界の重鎮に

しかし、明治36年（１９０３）ついに明治紡績を合併して大阪合同紡績は、資本金１６０万円、設備10万錘となり、鐘紡21万7千錘、摂津紡績10万3千錘に次ぐ大会社となった。

谷口は、一人一業種主義者であったが、明治39年（１９０６）に三井物産を中心として設立された、豊田式織機株式会社（後の豊和工業）の初代社長となる。この経緯についてであるが、発明王として有名な自動織機の発明者豊田佐吉は、技術者としては優秀であったが商売には不適で、折角の発明品である織機の会社は、事業として伸び悩んでいた。

谷口房蔵（1861 ～ 1929）

豊田佐吉は、個人企業として発足した時点から三井物産の援助を受けていたが、明治37年（1904）に自動織機の発明に成功したことを契機として、明治40年（1907）に個人企業の豊田製作所を株式会社に改組することになり、豊田式織機株式会社が設立されると、佐吉は発明に専念することになった。そして新会社の運営が谷口に託されることになった。これにより谷口は、大阪合同紡績という一流の紡績会社の経営者として、一方、日本一の織機メーカーの経営者として、大阪財界に重きを置く存在となったのである。

大阪港築港完成と阪和電気鉄道の建設

その他、彼の事蹟を問うと、先ず大阪港築港に関する活躍である。すなわち、従来インドから輸入される原綿は神戸港に陸揚げされていた。しかし荷役場所が狭いためインドやアメリカからの原綿が、兵庫の浜に放り投げられたまま雨ざらしになっていたりした。

それなら十分なスペースのある大阪港を広げ、陸揚げ可能な築港とすべきであるという運動が、何度も起こったのであるが、その都度反対するものがあり、挫折していた。谷口は、港湾設備を充実させるよう関係部署に積極的に働きかけ、早期築港完成に努力する。この結果大阪築港は昭和4年（1929）に完成するが、それは谷口が亡くなってからのことであった。

もう一つの業績は、現在のＪＲ阪和線である阪和電気鉄道の建設である。本線は、南海鉄道の並行線として企画されたのであるが、南海が紀州街道沿いの都市を結んで建設されたのに対し、それより内陸部の農村地帯の振興を目的として造られた。この建設に、房蔵は多大な努力を傾けた。大正14年（１９２５）に会社が設立され、鉄道の布設が始まるが、天王寺～東和歌山間が全線開通したのは昭和４年7月で、谷口の死後であった。その後、同鉄道は南海鉄道に合併されるが昭和19年（１９４４）戦時統合で国鉄に吸収され、現在のＪＲ阪和線となった。

また業界団体である大日本紡績連合会（現在の日本紡績協会）の設立に関与し、紡連有力メンバーとして操短問題への積極的な取り組み、支那関税改定反対にも、いかんなくリーダーシップを発揮した。

さらに長年大阪市会議員として市政に関与し、市政発展に貢献したのである。

文化面においては、植物学者、地形学者、地質学者、地理学者として近年再評価が進んでいる、日本画家高島北海の絵画を収集し、応援した。

その他日本棋院の設立や大阪倶楽部、綿業倶楽部の設立を主導した。

村の豊かな暮らしのため谷口織布を設立

このような力を背景に、谷口は自分が生を受けた村を豊かにするためいろいろな事業に取り組んだ。

モダンなステンドグラス

古来、田尻村は農業、漁業を主たる業としており、他に副業もなく、一部の婦女子が村内や近所の織布業に従事するだけで、大部分の家庭は十分な収入が得られない状況下にあった。谷口は各戸の婦女子に適する事業を興して、一家の総収入を高める必要を感じ、田尻村内に大正3年（1914）谷口織布株式会社、後の吉見紡織株式会社を設立する。

以来村内の婦女子は、この工場に勤務するようになり、各家庭の生計の安定に寄与したのである。また、これに関連して商売のため移住してくるものも増え、往時の寒村は、見違えるような郡内屈指の商工業都市に変貌した。統計によると昔は村内300戸、人口1800人の寒村であったものが、吉見紡織開業15年後には総戸数1100戸、人口6千人となっている。その後吉見紡織は周辺の樽井紡績を合併し、大正11年（1922）には資本金500万円という府内有数の大工場となる。

村の土木施設や教育関係にも私財投じる

そこで谷口は、当地商工業の発展に伴う物資の集散と、一般漁船が避難するための適当な港がないことを懸念して私財を投じ、それに村費の一部を加えて田尻川口に港を完成した。さらに田尻町内の道路は狭く、橋梁も不備であったため、自ら経費を調達し、この改善に積極的に取り組んだ。

特筆すべきは、教育関係に尽力したことである。彼は、かつて自分が学校にもいけなかったこともあったのであろうが、人口の増加に伴い手狭になった高等小学校移転のため多額の私財を提供し、移転、増築に尽力したのであった。

吉見紡織を興し、業績の安定したのを見はからって、彼は大正12年工場を見晴らす丘の上に別邸をつくった。これが、今に残る田尻歴史館なのである。谷口の本邸は、大阪の住吉にあったので、普段彼がここに住むことはほとんどなかった。別邸は迎賓館的な使い方であったのであろう。

黒川氏から資料の説明を受ける筆者

和洋折衷の建築様式に目を見張る

建物の専門的な事項については前出の安達さんからお聞きした。また建物の歴史や現状の詳細につては指定管理責任者である黒川哲子さんにご教示いただいた。

本館の設計は確たるいわれはないが、片岡安事務所の和田貞次郎氏ではないかといわれている。敷地は約千坪あり、洋館、和館をはじめ茶室、土蔵が配置されている。洋館に入って、目につくのは、先ず洋館玄関の上の山形の飾りである。そして、特徴といえるのはステンドグラスが多用されていることである。驚くのは、客間の欄間や作り付けの食器棚にまで、ステンドグラスがはめ込まれていることだ。

洋館はレンガ造りの外観に磁器タイル張りの2階建で、屋根は銅版で葺かれており、洋館全体は幾何学的な構成となっている。

1階内部は玄関ホールから書斎、客室、応接室の配置となっており、書斎には出窓、客室にはベランダが設けられている。各室の床は寄木細工で2階には寝室が2つと和室がある。

和館は、木造2階建て入母屋造りで屋根は桟瓦葺きである。材料は上質で伝統的な住宅建築である。

茶室は、入母屋造りの重厚な本格的な構造である。現在この建物は、大正時代の屋敷の形態を伝える貴重なものとして平成8年に国の登録有形文化財に指定されている。

その後、建物は時代が変わり、昭和19年に大阪機工株式会社の所有となるが、その後辻野常彦氏に買い取られ、現在は田尻町が所有して田尻歴史館となっている。

戦時中は軍需工場となり砲弾の信管を製造

今この高台にある歴史館から港のある方向を見下ろすと、かつて存在した吉見紡織は跡形もない。

吉見紡織は、昭和16年（1941）の企業の戦時統合により東洋紡績に合併された後、前述のように大阪機工に移り、戦時中は軍需工場となり、鉄砲の信管を製造していた。そのため、

庭園から眺めた洋風建築が印象的

この屋敷には名前の知られた陸海軍の高官が何人も宿泊したとのことである。

戦後は、大阪機工として存続していたが、昭和53年（１９７８）火災で焼失してしまった。

そのため、谷口房蔵の事績としてこの田尻町に残っているのは、この田尻歴史館のみとなっている。

会社は谷口の死去で衰退し東洋紡に吸収合併される

最後に、谷口房蔵の主宰した大阪合同紡績が、その後どうなったかを語り締め括りとしたい。

谷口房蔵は、昭和４年４月68歳で病没した。時あたかも昭和恐慌の時代であった。昭和恐慌は国内の金融恐慌に端を発し、アメリカの恐慌突入により世界恐慌へと発展していったのであるが、我が国紡績業界も労働問題の深刻化や中国向け綿布の輸出不振などから極端な不振に落ち入り、不況は深刻化したのであった。このような状況の中で谷口社長の死去は大阪合同紡績に大きな衝撃を与えたのである。

谷口社長の没後、後任の社長も健康がすぐれず、実力のある取締役の突然の死去も重なり、昭和5年（1930）上期には、同社は創立以来最初の赤字決算を余儀なくされた。

東洋紡績との合併問題が起こったのも、このような状況下においてであった。

昭和5年11月合併の仮契約書が取り交わされ、合併の準備は順調に進み、昭和6年（1931）3月その合併が成されたのである。しかし、もし谷口房蔵が存命ならこの合併が行われていたかは疑問である。谷口は紡績合同論者であったから、後継者たちの決断を支持したのではないかなどと論じる向きもあるが、徒手空拳から努力に努力を重ね大阪合同紡績を立ち上げた谷口が、大阪合同紡績株式10株に対し、東洋紡株式7株などという合併比率に納得したであろうか。彼独自の方策をめぐらし、「綿の王」の本領を渾身の力で発揮して、独立を保持したと私は信じている。

並んで立つ胸像

谷口房蔵と私の祖父武藤山治とは、同業ということもあって大変親しい間柄であった。

谷口と武藤は、大日本紡績連合会（現在の日本紡績協会）の設立や支那関税改定反対、紡績大合同などで共に力を尽くしあった仲であるが、谷口も武藤もそれぞれ一家言を持つ理論家であると同時に激情家で、二人が会うと、あたりかまわず侃々諤々の議論を展開したよう

武藤山治（左）と並ぶ谷口房蔵の胸像（綿業会館ホール入口）

である。

『谷口房蔵翁伝』の追悼で、武藤は「私の性格とある点において君と共通したところがある。それがため争うときは烈しく争うが、それがすむと最も親しかった」と万感をこめて回想している。

大阪の綿業会館を訪ねると、7階の大ホールの入口に紡連の設立に功績のあった二人、右側に谷口房蔵、左側に武藤山治の胸像が並んでいる。

明かりの消えた大ホールの入口で毎夜二人はどのように語りあっているのであろうか。それは「業界の行く末か」それとも「方向の定まらない我が国の将来に想いをはせているのか」いずれにしても相並んで、親しく思う存分激論を重ねているに違いない。

第14話 船場センタービルとその周辺

大阪のど真ん中をブチ抜いた大動脈

一般道と高速道路下部の集合ビル

最近余り御堂筋方面に出かけなくなったので、気が付かなかったのであるが、船場センタービルがすっかり改装され、一新されていることを最近になって知り一驚したのであった。

船場センタービルとは、大阪市のほぼ中央、本町付近を東西に貫通する「中央大通り（一般道と高速道路）」の下部に、御堂筋のやや西側から東は堺筋の少し東まで約1キロにわたって建設されている集合ビルのことである。東の1号棟から西へ1直線に10棟が並ぶ。今回はこの巨大な構築物を中心に取材した。

大阪のど真ん中をぶち抜いて作られた中央通。高速道路と一般道は集合ビルの上を走っている。平面道路から撮影。

大阪万博機に敢行された中心部のインフラ大整備

私が御堂筋南御堂前にある大和紡績の本社に通うようになったのは昭和38年（1963）ごろであったが、その頃は、現在の中央大通りに面するあたりは、御堂筋を含めて極めて雑多な様相を示していた。即ち、喫茶店はもとより中華料理屋、一杯飲み屋、マージャン屋などが密集して存在しており、しかし、今から思えば、船場らしい何とも言えない活況を呈していたように思う。

大阪で万国博覧会が開催されたのが昭和45年（1970）であったから、それに向って博覧会の会場である千里丘陵はもとより、大阪の中心部を含めたインフラの大整備が行われた。名神高速道路は昭和38年に名古屋まで開通し、大阪市の環状線はもとより、その頃は西国街道と呼ばれていた悪路で名高かった国道171号線は面目を一新した。

戦災復興の最大都市事業として計画されていた

そのようなインフラ整備の大阪市内における重要なポイントが「中央大通り」と、この船場センタービルの建設であった。これは、戦災後の復興のための最大の都市計画事業として計画されたものであった。

しかし、このような幹線道路「中央大通り」を造るためには周辺の立ち退きが大問題となったのは必定であった。

立ち退き交渉は、予想通り難航を極めたのであった。当時の周辺のことを実際に良く見聞きしていた私から見て、それは当局にとって一大事業であったであろう。

具体的に立ち退きの対象となったのは、唐物町の南半分、北久太郎町の北半分、農人橋詰町の一部、両替町の南半分、農人橋の北半分であった。土地の買収については、予定道路の東と西の端の部分については直ぐに目鼻がついたが、丼池と呼ばれる中間の部分は〃土一升

丼池の中心部を切り開いて建設された中央通（センタービルのカタログから）

金一升〃といわれる土地柄で、移転交渉は難航をきわめたのであった。

そこに小林茂喜というアイデアマンの実業家が登場する。小林氏は科学模型製作所の初代社長を務めた人で、かねてから次々と新しいアイデアを生み続け、社会に貢献した人物であったが、彼が関係者との会合の席で「利用できる面積が減らなければよいのではないか」と具体的には、道路の直下にビルを造ってはどうかという当時誰にも思いつかなかったアイデアを出し、関係者一同名案として即座に採用が決まったのであった。

地下鉄路線で3つの領域に分けそれぞれの特色を

先に触れた点と重複するが、このビルは、東は箒屋町筋から西は渡辺筋までの間で、中央大通りの平面道路に挟まれた中央分離帯のような形で立地している。

地上4階、地下2階建てで、上を走る高架道路の傾斜により両端が低くなっている。これはビルの2階を歩いてみると、よくわかる。

地上を交差する道路（筋）によって1号館から10号館に区分されており、その下を東西に大阪市営地下鉄中央線が走っている。さらに東から堺筋線、御堂筋線、四つ橋線が中央線と交差している。10棟に及ぶ集合ビルは、南北に走る3線の地下鉄により、3つの領域に分れている。

模型を上から撮影した道路の下が集合ビル。上の写真を側面から写した。

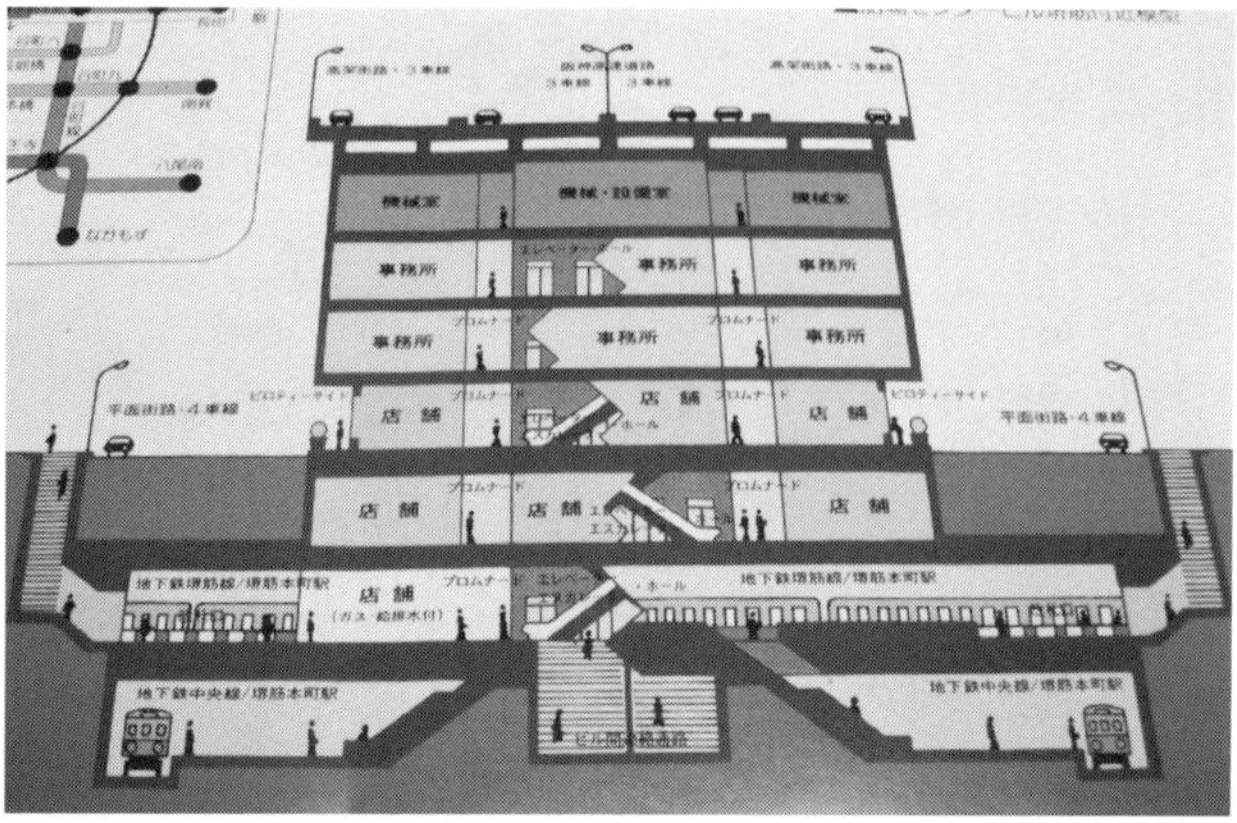

船場センタービルの断面図

堺筋以東の1号館から3号館までは、地下2階は飲食店街、地下1階はインポートマーケット（大阪舶来マート）、1階はショッピング街、2階・3階は事務所、堺筋から御堂筋間の4号館から9号館までは、地下2階は4号館と9号館が飲食店街、5号館から8号館が駐車場、地下1階から地上2階までは、繊維を中心とした問屋・小売り街、3階と4階は事務所となっており、御堂筋より西の10号館は地下2階、地下1階は飲食店街、1階はショッピング街、2階は事務所となっている。

ビルの屋上には、阪神高速13号線及び中央大通りが走っており、前述のように地下には、地下鉄中央線が中央大通りに沿っている。なお、このセンタービルは昭和42年（1967）8月に着工して昭和45年2月に完成している。施工は大林組、清水建設、大成建設、竹中工務店など全大手ゼネコンが参加した。

大手ゼネコンが全力結集　2年半で昭和45年に完成

平成24年（2012）3月大阪府は、新たな都市構造の見直し案を公にしているが、それによると、阪神高速13号線の一部撤去と中央大通りの地下化が想定されており、このため、将来当ビルの撤去も検討すると発表している。この目的がどこにあるのかよくわからないのであるが、大阪市内を全面的に緑化することを志向している一環のようである。

いずれにしても高速道路、都市ビル、地下鉄の三者が一体となって存在しているこのようなケースは全国的にもここだけではないか。いや海外にも余り例が無いらしく、建設当時は共産圏を含めて各国から見学があった。それだけに周囲の困難な立ち退き交渉、新しいビルへの入居、また多額な予算の計上と獲得など、先人の苦労が偲ばれる。

船場センタービル8号館の地下2階の商店

先にも書いた通りの文字通り活気に満ちてはいたが、私のように、雑然とした街区を知っているものにとっては、現在のような姿になり、さらにそれから半世紀近く経過したことについて、改めて深い感慨を催すのである。

私の勤務先は御堂筋に面した南御堂の前の御堂筋ダイワビルであったので、センタービルの9号館は目と鼻の先であった。従って堺筋方面に所用がある時、同ビルの御堂筋から堺筋まで一直線に歩ける2階フロアーをよく利用させて頂いた。

若干の高低差はあるが信号は勿論なく、歩きやすい一直線の道は、冬は暖かく夏は涼しいという利点もあった。しかし、この2階のフロアーの場合を見ても、この十数

船場センタービルの８号館地下２階の商店街

年の変遷には激しいものがあり、多くの店舗が無くなったり、事務所に変わったりしている。

この原稿を書いている少し前、センタービルの2階を久し振りに歩いてきた。やはり繊維関係の店舗が減っており、御堂筋から離れるにしたがってシャッターが閉まった店が目立ち、本当に寂しい限りである。

新しく打ち出された大阪府のグランドデザインも大阪の緑化推進が勿論目標に違いないが、このビルを含む船場一帯の地盤沈下と関係があるのであろう。

船場センタービルの周辺

丼池筋中心に大阪らしさを残している貴重な場所

全国的に見て特異な高速道路と地下鉄と三位一体となっている船場センタービルについてはこれぐらいにして、次にこのビルを取り巻く船場の一部について書かせて頂きたい。

前に船場地区については相当詳しく紹介しているので、今回は、船場における繊維関係の品物を扱う中心地である丼池筋、現在は丼池ストリートを取り上げた。

船場丼池ストリート

余談であるが大阪人でも知らない人が多いことがある。クイズではないが御堂筋から堺筋の中に筋は何本あるのか、正解は御堂筋の次は心斎橋筋、次いで丼池筋、三休橋筋、中橋筋、藤中橋筋そして堺筋ということになるので5本である。

御堂筋から2本目が丼池筋であるが、丼池筋とは大変奇妙な名前である。もともと繊維関係の問屋街で、大阪で最初にアーケードが設けられたのがこの丼池筋である。平成5年（1993）アーケードは老朽化したため取り壊され、現在は丼池ストリートと呼ばれている。

繊維問屋が軒を連ねていた町であったから、素人客はお断りであったが、最近では一般の人相手の小売をする店も増加している。しかし、基本的にはあくまで問屋街である。

▶作務衣専門の「こうたりや」　久太郎町通りに面する北側に大変難しい漢字の店がある。昭和60年から常時八十種類の作務衣を用意している。

私が、大和紡績に入社した頃、すなわち昭和30年（1955）から40年（1965）ごろは丼池筋の全盛時代で、その賑わいはたいしたもので、地方から繊維製品を仕入れに来る人々で、あの狭い筋がごった返していた。

しかし、現在では当時と比較するとお話にならないぐらい寂れてしまった。繊維関係の店の廃業も続き、繊維以外の店も増えている。御堂筋から西に延びて丼池筋と交差する久太郎町通にも多くの繊維関係の店があったがマンションに変わったり、シャッターを閉めている店が目立ち往時とは隔世の感じがする。

それでも丼池筋とその周辺は、いまでは中国語が飛び交う隣の心斎橋筋と違い依然として大阪らしさを残している場所ではないかと思う。

第15話　OMMマーチャンダイズマート

総ガラス張りビルに300店舗収容

天満橋駅はかつて京阪電車の始発駅だった

大川に面して一際威容を誇る略称OMMビルについては、その存在を知らない人はいないのではないかと思う。

OMMビルの現在ある場所は、かつて京阪電鉄の始発駅天満橋駅であった。天満橋は、大阪における多数の人々の行きかう一大交通ターミナルの一角となっており、毎日多数の乗降客があるのはご存じの通りである。特に京阪電鉄沿線の発達とともに住宅は増え、当然人口も増えるので、その数は、上昇の一途をたどっている。

天満橋周辺は、大阪府庁や官公庁また昔からの繊維や雑貨の問屋街もあり、船場とは近接しており、大阪城を含む一大観光地でもある。

前々から書いているように、以前から大阪は、船場地区を中心として繊維製品の卸売業が発展しており、全産業に占める割合は極めて高かった。昭和30年代は年々急ピッチで取引量が拡大していたにもかかわらず、店舗が著しく狭隘化していった。

さらに、市街地の過密化により交通事情は悪化して、いわばマヒ状態が発生して、それが常態化するなど大きな問題を抱えていた。

北側の大川からの威容。壁面は全体がマジックミラーのガラス張り

例えば船場地区でもこの弊害が大きくなり、クローズアップされていたのであるが、業者を市外地へ分散させることは土地に対する執着と「商売は市街地でこそおこなわれるべきである」という意識が商人には強く、前回お話した船場センタービルは、それらを踏まえて造られた店舗の平面化から立体化への典型的なものであった。

悲願であった淀屋橋延長が認可され大きく前進

天満橋地区では、今後の発展と交通の過密化による混乱を解決していくために、従来の平面的な問屋街を立体的に再編成することを目的につくられたのがＯＭＭビルなのである。

ＯＭＭビルは、京阪電鉄の天満橋始発の駅に建てられていると申し上げたが、それに先立って、京阪電鉄の創立以来の悲願であった「淀屋橋までの延長」が昭和34年（1959）に認可され、38年（1963）4月に地下軌道で、天満橋から淀屋橋間が開通し、運転が開始されたのであった。そのため、従来の天満橋駅は西側の地下に移転し、竹中工務店の施工で、その地下駅の上部と隣接地に、地上8階、地下3階のビルが建設され、そこに当時、南区日本橋にあった松坂屋百貨店が移転したのであった。ところが移転以降も業績は芳しくなく、人気テナントの導入や業態転換などさまざまな方策を探ったが、業績は回復せず平成16年（2004）5月に閉店となったが、おりしも京阪電鉄中之島線が建設中で、しかもその発駅が天満橋となったため松坂屋の跡地を京阪電鉄独自経営による京阪モールとして経営を進めることになった。

夕暮れの眺め。OMMのネオンが頼もしい

　しかし、京阪モールとしてスタートした時、耐震工事の必要性が論じられたため全面建替えも検討されたが、平成25年（2013）8月に耐震工事が行われたため建替え計画は中止となった。

谷町線開通で地下鉄と交差する重要な拠点に

さて、昭和42年（1967）3月に地下鉄2号線東梅田、谷町4丁目間が開通し、さらに43年（1968）12月に天王寺までの延伸が完了したため天満橋は京阪、地下鉄が交差する重要な拠点となった。このため天満橋の重要性があらためてクローズアップされたのであった。

このような情勢の中で注目されたのが京阪電鉄天満橋旧駅の跡地を如何に活用するかであった。

旧駅の跡地は大川に面した角地で2万平方メートルもあり、絶好のロケーションを誇っていた。京阪電鉄としては京阪ビルを建設した竹中工務店に、この土地の再開発計画の立案を全面的に依頼したのであった。

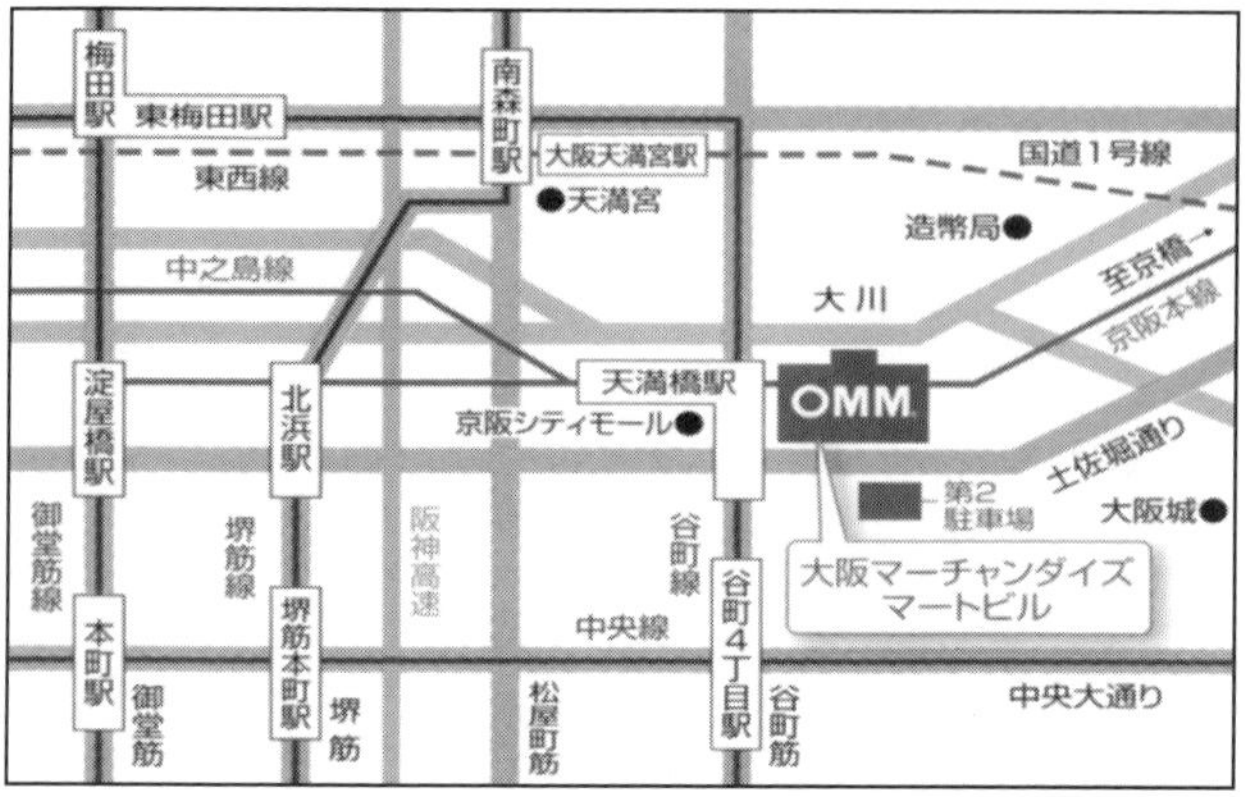

地図

ショールームを媒体とした見本販売の方策を

一方大阪市としては、船場地区における難問題を早急に解決することを迫られていた。当時の大阪市長中馬馨氏は、西日本経済の中枢都市大阪の基本構想を早急にま

屋上から中之島方面を望む

とめるよう該当部署に命じたが、担当部署は当該地（特定街区）の再開発計画の調査を竹中工務店に依頼した。
竹中工務店はかねてから船場地区を対象にして繊維卸商の特性と機能を徹底して調査しており、過密に陥った都市部の流通近代化のためには「ショールーム」を媒体とした見本販売が最も適切な方法であるという結論に達し、そのような機能を持ったビルを建設することによってこの問題を解決できると提言した。
このような観点から、都市再開発流通開発構造の変化に速やかに対応できる卸売業の近代化と組織化を図っていくことの必要性が痛感されるようになり、先ず組織として昭和40年（１９６５）６月に大阪卸商連盟が組織される。そしてこれに対応して大阪市においても大阪市の卸商業振興策が論議され、卸センターの必要性が指摘された。

国が「大都市再開発・流通近代化資金」で支援

一方国においても通商産業大臣（当時）の諮問機関である産業構造審議会で、「副都心ないしは都市周辺部において卸機能の再開発を図り、併せて都市開発に資するため、副都心ないし都市周辺部に卸総合センターを造るべきである」という構想を受け、政府等の強力な助成措置が必要であるという方針が打ち出された。この方針に従い政府は日本開発銀行で「大都市再開発ならびに流通近代化資金融資」の制度をつくり、土地の所有及び建物建設に要する資金調達の道が開かれた。

このように客観情勢が有利に展開する中で、具体的に旧京阪電鉄天満橋駅跡地に総合卸センターを建設する案が大阪市、京阪電鉄、竹中工務店を中心に固まって行き、実現の方向に動きだした。

交通マヒを解消し問屋街の流通を改善させる

昭和41年（1966）に入り、この卸センター計画はいよいよ実現することになり、同年7月に前記の3者に関西電力、金融機関をまじえて資本金5億円の『株式会社大阪卸売センター』が設立され、いよいよ卸売センタービル建設が実現する運びとなった。

この建物の目的は、あくまで「狭い土地に店舗が密集して交通マヒなどで機能を十分に果たせない問屋街の流通を改善する」ことにあった。

再三述べる京阪電鉄旧天満橋駅跡地に当初の計画では地上20階地下4階、敷地面積2万平方メートル高さ78メートルの高層卸問屋ビルとして計画され、当時としては大阪一のビルであった。

３００店舗を収容、屋上は回転展望レストラン

ビルの概要としては3階から16階までを卸売店舗、２階を展示場、１階と地下は他の店舗と倉庫を設け、船場、谷町、松屋町、久宝寺などの繊維、雑貨問屋の内４００の業者に入居してもらう予定になっていた。そして１フロアをそれぞれ歴史的になじみのある問屋街としていくため、問屋街の町の長さ、店舗数、店舗の間口、奥行の比、標準店舗などを検討して取り入れていくこととした。

その結果、標準店舗の面積は約１００平方メートル、１フロアに同業種をまとめることにして１フロアには20店舗が収まることとした。そして１フロアの廊下の長さを１００から１５０メートルとすると当初４００店舗を考えていたが３００店舗となりこの方向で進むことになった。

しかし、後に地下２階に一般店舗と飲食店を設けることになり、さらに20階を22階に変更して、22階は展望レストランとすることに変更した。

これらを基本に竹中工務店により昭和42年3月より基礎工事に取り掛かり、43年2月から鉄骨組み立てに着手した。そして44年（１９６９）８月起工式から2年3ヵ月でビルは完成したのであった。

最終的には建築面積３１８０坪、延べ床面積は3万９７５3坪となった。テナントの入居も順調に決まり、昭和44年８月25日盛大な開館披露式がおこなわれたのである。

建設当時と比較し大阪の地盤沈下は誠に残念

勿論、私は完工間もないこのビルについて知っているが、平成元年にビルの外装がカーテンウオールすなわち総マジックミラーガラス張りに改装され、現在にいたっている。当初の外観はプレキャストコンクリート造りで現在よりは重厚な感じであった。

2階のイベント会場。上—ドレス販売。下—アロマ祭り

OMMビルのような立派な画期的なビルが誕生したのは、我が国が高度経済成長を謳歌しつつあった時代で、昭和45年（1970）には大阪万博が開催された時代であり、このビルができたのは、大阪人の官民挙げての

地下１階の紳士服店（上）と家具店（下）

先見性に負うところが大きいのではなかったかと思う。

卸問屋の立地が行きづまっていた時代にいち早く新しい卸売センタービルを考えるなど、我々の先輩の着眼点の素晴らしさと先見性にあらためて感心するのである。

ＯＭＭビルの完成の際には当時の通商産業大臣大平正芳氏が出席し、祝辞を述べているが、当時と比較して大阪の地盤沈下は誠に残念なことである。

総ガラス張りの外装は今なお天満地域の誇り

入居者の中味については昭和44年の開館当時とは相当入れ変わっている。卸商の関係は、

１階玄関左壁にかかげられている油絵「垂直都市」猪熊弦一郎制作

大川を行く水陸両用のバス

激減しているのではないかと思う。

先ほどお話した通りビルの外装は一新されており、内装も絶えずリニューアルされて清潔さと重厚さが保持されているのには何時も清々しい気分になる。

最後にあまり一般の人はご存じないと思うがビルの玄関を入って左側の突き当りの壁に猪熊弦一郎氏の油絵の大作「ＴＨＥ　ＣＩＴＹ　ＶＥＲＴＩＣＡＬ　ＲＥＤ　ＮＯ３」訳すると「垂直都市」が掲げられている。猪熊氏は具象と抽象の双方を兼ね備えた画家で、東京美術学校では小磯良平氏と競った仲である。この絵は大阪万博に出品されたもので、ビルを建設した竹中工務店からの寄贈になっている。

私はこの絵こそ歴史と新しさを具現したこのＯＭＭビルに最もふさわしいものと思っている。

第16話　輸出繊維会館

繊維業界を代表する双璧

忘れてならない大いなる役割

このシリーズも大阪とその周辺を駆け回り話の対象探しに苦労しているのであるが、案外足元暗しで、絶好の対象があったのを見落としていた。

私は、仕事の関係から綿業会館をよく使うが、それは同じ備後町にあった。今回書かせていただく輸出繊維会館である。ダイワボウの現役時代、営業を担当したことはあったが、その役割はほとんど国内の糸売りであったため、輸出についてはほんの少ししか関わりを持たなかった。したがって輸出繊維会館とは全くといってよいほど関係がなかった。

繊維製品はわが国輸出産業の根幹を占めた

さて、最近久し振りにこの建物の中に入らせて頂いた。綿業会館と同じで外観はどちらかというと地味というかオーソドックスというか、余り目立った存在ではない。しかし何か綿業会館と同じ雰囲気が感じられるのである。

それもそのはず、当会館の設計者は、綿業会館の設計者渡辺のもとで、主任ドラフトマンを務めた村野藤吾氏であるから、それは当然のことかもしれない。

村野藤吾氏設計の輸出繊維会館

輸出繊維会館から頂いたパンフレットによれば、戦後の昭和25年に民間貿易が再開されると、綿糸布を始めとする繊維品の輸出は、我が国の輸出の根幹を占め、文字通り外貨の獲得に大きく貢献したのであった。その反面、欧米を中心に貿易摩擦が生じて、政府間の交渉だけではなく、業界としても輸出先の業界と会談、交渉して国際協調の精神に則り、過当競争の防止、輸出数量の調整、品質の維持向上などについて話し合いを重ねることが多くなった。

各所に分散していた団体事務所を一か所に

昭和27年（1952）に輸出取引法（現在の輸出入取締法）が制定され、これに基づき繊維関係では、綿糸布、絹化繊、毛麻、繊維製品、繊維屑の五つの輸出組合が設立されたのであった。これらの輸出組合においては、貿易管理令による輸出規制を補完するため、輸出調整事業を行うに至った。

そのため、各輸出組合および関係団体の事務量は増加して、事務所スペースが不足することになる。このため、当時、各所に分散していた各団体の事務所を一か所にまとめるならば、輸出業者、関係団体並びに関係官庁との連絡が緊密化し、事務能力の向上が図られるのでは―

という考えのもとに、共同会館の構想が持ち上がり、昭和32年（1957）9月、当時の通産省繊維局と各組合の理事長との間で、その構想が正式に提起され、前進することになった。

設立発起人は5組合の理事長など9氏が並ぶ

これにより構想の具体化が進められ、昭和33年（1958）2月に株式会社輸出繊維会館が設立されたのであった。

設立発起人には、関係5組合の理事長、専務理事の9氏が名前を連ねた。今その名前を見ると丸紅の市川忍氏や東洋綿花の鈴木重光氏など伝説的な方々が並んでいる。

昭和33年4月、同社の代表取締役に就任した鈴木重光氏を委員長とする会館建設委員会が設置され、会館基本計画を立案して、設計を村野・森設計事務所および大阪建築事務所に委嘱した。また建築工事業者として戸田組（現戸田建設）を指名した。

建物の概要は次の通りである。

所在地　大阪市東区備後町3－4－9
敷地面積　1750・64平方メートル（529・57坪）
建築面積　1358・69平方メートル（414・03坪）

ロビーに続く豪華な前室

延床面積　1万5165・95平方メートル（4587・72坪）
構造　地下3階地上8階、鉄骨鉄筋コンクリート造

独特の風格を醸し出している「村野階段」

先にも書いたように一見すると平凡な外観のビルなので、注意して見ていないと通り過ぎてしまう建物で、その点綿業会館と同様である。

階段や壁面装飾などに見られる多くの共通点

私が思うに綿業会館は綿紡業界の牙城であり、輸出繊維会館は繊維製品の輸出業界の堅城で、両建物こそ繊維業界を代表する双璧である。大建築家村野藤吾氏が、どちらの建物にも深く関わっているのでよく見ると成程というところが随所に見られる。

外壁は、一見目立たないが南西面には綿業会館の内装にふんだんに使用されているイタリア産のトラバーチン（大理石）で覆われており、東北面はモザイクタイル仕立てである。トラバーチンはベージュ色で柔らかい印象を与える

のである。

一方窓にはアルミサッシが用いられており、レトロな感じのトラバーチンとのコントラストは素晴らしい。

全体に柔和な安心感で客船のインテリア彷彿

玄関は、西側の心斎橋側と南側の備後町側にあり、前者は会館の会議室の入口、後者はオフィスフロアーの入口である。西側の玄関には近代的なキャノピー（天蓋）が取り付けられているので、こちらが主玄関であろう。

心斎橋側の玄関を入ると木質系の温かみのある内装が迎えてくれる。そしてそこに地下に降りる階段があり、他には何もない。そのまま階段を下りると広々としたロビーが待っている。この階段が当会館の白眉といえる。階段の広さや段差、そして心地よい木に囲まれた雰囲気は、我々に安心感を与えてくれる。階段の手すりは優美にして見る人によっては重厚な装飾が施されている。

地下一階のロビーは、実に落ち着いたもので全体に柔和な感じを与えており、まるで客船のインテリアを彷彿させる。

圧巻は世界7大洋をイメージした絹製の壁画

ロビーに続く前室は、天井が高く広々としており、正面の大壁面には堂本印象画伯の原案により龍村織物が制作した絹製のタペストリーが掲げられている。この意匠は、世界7大洋

前室に掲げられた世界７大洋をイメージしたと思われる堂本印象画伯の絹製タペストリー

南玄関は堂本画伯の原案に基づくガラスモザイク

をイメージしたもので、日本の繊維産業が世界を席巻するさまを現していると私は思っている。物の本には「万邦交易」と表現されていた。

前室からは各会議室に出入りできるようになっており、そして各会議室の内装がまた洒落ている。天井から吊るされたシャンデリア、それにマッチした机や椅子、キャビネットまで大変個性的なデザインで我々を引き付けてくれる。これら主要な会議室は、総てウォールナットなどのベニア仕上げである。

話は前後するが、南側玄関の全壁面も堂本画伯の原案に基づくガラスモザイクによって飾られている。このように設計者村野氏と堂本画伯とのコラボレーションが、この建物の大きな魅力となっている。

戦前の綿業会館、戦後の当会館は、戦前から戦後のある時期まで我が国の産業を支えた繊維業界の歴史的なモニュメントであり、大阪のシンボルといって差支えない。

以上が輸出繊維会館のあらましであるが、その綿業会館とは違ったこの会館の魅力については、到底文章では書き表せないので、是非一度現地に赴かれることをお薦めしたい。

村野藤吾氏、堂本印象画伯の傑作が建物にさらなる美を創出

最後に、この建物の設計者村野藤吾氏とこの建物に更なる美しさを加えた堂本印象画伯について触れたいと思う。

村野氏は明治24年（1891）佐賀県唐津市に生まれ、幼少期を北九州市で過ごした。小倉工業学校卒業後明治44年（1911）兵役を終えた後、大正2年（1913）早稲田大学

洒落たシャンデリアにマッチしたテーブルや椅子の並ぶ会議室

の理工学部に入学し、当初は電気工学科に入ったが、後に建築学科に移り、27歳で卒業したので晩学であった。大正7年（1918）に大阪の渡辺節建築事務所に入所する。村野は、学生時代セセッションと呼ばれる19世紀末に開花した芸術活動に傾倒し、新しい建築を模索していた。ところが師事した渡辺氏が実践していたのは、新しい建築を目指すよりむしろアメリカのオフィスビルのような「売れる建築」であった。すなわち大阪の財界に受け入れられやすい古典的なデザインに近代的な設備（空調など）を配した建物設計を得意としていた。こうして村野は学生時代忌避していたクラシックなデザインを渡辺から徹底的に叩き込まれる。そして、昭和4年（1929）に独立するまでに、伝統建築の持つ重みと深さを更には建築の設備や施工面の重要性をマスターしたのであった。このことが後年の彼の設計に大きなプラスとなる。

彼は渡辺のもとで、日本興業銀行本店、ダイビル本館、綿業会館等の設計に携わり、渡辺からは設計技術の他に建築の費用を惜しまないことが客を呼び、それ

南玄関から地下への階段壁面を飾るガラスモザイク

がまた客の利益に繋がることを教えられたのであった。

第二次大戦中は、実作に恵まれず不遇であったが、戦後は、日生劇場を初め、そごう百貨店、世界平和記念聖堂などの代表作を含む作品を次々と生み出した。

今回触れた輸出繊維会館は昭和35年（１９６０）の作品で大きな建物ではないが、村野を代表するビルの一つといって差支えない。

昭和42年（１９６７）には文化勲章を受章したが、昭和59年（１９８４）91歳で没した。

堂本印象氏は、明治24年（１８９１）京都生まれの日本画家である。当初は京都市立工芸学校に入り明治43年（１９１０年）に卒業し、西陣織の図案描きをしていたが、その後、京都市立絵画専門学校に入学して画家を志す。大正８年（１９１９）に初めて帝展に入選した

地下1階のロビー（椅子のデザインが素晴らしい）

後第三回帝展で特選、第六回帝展に出品した「華厳」が帝国美術院賞を受賞し、第一級の日本画家として認められた。その後、母校の教授、日本芸術院会員などをつとめ昭和36年（１９６１）には文化勲章を受けた。

もともと具象の作家であったが、戦後は抽象表現、障壁画にも活躍の場を広げ、国際展覧会にも多くの作品を出品し、その深い宗教性と相まって高い評価を受けた。

大阪とは縁が深く昭和38年（１９６３）に大阪カテドラル聖マリア大聖堂に壁画「栄光の聖母マリア」を描き、この功績によりローマ法王より聖シルベストロ文化第一勲章を授けられた。昭和50年（１９７５）に没した。

第17話　岸和田の自泉会館

先代の退職金で会社のクラブとして建設

岸和田紡績　明治25年に寺田甚与茂が創業

今回は、「だんじり」で有名な岸和田市にある旧岸和田紡績（略称岸紡）のクラブとして建てられた、現在の岸和田市立自泉会館を取り上げさせて頂いた。

いまでは知る人もほとんどないが、旧岸和田紡績は明治25年（1892）大企業経営者であった寺田甚与茂《じんよも》氏（1853～1

独立柱が６本立つ玄関をもつ自泉会館

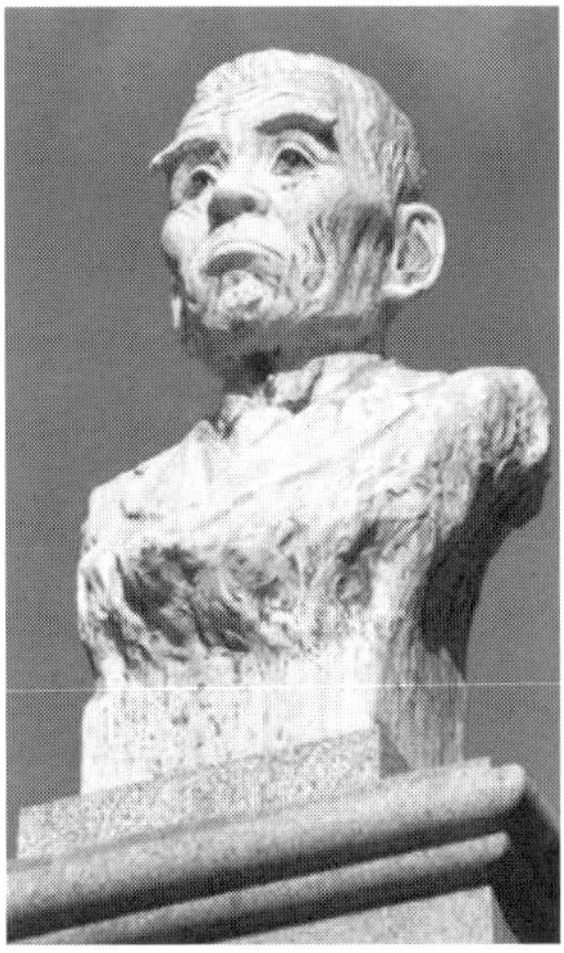

寺田甚与茂氏の銅像

931）が設立した大紡績会社であった。
寺田財閥の創始者寺田甚与茂氏は、江戸時代から続く岸和田の酒造家の長男として生まれるが若年より利発で、当初は質屋の店員をつとめるが、その才覚をめきめきと表し、明治10年（1877）に岸和田市に設立された第51国立銀行の創立委員長となり、その後頭取に就任した。

煉瓦製造会社を興し南海電鉄の経営にも関与

その後煉瓦製造会社を興し、また南海電気鉄道の経営に関与し、さらに岸和田紡績（後の大日本紡績、現在のユニチカ）を設立して社長をつとめた。余談ではあるが甚与茂（南寺田家）を長兄とする寺田家兄弟はそれぞれ優秀で弟元吉（北寺田家）、異父弟の利吉（堺寺田家）の三家により寺田財閥は支えられていた。北寺田家の事業としては帝国産業（テザック）が著名であった。また堺寺田家の事業寺田紡績はユニチカ傘下で現存している。

先にも触れたように、今でこそ岸和田紡績の名前は忘れ去られているが、幸い『岸和田紡績50年史』という創立50年を記念して編まれた社史が残っているので、それによりその全貌を知ることができる。

そもそも甚与茂氏が紡績会社設立を目論んだのは明治20年（1887）頃だといわれているが、氏はかねてより大阪の綿糸布業者と交際していたが、河内木綿の伝統を引き継ぐご当地岸和田になんとか紡績業を起こせないものかと考えていた。しかし紡績業を立ち上げるには莫大な資本を必要とすることから、なかなか踏み切れなかった。ところが、たまたま同時期に泉州の木綿問屋の岸村徳平氏が紡績会社設立の計画を温めていたため、寺田、岸村両氏を中心として紡績会社設立の機運が急速に盛り上がり、更に大阪の綿糸・綿布業界の有力者もこれに加わり、明治25年11月に岸和田紡績が発足したのであった。

甚与茂氏は大変優れた事業家であったが、紡績業にはことのほか力を尽くし、昭和6年（1931）に甚与茂氏没後もその事業は嫡男の甚吉氏に引き継がれる。

甚吉氏も才腕を持った事業家で会社発展に貢献した。

泉州紡績を傘下に収め確固たる地位築く

さて、明治27年（1894）リング精紡機1万368錘でスタートした岸紡は、その後順調な歩みを見せ、その間明治36年（1903）には同業の泉州紡績を買収して業界において確固たる地位を築いた。その後日露戦争、第一次世界大戦による好不況の波を巧みに乗り切り、昭和に入ってからも社業は好調で売上、利益を伸ばし、設備も最盛期には紡機35万772錘、織機2210台を数え、株主配当については大正9年（1920）、10年（1921）には配当8割を実施するなど岸和田紡績の存在を天下に知らしめた。

甚吉氏は昭和7年（1932）本社工場の近代化工事に着手するとともに、先代甚与茂社長に贈られた退職慰労金を基に、会社のクラブである自泉会館の建設を当時の建築設計家の第一人者であった渡辺節氏の設計、施工を大林組により実施した。

この建物が建てられた昭和7年は、翌昭和8年（1933）我が国の綿布輸出が英国をしのぎ世界一となった前年で、まさに銀行、紡績、鉄道など多くの経営に携わった寺田財閥

階段を上がった天井部分が目を引く

が頂点に達した頃であった。甚吉氏は、工場設備の増強、更新に力を入れるとともに労働環境の改善にも配慮し、その一環としてこの自泉会館を創ったのであるが、これは、まさに岸和田紡績の隆盛期を象徴する建物といって差し支えない。

国策で企業再編の結果
大日本紡績と併合

昭和15年（１９４０）長期化する支那事変を遂行するため、高度な国防国家建設が国策となり、紡績業もこれに基づき企業再編成のやむなきに至った。企業再編成は50万錘を目標として行われ、全国の各社はこの策にのっとり再編成を進めた結果、77社あった紡績会社は14社に整理統合された。

この企業統合策により岸和田紡績は大日本紡績（現在のユニチカ）と合併し、岸和田紡績は解散したのであった。

甚吉氏は岸和田紡績が大日本紡績に合併された翌昭和17年（１９４２）から18年（１９４３）

2階へあがる半円型の階段

まで岸和田市長を務めるが、市長を退任した昭和18年12月自泉会館を岸和田市に寄贈する。以後市の集会場、貴賓室として利用されるが、一時市の市議会の議場となり、その後岸和田商工会議所として使用された時期もあった。現在は市の多目的文化施設として活用されている。なお平成9年（1997）本館は国の登録文化財に指定された。

当時の紡績業の力をまざまざと感じる偉業

さて、建物の詳細について若干述べたいと思う。

設計者の渡辺節氏については「綿業会館」の項で詳しく書かせて頂いたので簡単に触れると、当時関西を代表する設計家であった渡辺氏は、明治41年（1908）に東京帝国大学建築科を卒業後大阪、東京に渡辺建築事務所を開設し、本格的な設計活動を始めたのであるが、その基本的な設計スタイルは全体にはシンプルに徹し、要所には見事な装飾を配するバランス感覚と効率的な平面計画、更にこれに最新の設備を配する機能主義が特徴であった。

装飾タイルの張られた巨大な暖炉

昨年夏、私は初めてこの自泉会館を訪れ、当時の紡績業の力をまざまざと感じたのと同時に、岸和田という大阪の中心からかなり離れた場所に、よくぞこのようなモダンな建物が、個人の力によって建てられたものだという深い感慨を催したのであった。

自泉会館は、岸和田城の前に建つ鉄筋コンクリート二階建てのスパニッシュ瓦をのせた当時流行したスペイン風建物である。

外壁はクリーム色のスタッコ（化粧漆喰）で、建物正面の窓とその下に設けられた噴水飾りもスパニッシュスタイルの典型らしい。

私は、渡辺氏設計の綿業会館に慣れきっているので、自泉会館の内部に足を踏み入れた時、綿業会館に来たのではないかと本当になつかしい気持ちになったのである。

特に、2階に設けられたギャラリーとそれに続く階段は、綿業会館の談話室から図書室につながる階段を彷彿させ素晴らしい雰囲気をかもしだしている。

設計者が同じであるから、全体の感じが似ているのは当たり前かもしれないが、自泉会館の内部には綿業会館を創った渡辺節氏の力量が随所にあふれている。

綿業会館の設計の特色が随所に表れて懐かしい

もう少し、この建物の特徴をお話しすると、玄関ポーチを支える六本の柱は大変印象的で、トスカナ風といわれ建物全体に明るい雰囲気を生み出している。

建物東側に大きく張り出している窓（ベイウィンド）は外観のアクセントになっている。また半円形の三心アーチとイスラム風タイルで飾られた玄関を入ると、市松模様の床と先ほど述べた美しいカーブを持つ階段が来訪者を迎えてくれる。その隣は、自泉会館の中心であるホールで吹き抜けの空間となっており、屋根の形に沿って造られた天井には太い梁が組まれおり、まるで船底にいるような感じである。木造のように見える梁は、コンクリートの上に漆喰をほどこしたもので、コンクリートとは到底思えない。

独自の雰囲気をかもし出す玄関ホール

残念ながら、創建当

時の椅子や机などの家具、調度品は残っていないが、当時の写真が残されており、いかに素晴らしいものであったかが窺い知れるのである。

日本の資本主義を支えた紡績業のモニュメント

さて、『岸和田紡績50年史』において最後の社長寺田栄吉氏は、大日本紡績との合併による会社解散について「政府の方針に順応する已むを得ざる措置とはいえ、当事者としては洵《まこと》に感慨無量である」と述べられている。たしかに経営不良会社が、吸収合併されるのとは違い優良会社の岸紡が、時局の要請とはいえ消え去ることは経営者にとって断腸の思いであったであろう。

我が国の紡績業は、戦時中壊滅的な打撃を受けるが、戦後、時をおかず不死鳥のように復活をとげ、戦後復興の担い手として大きく羽ばたくのであるが、その後は、昭和40年頃を境として衰退の途を歩み、現在国内にはほんのわずかな紡機しか残っていない。

この自泉会館は綿業会館と並んで、日本の資本主義を支えた紡績業のモニュメントとして我々を見守っている。

第二編

近代日本を支えた繊維産業

第1話 船場3社（倉敷紡績・敷島紡績・大和紡績）

近代日本の産業界を支えたのは紡績業界

安政2年薩摩藩主島津斉彬が英国から機械を輸入

かつて大阪、いや近代日本の産業界を支えた紡績業について書きたいと思う。そもそも我が国に紡績業が起こったのは、安政2年（1855）に薩摩藩主島津斉彬が英国から紡績機械を輸入し、さらに技師をも招き紡績工場を造ったのが始まりといわれている。その後、明治政府の富国強兵策の一環として政府は綿業の振興を図ったため、渋沢栄一が中心となってつくられた大阪紡績（後に三重紡績と合併し東洋紡となる）や、平野紡績と摂津紡績、さらに尼崎紡績が合併して大日本紡ができ、また東京では三井財閥系の鐘紡がつくられるなど大紡績が出現し、さらに日清戦争、日露戦争後、急激に設備は増加したのであった。

十大紡績が誕生、復興の担い手として経済支える

我が国の設備数は日露戦争が始まる前の明治36年（1903）には138万錘であったが、その5年後の明治41年（1908）には170万錘となった。その後も増加を重ね、第一次大戦が終了した大正7年（1918）には320万錘となり、綿布の輸出が綿業先進国の英国を凌駕して世界一となった昭和8年（1933）には806万錘という大規模なものとなった。

倉敷本社工場を改修した現在の倉敷アイビースクエア正門

この結果、大阪は東洋のランカシャーと謳われたように綿紡績を中心として大発展したのであった。特に鐘紡、東洋紡、大日本紡が三大紡といわれたのであったが、その後、昭和16年（1941）に行われた戦時統合により、弱小紡績は前記の三大紡に加え倉敷、敷島、大和、呉羽、それに東京の日清、富士、日東の大紡績に統合され十大紡績が誕生したのであった。太平洋戦争中、紡績各社は戦災を被り壊滅的な打撃を受けたが、戦後は、いち早く復興の担い手として我が国の経済を支えたのであった。特に昭和25年（1950）に始まった朝鮮戦争により繊維業界の回復は目覚ましく、戦前からの十大紡績に加え、新紡、新々紡が誕生すると共に設備数は増え戦前の域にまで達したのであった。

起爆剤は朝鮮戦争勃発　ガチャマン景気の牽引車

業界の様相も朝鮮戦争のお蔭をこうむり輸出が活発で業界を牽引し、内地の景気も堅調に推移したため繊維業界は俗にガチャマン景気といわれるような空前の盛況を呈し、前述の通り我が国復興の牽引車の役割を果たしたのであった。

そのピークは昭和30年（1955）ごろまでではなかったかと思われる。

余談ではあるが、当時綿紡大手に入社することは大変難しく、十人に一人はおろか百人に一人といった競争率で各有名大学からの俊才がこの時期入社している。

空前の繊維景気受け御堂筋ダイワビル完工

さて私は昭和35年（1960）に当時の大和紡績に入社したのであったが、御堂筋のダイワビルはこの空前の繊維の好景気のおかげで昭和27年（1952）に完工した。余談の余談で申し訳ないが、如何に此の繊維の景気がすさまじいものであったかをエピソードとして一つ紹介しておきたい。

ダイワビルが建ちあがった時、大和紡の連携機屋も同じように空前の景気を謳歌していた。この連携機屋の会は大和紡綿糸の銘柄「金鳥」にちなみ「金鳥会」と称していたが、新ビルの完成のお祝いとして当社に持参された金額が100万円であった。当時の100万円が現在の価値としていくらになるのかわからないが、その祝い金をもって当時の社長は梅原龍三郎画伯の「江の浦」という大作を購入したのであった。この作品については、バブルのころではあったが3億円とか5億円で是非売って欲しいという画商が現れた。現在でも余り価格的には変わらないのではないか。

しかし、時は流れて平成3年（1991）に当社が新ビルに建て替えた時「金鳥会」から贈られたお祝いは昭和27年と同様で100万円であった。まさにこの間約50年の栄枯盛衰の時代の流れを感じるのである。

私の大和紡入社は昭和35年、倉紡から多くを学ぶ

今時「船場3社」と言ってもわからない人が多いのではないかと思う。糸商である「船場

8社」に対して、船場にある倉敷紡、敷島紡、大和紡の3社を「船場3社」と呼んでいた。

私が大和紡に入社したのは昭和35年であったが、戦後の繊維の好景気が一段落し、後進国の追い上げがそろそろ始まった時期で、またナイロン、アクリル、ポリエステルなどの合成繊維が台頭しつつあった時期であり紡績斜陽論が叫ばれつつあった。

私は、ダイワボウで工場勤務を経て本社でやらされたのは、ダイワボウでは他社より後発であった羊毛関係であった。この分野は日本毛織、東亜紡織などの専業は別にして東洋紡、鐘紡、大日本紡などの綿紡による兼営の羊毛部門が強く、また独自の展開をはかる倉紡がユニークな存在であった。

それだけに、倉紡には随分教えてもらった。倉紡では綿部門と羊毛部門が業務の双璧をなしており、羊毛部門でも人材は多士済済で、後に専務になられた佐伯秀穂さんがまだ課長で、また後に常務になった三上一夫さんが平課員であった。三上さんは口が悪かったがいろいろ業界のことを教えてくれた。

倉紡初代社長　大原孝四郎

第二代社長　大原孫三郎

自他ともに就職は鐘紡　広い視野を持てと説得

さて、私事になるが私が大和紡に入社するにあたりそのきっかけをつくって頂いた方がいる。ご近所にお住まい

第三代社長　神社柳吉

倉紡記念館

の倉敷紡績第三代目の社長神社《かんじゃ》柳吉さんである。これはもう60年近く前になる昭和34年（1959）のことと記憶している。当時私は、就職試験を前にした大学4年生の春ごろのことであった。実は、当時鐘紡の社長を叔父の武藤絲治が勤めており、私の周囲の人間はほとんど鐘紡のお世話になっていた。必然的に事実上の創業者山治の直系である私は何となく鐘紡へいくものと自他ともに思う環境にあった。ところが、昭和33年（1958）に繊維業界に大きな不況が訪れ、鐘紡のダメージは大きく新人の採用を34、35の2年間取りやめてしまった。困った私は叔父のところへ相談にいくと、矢張り自分の立場から「君だけを特別に入社させることはできない。日本の産業構造はこれから大きく変わっていくから君の気持もわかるが紡績業だけにこだわることはないよ。これから伸びて行く産業、企業についても考えてみたまえ。例えば東京通信工業「東通工」という会社があるが、この会社は大変これから有望である。紹介するからここを受けてみてはどうか」という話であった。「東通工」とは現在のソニーである。右も左もわからない未熟な私は、叔父の話に正直猛烈に反発した。

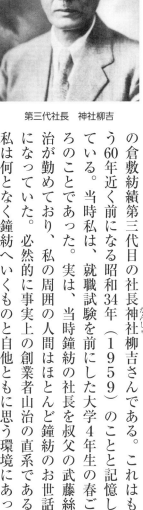

学生の分際で不平並べる私　先見の明があった叔父

すなわち「社長として十分な舵取りができなかった結果、新人の不採用を決定しておきながら、海のものとも山のものとも知れない会社に行けとはどういうことか」と反発したのであった。父に叔父はそう言っていると報告したところ、父は「叔父を苦しめるから鐘紡はあきらめろ、紡績にお前がこだわるのなら大和紡の加藤社長に頼んでみてやろう」とのことであった。加藤正人氏は鐘紡において山治に直接仕え文書課長、今でいう秘書役で山治と関係が深かった。その後鐘紡が創った錦華紡に移り社長をつとめ、昭和16年の戦時統合で錦華、和歌山、日の出、出雲の各社が合併して大和紡が誕生すると、その初代社長となった人物であった。若い時から山治に仕えていたので、私の父親は学生時代から懇意であった。父が相談したところ加藤さんも「自分のところで採用するのはいかがなものか。嫡孫なのだから一人ぐらいなんとかなるだろう絲治君に話してやろうか」とのことであったが、それは遠慮して成績が良ければ大和紡でなんとかしようと父は約束して頂いたようであった。帰宅した父親から加藤社長からの話を聞き、若かった私は納得できず、不平を並べたようである。

神社柳吉さんへご相談　説得され大和紡へ入社

困った父親は「お前この件について一度神社柳吉さんに相談してこい。神社さんは業界のこともよくわかっておられるし、それに大変公平な方だからお前によく忠言してくれると思う、是非参上してこい」とのことで、当時としてはいやいや神社さんの所に相談にいった。

倉敷本社ビル

神社さんは黙って私の話を聞いておられたが、「貴方の気持ちはよくわかるが、今の鐘紡は山治さんが創った鐘紡とは似ても似つかぬとは言わないが津田信吾さんの経営失敗で、相当に苦しい状況にある。君がこだわるのはわかるが、大和の加藤氏は武藤さんに直接薫陶を受けた立派な人物だ。大和で実力を付ければ鐘紡への道が開かれることだってあるのではないか。君は若い。先のことはわからない。ここのところは大和紡へ行き、紡績産業の事を勉強しなさい」と諄々と説かれた。

この結果、私は昭和35年4月に大和紡に入社したのであった。本当に幸運にも、その後社長まで務めさせて頂いたのであるが、もし鐘紡に入社していたらどうなっていたか。勿論私が鐘紡にいれば絶対に鐘紡を崩壊させなかったと思う反面、あの野心家の伊藤淳二氏とはどこかで激突したことであろう。

そのような意味で私に心からの忠言をして頂いた倉紡元社長神社柳吉氏は私にとって生涯を通じての恩人である。

創業者大原孝四郎と中興の祖孫三郎の事績

倉紡さんと私個人の繋がりを長々と話したが、倉敷紡績（以下クラボウ）とは如何なる会社かを述べたいと思う。しかし、クラボウが出来て今日までの歴史を書くとなると紙幅の都合上膨大なものとなるので、創業者大原孝四郎、中興の祖大原孫三郎の事績を書かせて頂くことにする。

クラボウ発祥の地は、備中の国、現在の岡山県の西部に位置する倉敷である。倉敷の歴史は古く、全国を統一した豊臣秀吉は、天正13年（1585）から15年（1587）にかけて全国で検地を行なった際、それまでの田、荘、郷が、郡と村にかわったのであるが、その際塩入川（現在の倉敷川）の上流に吉備（現在の岡山県である美作、備前、備中の古来の呼び名）の物産を搬出するための港を持った村が作られた。

そしてこの港の繁盛ぶりに呼応してここより南の児島地区からも多くの人が移り住むようになり、川沿いの港には多くの蔵や倉庫が立ち並び、村は大いに栄えたのであった。倉敷の名は「倉敷地」「蔵敷き」から来ているようである。

徳川時代から幕府直轄地　幕府側の兵站基地となる

徳川の時代になって幕府の直轄地（天領）となり、大坂方との合戦の際、倉敷は幕府側の兵站基地として大きな役割をはたした。その後元禄3年（1690）ごろまで村は港として賑わったが、その後倉敷川が浅くなり、水運に支障を来たすようになり、変わって内海に面した玉島が港として力を付けてくる。

このため、開運拠点としての地位を失いつつあった倉敷は、一つの新しい農産物に目を付けるようになる。すなわち綿花の栽培に注力したことであった。綿花栽培は元禄のころから

倉敷アイビースクエア

行われていたが、備中南部で綿花栽培が本格的になったのは延享年間（18世紀の中頃）であったがその後栽培方法にいろいろと改良が加えられ、明治の初め頃には西国有数の産地となっていた。品質も摂津（大阪）の坂上綿に次ぐ上質なもので「備中の紅綿」といわれ、多くの顧客を獲得していった。このように新しい商品がうまれると、当然それを取り扱う新しい商人が現れ、倉敷村には周辺から多くの人々が流入し、人々は綿や菜種などの交易に励み、綿の仲買や、油しぼり、海産物の交易などが盛んになり、これらの商人の中には急速に商業利潤を蓄積して、新しい勢力が台頭してきた。

これらの商売の成功者の中から金融業を興し、土地を取得して大地主となり、富商豪族への道をたどる者が現れた。

当初倉敷の代官は、これらの新勢力に対して圧迫を加えたが、38年にも及ぶ確執は、結局新勢力が勝利を収め、封建制度下では考えられないような村民全員参加により年貢租税を割り当てる制度を採用したり、選挙により村役人を決めるなど画期的な改革が行われた。しかし、明治になると米と綿花の集散の他取りたてて産業のなかった倉敷村は国からの重税や松方デフレの影響で多くの士族、農民、中小商人は苦境に陥ったのであった。

第2話 クラボウ（倉敷紡績）

出資は大原家に絞られる

打破を真剣に考えた3人の若者

このころ、この沈滞した状況を何とか打破しなければならないと真剣に考えていた3人の若者がいた。経歴は省くが大橋澤三郎、小松原慶太郎、木村利太郎である。彼等は当地で産出される「紅綿」をそのまま販売するより紡績して綿糸を作り、それを販売する方が、村のためになると考え、紡績業を興そうとしたのであった。

しかし、紡績業を立ち上げるためには膨大な資金が必要であった。必要資金は10万円以上といわれ、それに応えられる村の富豪は、大橋家、大原家の二軒しかなかった。大橋家には当時事情があり、出資については大原家に絞られた。

大原家の歴史　18世紀中ごろ急速に台頭　綿の仲買い・米穀・金融などで

大原家は明和年間（18世紀中ごろ）急速に台頭し、綿の仲買や、米穀問屋、金融などで資産を蓄積して、村のためにいろいろな方面に寄付を行なう家筋であった。当主は大原孝四郎といい、他家から養子に入った人であったが、よく家業に精勤したため、３００町歩を所有する大地主で村一番の資産家であった。

生地染色加工で活躍いちじるしい徳島工場

洋式紡績へ進出　大原孝四郎を頭取に「倉敷紡績所」が発足

　彼は既に綿花取引に関わっていたこともあり、新しい時代の洋式の紡績に興味を抱き、村における紡績の企業化に関心を寄せ、今後の村の発展には是非新しい事業を興さなければならないと感じていた。果たして発起人の来訪を受けた大原氏はその構想に理解を示し、基本的に出資の意向を明らかにしたのであった。

　そしてこの内意を得た発起人たちは、直ちに事業規模などの詳細決定に着手、資本金20万円、紡績設備1万錘として新会社設立を進めることになった。そして紡績機械の輸入や操業などについてはすでに経験を持っていた三井物産に指導援助を仰ぎ、明治20年（1887）12月に岡山県知事から設立許可が交付され、翌明治21年（1888）3月に大原孝四郎を頭取（社長）とする有限会社倉敷紡績所が発足したのであった。

遊休地を活用した地域への貢献活動

但し当初は株式払込みの関係から、資本金10万円、設備錘数５千錘でのスタートであった。

実際の創業は、建設地が現在の倉敷アイビースクエアが所在する場所でここに建屋を作り、英国から輸入された紡機を据え付け、これに１年７ヵ月をかけ明治22年（１８８９）10月新工場は操業を開始した。

岡山県の代表的企業へと発展　転換期に中興の祖、孫三郎が登場

その後我が国の綿糸紡績業は順調に発展した。倉敷紡績も創立以来18年間の間に５次にわたる増設と４回の増資を行い、３万錘を擁する、まさに岡山県を代表する企業に発展させた。これを終始指導したのが大原孝四郎であったが、その後社内における悪疫の流行や一部労働問題なども起き、やや社内に沈滞感が生じたのであったが、これを解決したのが孝四郎の嗣

子孫三郎であった。

後継者の成長を見とどけ、そして日露戦争の転換期にあった我が国の情勢を踏まえ明治39年（1906）孝四郎は明治13年（1880）生まれの孫三郎に社長を譲った。中興の祖孫三郎の登場である。彼が社長に就任したのは、丁度日露戦争終了の翌年でいよいよ日本が本格的に工業化に向けて大きく飛躍して行こうという時期であった。大陸への進出や紡績の合同、織布兼営など時代は大きく変わりつつあった。また労働問題なども大きな問題となってきた時期である。このような中で彼は次々と新しい構想を打ち出していく。勿論事業の拡大にも積極的に関与していく。明治39年当時の紡績設備は147万錘であったが、大正5年（1916）には288万錘と10年間に2倍となっていた。このため綿糸市況はさえず、糸商は苦境にあえいでいた。これに対して業界としては操短により切り抜けようとしていた。

このような難しい時期の大正元年（1912）同社は周到な準備を整えたうえ新工場の建設に取り掛かる。結果としてこの判断は第一次世界大戦の好景気の中で社業に大いに貢献したのであった。

金解禁の不手際が悪化に拍車　満州事変の勃発、軍需産業に救われる

もう一つ特記すべきは財務体質の飛躍的な改善である。明治39年と大正13年（1924）の比較では資本金は40万円から1235万5千円へ設備錘数は2万9584錘から23万1348錘へと大きく増えているが、自己資本は78・2％から73・1％と高水準を保っている。

第一次大戦の反動不況により日本の綿糸紡績業は異常な衝撃を受けるのであるが、大正12

年（1923）には関東大地震が起こり、経済界は大きな衝撃を受けたが、昭和に入ってからも金融恐慌を含めて難問が続出する。特に鈴木商店の倒産に見られるモラトリアムの発動など世の中は騒然たるものとなる。また深夜業の廃止についてもその期限がせまって来ていた。

さらに昭和4年（1929）には世界恐慌が勃発し、我が国では金解禁の問題がおこり、時の井上蔵相の不手際によって景気の悪化に拍車をかけていた。

このような情勢の中で、クラボウを含む紡績各社は採算の悪化に苦しむことになる。幾度かの操短を繰り返し、緊縮政策をとって事態の改善をはかるが、一方では労働争議が発生する事態となる。

しかし、さしもの厳しい昭和恐慌による経済的困難も昭和6年（1931）末頃から様相に変化の兆しが見られ、輸出環境も好転する。というのは同年9月には満州事変が勃発して、準戦時体制下の軍需産業が活況となり大陸への進出熱も重なり、経済全体は好調の度合を増していった。

綿布輸出で英国を凌駕し世界一へ　好成績上げるも米国綿の暴落で多額の評価損

昭和8年（1933）は我が国紡績にとって記念すべき年となった。この年日本の綿業が綿布の輸出において初めて英国を凌駕して世界一となったのである。

その後も日本の綿業は紡織機の拡充に努め、綿織物の生産は英国を抜いた後もその水準を高め、昭和10年（1935）には輸出量27億平方メートルと市場最高となり、紡機の数も1千万錘を突破したのであった。クラボウはその間積極的に設備拡充に取り組んだ。業績面で

機能性フィルムの生産拠点三重工場

は昭和6年以降営業利益を計上出来るようになったが、昭和5年（1930）の下期で米国綿の暴落による多額の評価損が出たため、この評価損の償却のため5期間無配を余儀なくされたが、その間着実に評価損の償却を実施し、さらに業務内容の整備と体質の改善に努め次への飛躍につなげたのであった。

この間少し前に戻るが大正15年（1926）には現在のクラレである倉敷絹織を設立し、レーヨン事業に、また昭和10年羊毛事業に進出したが、その後これを合併した。以来羊毛部門は、同社の重要な柱となる。

昭和12年（1937）に創立50年を迎えたがその頃から我が国の政治、経済は戦時統制色を強めていった。大原社長はこの状況は長引くのではないかと確信し、政府から次々と発せられる統制に対処するため全社を挙げて各種の対策を打ち出した。

大原社長は昭和14年（1939）大幅な組織変更と人事の刷新を行ない戦時統制経済に対応する体制を整えたが、還暦を前にして社長がこの難局を指導

坂本繁二郎画伯の「熟稲」（社長応接室）

牽引していくためには何よりも健康が是非必要であるとして、此の際後進に道を譲りたいとして辞任を申し出る。

この結果三代目の社長として神社柳吉氏が就任したのであった。

以上が私のお世話になった神社さんが登場されるまでのクラボウの歴史である。

以後我が国は第二次世界大戦の大波を被ることになるが、綿紡績業界のたどった道は正に波乱万丈であった。

戦争中の国家統制により、綿紡大手は戦争への協力体制を強いられ軍需産業化を余儀なくされた。しかし、戦後は我が国産業復興の担い手、外貨獲得の先兵としていち早く復興を遂げ、昭和25年の朝鮮戦争は業界に大きな利益をもたらし、紡績の設備錘数も戦前の水準にまで復活した。しかしその後、昭和40年代に入ると合成繊維の躍進、台湾、韓国そして中国などの後進国の追い上げのため我が国の紡績業は急速に衰退し、自らの後進国への進出などもあるが現状においては日本内地での紡績業は衰退し、昔日の面影はない。

しかしながら、かつての十大紡は一部カネボウのように会社自体が消滅したものはあるが、それを除き各社とも形を変えて今尚堂々と生き残っている。

各社がどのように内容を変えているか省略させてもらうが、今書かせていただいているクラボウについて見ると売上高に占める繊維事業の割合は47％に対し化成品事業33％、環境メカトロニクス事業13％、食品サービス事業6％、不動産事業3％と様変わりとなっている。利益面でも繊維事業は16％、化成品事業16％、環境メカトロニクス事業17％、食品サービス事業20％、不動産事業71％と完全に繊維会社からは脱皮しているのではないかと考えられる。他の紡績会社も内容は違うが基本的には同じような形で内容を変えて存続しているのである。

以上クラボウの歴史と今日の姿について触れたが、私は、同社は哲学を持っている会社だと思っている。その根源がどこにあるかを考えるとそれは中興の祖大原孫三郎氏の精神、考え方に行き着くのではないかと考える。

最後に同氏が残した二つの業績に触れ稿を終わりたいと思う。

大原社会問題研究所

明治から大正へと時代が進むにつれ我が国の資本主義体制は強化され、資本の蓄積は進んで行くが、一方で資本家と従業員の関係、いわゆる労使関係も昔からの家族的なものから変化して、労働者は各自の権利を主張するようになっていった。その結果労働者の待遇改善を巡る争議が鉱山や造船などで発生した。このような情況の中から我が国においても労働問題に対する関心が高まりようやく大正5年に未成年者と女子の労働に制限を加える労働立法である「工場法」が施行された。

それまで企業は、富国強兵という国家の目標にそって資本の蓄積を図る一方労働者をその目標達成のため酷使するのが当り前であったが、このようなやり方を変えていかざるを得なくなった。

この資本と労働の新しい関係をどう考えるかについて孫三郎は思いめぐらし「従業員を生産の道具として使役するのは間違いである。労働者も経営者たる資本家も、双方共に偏らない利益をもってすれば、労使協調は可能なのではないか」という見解を発表し、更に労使の問題について「不断の研究を続けた結果、従業員の人格を尊重することにより、その真の幸福を増進することが大切である」という結論を得たと述べている。

しかし、それは理念だけではなく、具体的に実現しなければならない。そのために「労働と資本との完全な一致点を見出さなければならない。この理想を実現するため、当社の工場が労働者と資本家との共同作業場にならなければならない」彼はこの理想の実現のため数々の進歩的な施策を実行してきた。具体的には新しい家庭的な寄宿舎や企業内の学校、医療施設などであったが、この施策を労働理想主義と呼んだ。

このような考え方を持つ大原氏は、早くから早稲田大学に労働問題の研究を委嘱していた。当時、国外では大正6年（1917）にはロシア革命がおこり、国内においては米騒動が勃発し社会不安に被われていた。この情勢下で我が国の社会思想界は大きく動揺していたのであるが、大原氏は社会問題を研究し、労働問題を学問的に研究する専門機関の必要性を痛感し、識者と図り大原社会問題研究所を大阪に設立した。大原氏は社会労働問題を社会科学の立場から研究する一方でこの研究の成果をクラボウの人事政策に生かし労働理想主義の更なる展開を図った。しかし、昭和に入ると社会思想の取り締まりが厳しくなり、その後軍事色も強まり、社会情勢が一変したうえ資金の問題もあって昭和12年研究所を東京に移し、自立経営に変更したのであった。

そして終戦後の昭和24年8月に研究所は法政大学に移管されたのであった。

大原美術館

大原美術館は我が国における個人美術館を代表する記念すべき美術館である。

この美術館は、昭和5年11月に竣工、開館したのであるが、大原孫三郎氏がその人柄と才能を高く評価した児島虎次郎画伯（1881～1929）を記念して作られたものである。児島氏は大原氏の知遇と支援を受け明治の末に絵画の勉強のため欧州に渡り、その後大正に入り大原氏の命を受けて、二度にわたり渡欧して、欧州各地を訪ねフランス近代絵画など名画を収集して我が国に持ち帰った。

内容は児島画伯による西洋美術、エジプト、中近東美術、中国美術などであるがその後我が国の近代美術や陶磁器などが加えられている。

第2次大戦後、我が国にも西洋近代美術を主体とした多くの美術館が誕生したが、日本に美術館というものが数えるほどしか存在しなかった、昭和の初期に一地方都市に過ぎなかった倉敷にこのような国際水準に達する美術館を個人の力で開館したのは正に画期的な出来事

ポール・ゴーギャン「かぐわしき大地」1892年　大原美術館所蔵

であった。有名なニューヨークの近代美術館の開館が1929年であったことを思えば創設者大原孫三郎の先見性には只々感服するほかない。大原氏にとって美術館は社会への還元の一環であったであろうが、明治の実業家の気骨とスケールの大きさには驚くものがある。

第3話　シキボウ（敷島紡績）

堀江謙一氏の快挙が大きく寄与

「マーメイド号」単独太平洋横断

シキボウと聞いて先ず何を思い出すかであるが、私のような年輩者にとっては「マーメイド」という商標である。元々「マーメイド」の商標は合併して敷島紡績となる前の山陽紡績で誕生した。さらに合併により近江帆布㈱の商標となり、更なる合併によりシキボウの商標となったのであるが、当初はその他の商標におされて陽の目を見なかった。しかし、昭和27年（1952）頃からよく使用されるようになった。事実この商標の当初の姿は、現在のものとは随分相違しており、今よく目にするのは可愛いシルエットとなっている。マーメイド

の名前が一躍有名になったのは、昭和37年（1962）に堀江謙一氏が同名のヨット、マーメイド号により兵庫県西宮市からサンフランシスコ市までの単独横断に成功して以来である。覚えている方もいらっしゃると思うが、この航海は、旅券を取得しないままの船出で、文字通り不法出国であったが日本側の心配をよそに、当時のサンフランシスコで堀江氏は大歓迎され「名誉市民」として受け入れられ、1ヵ月の米国滞在まで許可され

たのであった。このため当初冷淡であった日本のマスコミ、国民も手のひらを返すように堀江氏の偉業を称えたのであった。「マーメイド号」は、たった19フィートの全長しかない小艇であったが堀江氏は資金不足に悩んでいた。この船名は、当時の敷島紡績からの「マーメイドのマークを受け入れてくれるなら帆を一式寄付する」との申し出を受け入れたことに因んでいる。シキボウがこの計画を知っていて、そのような申し入れをしたのかどうかはわからない。堀江氏の横断成功によりマーメイドの名前は有名となり、会社にとっても宣伝効果は抜群なものとなった。

明治25年「伝法紡績」として資本金10万で創立

現存している大手紡績会社は、すべて幕末から明治初年にスタートした官営紡績が、次の段階において民間紡績の必要性が高まった結果、東京、大阪、更には地方の有力者が出資してスタートし、その後の経済界の激動の中、幾多の激しい競争を展開して合併を繰り返して現状の姿になったものである。

シキボウもその例外ではなく、明治25年（1892）「有限責任伝法紡績会社」として資本金10万円で創業された。初代社長は鈴木勝夫氏であった。創業当時は伝法、八幡の2工場を擁していたが、いずれもミュール精紡機という、古い効率の悪いタイプの機械であったため生産が上がらず、折からの景気回復による注文の増加に対応しきれなかったため、西成郡の福島（現大阪市福島区上福島）に土地を購入して英国プラット社製のリング精紡機8256SPを導入したのであった。そして明治26年（1893）4月に社名を新たに伝法紡から

「シキボウ㈱」の本社ビル（大阪市中央区備後町）

「福島紡績」に改称した。

新工場の建設は明治26年5月に始まり、明治27年（１８９４）４月に竣工した。そして折からの日清戦争による特需に乗り、業績は順調に推移し、この情勢に鑑み第二工場の建設に取りかかり、明治29年（１８９６）４月に着手して翌年5月に完成を見たのであった。第二工場の完成により設備錘数は１万５３１２錘と倍増した。さらに営業不振に陥っていた福山紡績などを買収して、戦力に加えた。これにより設備の合計は3万６３０８錘と大規模なものとなった。日露戦争（１９０４～１９０５）終了後、産業界はまさに空前の好景気に浴した。これに呼応して紡績業界においては、設備の大幅な増強が進んだのであるが、同社においても福山工場の第二工場の増設が決定して、明治41年にそれが完成した。これにより福山の設備は１万３８２４錘から３万１８７２錘にまで増加したのであった。

生産過剰で倒産続出、救世主八代氏の登場

しかし、この好況も長くは続かず明治40年（1907）から大正に変わるまで業界は操業短縮に明け暮れる大不況に陥った。これは当然戦後の設備増設による生産過剰によるものであった。この状況の中で経営不振に陥る会社や倒産会社が続出し、ここに企業合同論が生まれてくる。ここで同社も先ず笠岡紡績などの買収、及び合併を実行する。さらに明治39年（1906）に兵庫県の播磨に設立されたが諸事情により、工場完成に至らなかった大成紡績を買収し、常務の渾大坊芳造氏が主導して、大成紡が取得していた土地に新たに工場を建設することにして、その後工場は、大正3年（1914）に1万9952錘の規模で完成したが、それは渾大坊氏が退任した後であった。

渾大坊氏は明治41年（1908）四代目の社長となり中国市場開拓などにその手腕を発揮するが、その社長在任期間は株式の買い占め事件の発生により、わずか1年2ヵ月に終わった。後を継いだ龍野専務も不安定な経営を強いられ、経営難が続いた。この苦境を救うべく新たな出資者として八代祐太郎と野村徳七の両氏が現れ、明治44年（1911）10月八代氏が五代目の社長となり、経営者として優れた八代氏は以後30年にわたり、シキボウの経営に携わった。大正3年から4年間続いた第一次世界大戦は、日清、日露戦後と同じように未曽有の好景気をもたらしたが、このブームに乗って紡績各社の設備数は増加したため大正9年（1920）頃からその反動が表われ、株価の暴落、諸物価の下落が顕著となり、一方インドや中国における設備の増強により、輸出も不振となり、そのため在庫は増加し、綿糸布の価

創業者 鈴木勝夫社長

中興の祖
第５代 八代祐太郎社長

第７・９代 室賀國威社長

西洋式帆布に大きな役割を果たしたシキボウ八幡工場

格は暴落して綿業界は大恐慌となった。この混迷状況を打破するため操業短縮や綿糸のシンジケートの結成、あるいは綿糸布相場を人為的に操作する総解合《そうとけあい》などの処理が行われた。このような策が実り、業界は一応危機を乗り切ったのであった。一方このような情況の中で紡績各社は企業合同と経営の合理化に力を注いだのであった。

北支天津に「雙喜紡織」設立、中国進出を実現

牛島憲之氏 画

この間同社は「福島人絹」を設立して人絹分野へ進出する一方天津に「雙喜紡織」を設立し、中国進出を実現した。日本綿業界は発展の一途をたどり、昭和8年（1933）には綿糸布輸出世界一となるが、この事は内外に摩擦を生じさせたのである。しかしながら同社の規模は昭和12年（1937）には37万5323錘と大きなものとなった。この年支那事変が勃発して、我が国は徐々に戦時体制に移行していき、昭和15年（1940）には第一次企業再編成が実施され、紡績業は最低50万錘という規準で再編成されることになり、同社も明治紡績と合併して52万5034錘の規模となった。さらに昭和16年（1941）にはさらなる第二次再編成が行われることになって、同

社は18年（1943）12月朝日紡績と合併して116万5636錘の規模となった。

昭和15年の第一次再編成より少し前になるが、八代社長は本業の紡績以外に企業の柱となるべく「東海染工」を設立している。この朝日紡績との合併と同時に社名は「敷島紡績」となり、その後平成14年（2002）4月より「シキボウ株式会社」となった。以上が大戦終了迄のシキボウの姿であるが、終戦時紡績各社は内地外地を含めて戦争による大きな痛手を被った。戦争前の設備錘数は1200万錘であったが、戦災やスクラップ化により残存した設備はわずか200万錘強であった。しかし戦後の復興の担い手となったのは紡績業であった。政府も積極的に傾斜生産に力を入れたので短期間で設備、生産とも急回復し、加えて昭和25年（1950）の朝鮮戦争は紡績業界に特需をもたらし、瞬く間に戦前に近い1千万錘まで回復し、業界は空前の景気に酔いしれたのであった。しかしその後は昭和36年（1961）頃から過剰生産と、韓国、台湾、中国などの後進国による追い上げ、また合成繊維の台頭などから昭和40年（1965）頃から綿紡績の地位は急速に低下し、現在我が国に残っている紡機の数は100万錘程度になっている。しかし、現在戦前から十大紡といわれた大紡績は、倒産した鐘紡と、東洋紡と合併した呉羽紡を除き8社が健在である。いずれもその売上構成を見ると繊維のウエイトこそ低くなっているが、各社各様の形で立派に生き残っている。

産業資材部門のルーツは「近江帆布」にあり

これは戦前、そして戦後の一時期、我が国経済の土台骨を支えた姿が今も立派に生き続けているといってよい。シキボウの場合も本来の紡績事業にはかつての面影はないが、不動産事業と繊維事業、産業資材事業に分かれて好業績を維持している。その中では会社の特徴となっているのがドライヤーカンバス、フィルタークロスなどの産業資材部門であろう。ドライヤーカンバスは、紙を作る機械（抄紙機）において「紙をよく乾燥させ、高品質の紙質に仕上げる」という重要な役割をもっている。敷島のカンバス製造技術は世界的にトップ水準にあり、また湿式フィルタークロスや液濾過工程に多く使用されるフィルタープレス用クロスも業界における先駆者である。ダイワボウも産業資材部門では何とかシキボウに追い付け追い越せを合言葉に競争を挑んできたが、残念ながらその牙城を崩すことが出来ないまま今日に至っている。

シキボウの産業資材部門のルーツがどこにあるのか『75年史』を読み調べてみると、それは合併した朝日紡績㈱に行きつく。朝日紡績は元々天満織物㈱と近江帆布㈱が合併した会社であるが、両社とも長い歴史を誇る会社である。特に近江帆布こそ現在のシキボウ産業資材のルーツとなった会社で、元々海国日本を支えるための船舶用の帆布を国産化することを目的とした会社で、設立は明治30年（１８９７）にさかのぼる。いわばこの部門の草分けで近江の資産家により設立された。近江帆布の近江八幡の工場が後の敷島カンバス八幡工場であり、我が国最初の西洋式帆布製織工場であった。

役員応接室の質の高い絵画作品に圧倒される

11月の初め、私は久し振りにシキボウに飛谷元社長を訪問して今回の執筆の主旨を説明し、

荻須高徳画

ご協力をお願いしたのであった。通されたのは役員応接室で、この部屋に入るのは初めてであった。日本の近代絵画に少し興味を持っている私は、その部屋に入って驚いた。何故なら正面には荻須高徳、入って左正面には牛島憲之、右正面には高畠達四郎、岡鹿之助など、大変価値の高い絵画が飾られていたからである。私の会社もそれなりの絵画を揃えているのだが、この部屋の絵画の質の高さには圧倒されたのであった。そこで思い出したのはシキボウで長らく社長を務められた室賀国威氏のことであった。牛島の絵が無造作に飾ってあるからにはフジカワ画廊と室賀氏の関係を思い出したからである。

関西財界がバックになった「フジカワ画廊」

フジカワ画廊は現在では販売の拠点を東京に移しているが、かつては大阪を代表する大画廊であった。現在大阪堺筋に面した瓦町の店は、建物は残っているが、貸画廊になっており、最近一部販売活動を開始している。フジカワ画廊は、昭和22年（1947）に美津島徳蔵氏によって設立された大阪における画廊の草分けの一つである。歴史を調べてみると昭和22年頃から洋画材の輸入を本格的に手掛け、また絵画販売に手を染める。昭和28年（1953）に村野藤吾氏の設計により瓦町画廊ビルを建設し、本格的に活動を開始する。

バックについたのは野村證券が主体で、鐘紡（武藤社長）、敷島紡（室賀社長）神戸製鋼（浅田社長）その他、関西財界のお歴々が発起人となりマネ、ピサロ、シスレー、セザンヌ、ドガ、ゴーギャン、ピカソ、マチスなどの泰西名画を扱うと共に、安井曾太郎、梅原龍三郎、フジタ、岡鹿之助、児島善三郎、山下新太郎、林武、牛島憲之などの諸作品を扱った。とりわけ牛島の作品には力を入れていた。牛島作品がシキボウにあるのは室賀さんとフジカワ画廊との関係だな、と合点した次第である。

フジカワ画廊

もう一つ、飛谷さんから「当社の1階に梅田画廊の本町支店があったよ」と聞かされ、私にとっては初耳だったので早速調べてみた。梅田画廊は土井憲治氏が昭和17年（1942）に創設した大阪で最も古く格式のある画廊であるが、梅田画廊がシキボウビルの中の1階の廊下を改装して壁面をつくり、画廊にしたのは昭和40年のことである。この店は、シキボウで長らく役員を務められた八代武次氏の義弟である八代尚二氏が、スポンサーとなり開店したとのことである。画廊としては昭和47年（1972）迄存続し、以後昭和62年（1

梅田画廊

987）迄、梅田画廊の彫刻センターとして営業した。その後は昭和63年（1988）から平成2年（1990）頃迄梅田画廊を退社した矢倉喜八郎氏が矢倉画廊を経営した。

梅田画廊は現在毎日新聞社のビルに店を展開しているが、全盛時代には昭和47年に開店30年を記念して、梅田に梅田近代美術館を開館したが、その後平成13年（2001）に閉館した。

梅田画廊が扱っていた作家は佐伯祐三、小出楢重、梅原龍三郎、安井曾太郎、坂本繁二郎、熊谷守一、小磯良平などそうそうたるものであった。また彫刻センターでは内外の一流作家のロダン、ブルーデル、船越保武、佐藤忠良などを扱い、折からのバブルの中で繁盛したが、ブームは去り、閉店したのであった。

このような一流の画廊との付き合いの中から、前記の応接室に一流中の一流の絵が飾られているのだなと、納得したのであると同時にシキボウの文化度の高さにあらためて感心したのであった。

第4話 ダイワボウ（大和紡績）

朝鮮動乱で息ふき返し復興へ

繊維業界の不況が続き私の進路に大きく影響

船場三社の内、クラボウ、シキボウと続き最後に今も籍をおいているダイワボウということになった。

私は昭和35年（1960）4月に現在はダイワボウホールディングス㈱となっている、当時の大和紡績㈱へ入社した。月日のたつのは早いもので、あれから58年の年月が経過している。入社した当時、会社員の定年は55歳であったから、22

私の学生時代

歳の私にとって、なんと長い年月を過ごすのかなあと思ったものである。

私が大和紡に入社したのにはちょっとしたいきさつがある。祖父、武藤山治は鐘紡の事実上の創業者であったから、私の周りの者はほとんどが鐘紡に入社しており、私自身は父親が美術史の学者であったから、また自分も歴史や美術が好きであったので、その方面へ進みたいと漠然と考えていた。しかし父の能力には到底およばないこともわかっていたし、また長男でもあったので大学卒業後は鐘紡へ進みたいと思っていた。しかし、運命というと大変大袈裟かもしれないが、卒業した前々年に繊維業界を不況がおそい、昭和34年（1959）、

35年（1960）の2年間について鐘紡は、大学からの新卒を採用しなかった。

　当時の鐘紡社長は父の弟、絲治であったから、無理をきかせれば入社することもできたかもしれなかった。しかし、父は公正な人で、無理をすると絲治を傷つけるし、本人のためにもならないとして、私には「紡績が希望なら是非大和紡に行きなさい」という忠告をしてくれた。何故大和紡かというと、当時の大和紡の社長加藤正人は、鐘紡から祖父がつくった錦華紡に移り、合併により、大和紡の初代の社長となった人で、鐘紡では山治に直接仕え文書課長として辣腕をふるった人物で、武藤家にも出入りされていたので父は学生の時からよく知っている方であった。

御堂筋東側に面した「ダイワボウ」本社ビル

初代 加藤正人社長銅像

現 有地邦彦社長

　鐘紡の華やかな社風を知っている私には大和紡といわれても正直いってピンとこなかったが、とにかく昭和34年の夏、何月だったかは忘れたが、現在のダイワビルの前のビルを紹介者の小林一三さんの甥に当たる方に連れられて訪問したのであった。私は紡績会社としては鐘紡しかよく知らなかった。鐘紡は山治が明治27年（1894）から昭和5年（1930）迄の約40年間、温情主義をモットーに堅実経営に徹して業界№1、いや世界一の紡績会社に仕立てあげたのであったが、その後の彼の急死により、後継者であった津田信吾氏は、軍国日本に迎合して堅実な経営から離れていったのであった。

昭和27年、竣工時の大和紡績本社ビル木版画、川西英画伯製作

朝鮮動乱機に、戦中の負の遺産から立ち直る

昭和20年（1945）の終戦により多角経営、海外進出に大きなウエイトを移していた鐘紡は、内地工場の空襲による打撃と相まって業界でも一番苦しい局面に至っていた。戦後社長となった叔父の絲治は、何かにつけ山治と比較される立場にあり、負の遺産に苦しめられたことであろう。幸い昭和25年（1950）の朝鮮動乱により業界は見事に立ち直り、設備数も1千万錘と戦前近くまで回復するとともに空前の市況高騰、輸出の好調も相まって鐘紡は戦前の姿に戻りつつあった。鐘

紡の社風は、山治の時代は堅実そのものであったが、次の津田社長の時代から段々と派手になり、絲治社長にもその傾向が強かった。私は大和紡を訪問しての印象は、地味な会社であると強く思ったのであった。しかし後から考えるとそういう大和紡の社風こそ、元来の鐘紡の堅実経営につながるものであったということに気がついたのであった。

叔父の絲治社長が私の鐘紡入社を強くこばむ

こうして昭和34年10月、私は大和紡の入社試験を受け、同期の大卒14名と昭和35年４月に入社したのであった。

入社後は3年の工場勤務となったが、その間どうしても会社になじめず、というのは自分のどこかに「矢張り自分は鐘紡に行くべきだ。鐘紡に行きたい」という思いが募ってきたのであった。しかし叔父であった社長の絲治は私が鐘紡に入る事を徹底的に拒んだ。矢張り自分の子息と私を較べ、ライバル視していたのであろう。自分もこのような状勢の中で、大和紡で成功して叔父を見返してやろうという決心がついたのであった。その後、営業、資材、工場の管理職を経て本社に戻り、以後総合企画室、総務課長を経て総務部長となり、昭和63年（１９８８）には取締役となり、常務を経て平成４年（１９９２）６月に社長に就任した。

本来なら鐘紡に入社するのが私にとって順当なコースであったのであろうが、人の運命はわからない。もし仮に鐘紡へ入社していても叔父とは反りが合わなかったし、その後絲治も信頼してい

叔父の武藤絲治社長

た伊藤淳二氏のクーデターでその地位を追われることになり、昭和45年（1970）寂しくこの世を去った。したがって私が鐘紡に入っていても、決して平坦な道ではなかっただろう。伊藤淳二氏とはどこかで激突して会社を去ることになったかも知れない。

3社が対等条件で合併、情報化産業へと変身！

さて私自身のことばかり書き、ダイワボウのことを書いていなかったことに気がついた。大和紡は現在、社名はダイワボウホールディングス㈱となっている。繊維を扱う本来の旧大和紡績の流れを継承する大和紡績㈱と、旧大和紡の新規事業として発足したパソコンその他周辺機器の販売会社であるダイワボウ情報システム（ＤＩＳ）および、元々戦時中、企業統合で、大和紡の一部から戦後独立して出来た工作機械、自動機械の製造会社であるオーエム製作所の3社による持株会社「ダイワボウホールディングス」という形態となっている。全体の売り上げに占める割合は、ダイワボウの新規部門としてスタートしたＤＩＳの比率が圧倒的に高いが、本来の社業である大和紡績もいろいろな困難に直面しながらも立派に生きながらえている。

今回は船場三社シリーズの一環であるので、本来の親会社であるダイワボウについて振り返ってみたいと思う。

戦前、4社が対等合併　だが産業界の再編成へ

さて、ダイワボウ（旧大和紡績㈱）としての歴史は比較的新しい。当社は昭和16年（19

41）4月1日当時、業界中堅の錦華紡績、日出紡織、出雲製織、和歌山紡織の4社の対等合併により誕生した。

昭和15年（1940）に成立した近衛内閣は、拡大する中国大陸における戦線の拡大に対して軍需物資が円滑に供給できるように産業界の再編成を企画して、国内新体制をつくろうとした。この国策に沿って紡績協会において、「企業単位50万錘を目標とする企業統合案、およびブロック結成案」がつくられ、その決定に基づきその一環として前記の4社が合併して新会社大和紡績となったのである。合併の当時、この4社はそれぞれ20年～50年の歴史を有する中堅企業であり、当時の企業集中は、大紡績が中、小紡績を呑み込む吸収合併がほとんどであり、このような一定以上の規模を持つ中堅会社が対等合併に漕ぎ着けたのは、珍しい例である。4社の合併による新会社は設備114万5252錘となり、業界に大きな地歩を占めるものであった。合併会社の4社はそれぞれ中堅紡績としては設備も多く、また、各社それぞれ詳しくは省くが大きな特色を持っていた。

合併会社の社名については、各社からいろいろな意見が出たが、結局初代社長となった加藤正人の発案、即ち聖徳太子の「和を以て貴しとなす」いう言葉を拝借して「大和」が社名となったのである。しかし読み方については当時の世相から「やまと」とするべきであるとの意見も多くあったが、結局、大和《ダイワ》紡績となったのであった。

戦時国家統制令で軍需工場への転換やむなし

新会社、新生「大和紡績」が発足したが、昭和16年8月にはさらなる国家統制が加えられた。

それは優秀な工場に生産を集中して合理化を図ることを目標としたもので、「操業5、休止3、閉鎖2」の割合で統制が行われたのであった。そして戦局の進展とともに「操業3、休止3、閉鎖4」の割合が進められ、閉鎖工場は軍への供出が命令され、軍需工場への転換を余儀なくされた。当社も昭和18年（1943）には舞鶴工場が航空機工場に、宍道工場は兵器工場となった。また、石見工場は化学兵器製造を目的とする会社になった。

戦後復興の担い手となったのが「綿紡績産業」

このように繊維産業は横に押しのけられ、兵器、航空機などの軍需品製造にウエイトがおかれていくようになる。このような実態から当社も昭和18年社名を大和工業㈱に変更せざるを得なくなる。アメリカ軍との戦争は激化し、本土が空襲される状況となり福井工場、その他の工場も爆撃により大きな被害を受けた。昭和20年8月15日、ようやく終戦となったが、当社の設備における被害は十大紡の中でも最も大きかった。しかし、戦後いち早く戦後復興の担い手として活動を開始したのが綿紡績であった。設備は戦前の最盛期のわずか16・48％の、200万錘となっていたが、アメリカも日本の戦後を担うのは綿紡績であることを早々に理解し、設備の復興や原料の割り当てに協力体制を布いたため、設備は順調に回復し、国内の需要を満たせるようになってきていたところ、昭和25年6月、朝鮮において突然北朝鮮軍が38度線を越えて侵入し、朝鮮事変が勃発したのであった。これはまさに我が国、我が業界にとっては干天の慈雨であった。我が国の産業が、朝鮮動乱による景気回復に大きく浴し、日本経済は大きく回復した。紡績業はまさにその恩典をフルに享受し、設備もまたたく内

美川工場（不織布製造）

に戦前の全盛期近くまで回復したのであった。「もう戦後ではない」と経済白書に書かれた池田勇人首相の時代が、ちょうど私が社会人となった昭和35年であった。昭和26年（1951）、27年（1952）頃は、繊維業界は俗に「ガチャ萬景気」といわれ、輸出は大きく伸張し、内地の相場も高騰したので大いに潤ったのであった。現在の御堂筋ダイワビルを建て替える前のビルは、昭和27年に建てられたもので、まさに「ガチャ萬景気」の産物である。

合織時代を経て時代の商品開発にしのぎ削る

私が入社した時点では、綿紡の景気にやや翳りが生じていた頃で「紡績斜陽論」がぼちぼちささやかれた時代であった。紡績各社も今後、繊維のイニシアチブを取るのは合織繊維であると確信して、その手を打ちつつあった。勿論化学繊維会社の東レ、帝人からはナイロン、アクリル、ポリエステルが国産化され、綿紡は少しずつ圧迫されてきた時代である。綿紡各社も手を拱いていたわけではない。中でも鐘紡は戦前から合織繊維の研究に熱心で、現在のビニロンに相当するカネビヤンの製造を目指していた。またニチボウ（現在のユニチカ）は純国産のビニロンをクラレと共に早くから開発していた。ダイワボウ

伊豆半島の江の浦　梅原龍三郎画伯（会長室）

も合成繊維の時代が到来することを早くから予測しており、昭和30年代後半にはダイキンと共同研究して、フッ素（弗素）繊維の開発を進めていた。しかし、この繊維にはなかなか目鼻がつかなかったので次いで打ち出したのが、ポリプロピレンへの進出である。私の同期に化学分野の人材が多いのは、合織への進出を頭においての結果であろう。

「ダイワボウ情報システム」が中核的存在に

多少前後するが、昭和38年（1963）に加藤社長が死去すると、次の瀬戸社長は海外への進出、観光事業（ゴルフ、ボーリング、ホテル）への進出など、繊維以外への発展を目論んだ。ただそのやり方は余りにも大ざっぱで、かつ近視眼的であったため同氏の進め方は後世にまで多くの問題を残した。その負の遺産の多くは、社長時代に解決したが、全面的に解決したのはつい最近のことである。一方繊維以外の新規事業を行うべく全社をあげて努力を傾けたが、何分本業以外のもので、即利益のあがるものを見つけるのは難しかった。そのような中で技術部門を統括していた常務の山村滋氏が、当時話題になりかけていたパソコンに目をつけ、日本電気（ＮＥＣ）の関本忠弘社長と手を組み、パソコンの販売会社を立ち上げたのであった。山村氏の発想は、ＮＥＣと強く結び全国展開を図るなどユニークな手法であった。この販売会社を短期間で上場するまでに発展させたのであった。この会社が現在ダイワボウホールディングスの中核企業となっているダイワボウ情報システム（ＤＩＳ）である。

高精度カートリッジフィルター（ポリプロピレン製）

3つの経営理念打ち出し全社員の意識改革図る

さて本体の大和紡であるが、瀬戸社長の後三代の社長が続くが、綿紡績業界は後進国からの厳しい追い上げもあり、業態の不振を挽回することができず、不振をきわめていた。私が社長を引き受けた時点では約20年間無配の情況が続いており、会社の実態は銀行管理下といってよかった。

私は平成4年社長となるが、正直いってこの再建については五里霧中であったといってよい。大和紡は長い歴史を持ち、土地などの不動産、有価証券などの金融資産を十分に持っていた。一方、会社全体を利益のあがる体質に根本的に変えていかなければならないとする強い意欲を持つ経営者が残念ながらいなかった。早い話、期末の決算で赤字が見込まれるなら、土地の売却、株式売却などで糊塗することが当たり前になっていた。私はこのぬるま湯的な社風を変えない限り、会社は立ち直れないと思い、全社員の意識改革を実施するため次の三つの経営理念を打ち出した。

すなわち「真実と公正」「自己改革と自己責任」「迅速と完結」の三つである。いずれも当時における当社に一番欠けているものを是正しようとしたものである。また「紡績会社から繊維会社へ」という考え方を強く打ち出した。この間、取締役会の進め方や社員間のコミュニケーションをよくしていかに風通しのよい会社にするかについて邁進した。その結果社長就任3年後に本当にわずかであるが、復配をはたし以後社長11年、会長5年をつとめたが、矢張り繊維のみの会社では限界があるため優良会社のDIS、オーエム製作所を取り込み、持株会社とすべきであると考え、現在の形態となったのである。

社長在任中には、ずいぶんきついこともいったが、役員以下、全員よくついて来てくれた。ダイワボウはこうして生き残ったが、他の十大紡績も愚かな経営者にいつまでも支配され、倒産した鐘紡を除き、皆それぞれの形を保ち、立派に生き残っている。これがかつて我が国を支えてきた紡績産業の底力であろう。

第5話　関西五綿と船場八社

船場の勢力図、終戦で大きく様変わり

我が国産業革命の先駆けとなる

現在の大阪の経済人がほとんど詳しくは知らない繊維関連問屋・卸商の「関西五綿、船場八社」について取り上げる。

明治27年（1894）～明治28年（1895）の日清戦争そして明治37年（1904）～明治38年（1905）の日露戦争、さらには第一次世界大戦大正3年（1914）～大正7年（1918）を経て、日本の綿紡績業は、大発展して我が国の産業革命の先駆けとなり、当時の大阪は東洋のマンチェスターといわれるような大工業都市に変貌した。

しかし、綿糸や綿布の生産だけが繊維産業ではない。一方で綿糸や綿布の流通の担い手である問屋、卸商の存在こそ大きなものがあった。したがって今回は生産部門を流通の面において支えて、大きな足跡を残した「関西五綿と船場八社」について触れたい。

関西五綿の一つ伊藤忠商事㈱。久太郎町で営業していた

原料輸入に活躍したのが繊維商社の「関西五綿」

大発展した紡績会社を支えたのが関西五綿と船場八社であるが、先ず、五綿とは伊藤忠商事、丸紅、東洋綿花（現在豊田通商）、日本綿花（現在双日）、江商（現在兼松）の五社であった。これらの各社は、それぞれの淵源を江戸時代の中頃から末期にまで遡ることができる。

さて、1880年代後半に起きた日本の産業革命ともいうべき綿紡績の機械化成功による綿糸の大量生産に対応して、原料である原綿の輸入並びに、国内市場が狭かったため当然対応せざるを得なかった輸出に力をいれたのが、いわゆる関西五綿といわれた繊維商社であった。

そして、これらは財閥系と非財閥系に大別されるが、非財閥系はおおむね関西の商社で、関西人特有の商才を発揮して、正に時流に乗って大発展したのであった。

近江から大阪へ出て呉服太物商「紅忠」が始まり

伊藤忠商事と丸紅は起源を同じくしている。創始者の初代伊藤忠兵衛氏が明治5年（1872）呉服太物商紅忠《べんちゅう》を開店し、近江から大阪の本町に出て近江麻布を商ったのが始まりであった。

明治6年（1873）忠兵衛は本家伊藤長兵衛氏が丸紅《まるべん》と呼ばれていたのにあやかって店の暖簾を丸の中に紅としたのであったが、これが丸紅の由来であった。翌年紅忠は「伊藤本店」と改称し、京都に染呉服卸問屋「伊藤商店」、大阪に羅紗輸入を扱う「伊藤西店」、綿糸卸商の「伊藤糸店」などを次々と開店して事業を拡大していった。そして大正3年（191

4）に個人経営を改め伊藤忠合名会社を設立する。
さらに、大正7年（1918）に営業を二つに分けて本店と京都店からなる伊藤忠商店、糸店や海外店からなる伊藤忠商事が設立された。これが現在の伊藤忠商事と丸紅の前身である。ところが、第一次大戦後の大不況から2社とも大きな痛手を被り、事業の縮小を余儀なくされたのであった。

関西五綿の一つ双日㈱があるForecast堺筋本町ビル

具体的には伊藤忠商事は、貿易部門と海外店を分離独立させて大同貿易を設立し、一方伊藤忠商店は本家の伊藤長兵衛商店を合併して丸紅商店となり、難局を乗り切った。
その後業績が回復すると共に伊藤家に事業を統一しようという気運が高まり、昭和16年（1941）に三興、昭和19年（1944）に大建産業となった。
しかし、戦後のGHQ命令による集中排除により分割され、伊藤忠商事、丸紅、呉羽紡績（その後東洋紡と合併）他数社となって再発足したのであった。

三井物産の綿花部が独立、生まれたのが「東洋綿花」

東洋綿花（トーメン）は大正9年（1920）に三井物産の棉花部が独立して生まれた。明治から大正にかけて三井物産は、当時の基幹産業であった綿業において我が国全体の原棉輸入の20～30％を占めるという圧倒的な地位にあった。また英国の紡績機械メーカーのプラット社の日本における総代理店となるなど繊維関係が圧倒的な力を持っていた。また棉花が三井物産の売上げの30％を越えるようになっていた。棉花相場は変動が激しく、相場があたって莫大な利益を上げても、かならずしもそれが部員の待遇に社内規定により反映しなかったために部員の中に不満をもつものが多かった。そこで棉花部長であった業界で有名な児玉一造氏の判断により、棉花部門が独立し東洋綿花となったのである。

関西五綿の一つ東洋綿花㈱
中央区高麗橋三井ガーデンホテルの前敷地で営業していた

その後、東洋綿花は関西五綿の一角として業容を拡大し、戦前においては、三井物産、三菱商事に次ぐ第三位の地位を占めるに至った。豊田紡織や日清製粉、鐘紡とも関係の深い会社であった。

戦後も繊維は勿論化学品、食糧、機械、エレクトロニクス、エネルギーなど総合商社として勢いを保ってきたが、2000年代に入り急速に業績が悪化して平成18年（2006）豊田通商に事実上合併された。

関西五綿の一つ丸紅㈱。最近まで中央区本町で営業していた

日本綿花が前身、原綿の輸入を目的に設立される

次に、現在の双日（日本綿花の後身ニチメンと日商岩井が合併した）の内ニチメンは明治25年（1892）に設立された日本綿花が前身である。日綿は当時四大紡績といわれた摂津、平野、尼崎（後にこの3社が合併して大日本紡）、天満紡（後に大阪合同紡と合併し、現在は東洋紡）が発起人となり設立された。その目的は、近代産業として発展した紡績業には原綿の

手当てが不可欠であった。しかし国産の綿は量、質ともに近代的な紡績には不向きで、外国産の原綿の需要が飛躍的に伸びたにも拘わらずその輸入は、神戸の外国人商館が価格を含めて主導権を握っており、十分に需要を充たすことが難しかった。そこで日本人の手で安価に、そして円滑に原綿を輸入するために設けられたのが同社だったのである。

日本綿花は、綿花専門商社として順調に業績を拡大し、明治36年（1903）には紡績の本家英国に中国産綿花を輸出する三国間貿易を実施した。戦後は、繊維関係はもとより金属や機械、化学品などを扱い総合化していく。

そして昭和18年（1943）には日綿実業、昭和57年（1982）にはニチメンと商号変更するが平成15年（2003）日商岩井㈱と合併して双日㈱となった。

紡績業から撤退し商事部門に特化、五綿の最右翼に

江商は、明治24年（1891）北川与平氏により綿紡績と綿花の輸入業の両分野を事業目的として設立されたが、ほどなく紡績業からは撤退して、商事部門に特化し、関西五綿の最右翼として盛業を極めたが、多角化と海外取引拡大に失敗し、その上、新三品といわれた商品相場（今の人はほとんど知らないが、ゴム、皮革、油脂の相場）で多額の損失を出し、急速に経営が傾き、昭和43年（1968）兼松㈱と合併し、兼松江商㈱となった。

兼松は、関西五綿には入っていなかったが、明治22年（1889）豪州羊毛の輸入を目的に兼松房次郎氏により設立された。日本の羊毛輸入の50％を占めるなど「貿易立国」日本の礎を築いた出色の人物である。

日綿の名は消え「双日」に、今や「丸紅」と「伊藤忠」だけ

私が、大和紡に入社したのは昭和35年（1960）であったが、今述べてきた関西五綿は全て健在であった。

昭和38年（1963）から約10年間業界では後発であった梳毛糸の販売係を務めたが、日綿は取引がなかったので全く存じなかった。しかし、伊藤忠、丸紅、東綿と兼松との合併前の江商には毎日のようにお邪魔して取引をさせて頂いた。

昭和38年ごろ丸紅は、最近移転したが、今建っているビルの前の古いビルにあった。伊藤忠と呉羽紡は本町通りに面した北側に並んで建っていた。まもなく北隣の日紡本社の敷地と合わせて大阪国際ビルが建設され、伊藤忠は南御堂の隣に建設された新ビルに移転した。

東綿は、高麗橋にあり、独特のクラシックな風格のある建物であった。その跡地は三井ガーデンホテルとなっている。まもなく三越の東の方に新しいビルを建て、移転したが現在では超高層マンションとなっている。

現在関西五綿といわれた各社の内、江商は早くに兼松と合併して兼松江商となり、今は江商の名前は消えてしまった。東綿は豊田通商に事実上吸収されてしまった。ニチメンは日商岩井と合併し、いまや双日という会社となっている。

このように、昔からの社名を維持しているのは、伊藤忠と丸紅しかない。

伊藤忠は利益の薄い通常の繊維の商売から脱し、いわゆるブランドビジネスに重きを置く戦略を展開して、なお繊維部門で大きな利益をあげている。伊藤忠にくらべ丸紅の繊維部門

には昔の面影が感じられないのは大変寂しい。

「関西五綿」に加え「船場八社」生まれる

関西五綿と並び船場に覇を唱えたのが「船場八社」

前記の関西五綿と並んで同時期に勃興したのが大手糸商として船場に覇を唱えた船場八社であった。

船場については、北は中之島のある土佐堀川、南は長堀川また西は上部が高速道路となっている西横堀川に囲まれた一帯をいい、南北2キロ、東西1キロの大阪における商業の中心地である。

日清、日露両戦役後の繊維産業を中心とする我が国産業の勃興は目をみはるものがあった。特に綿紡績の発展は顕著なものであったが、それを支える流通業が重きをなすようになり、その頃から関西五綿に加えて船場八社が生まれた。

「国家総動員法」発令され衣料品は全て配給切符制に

船場八社とは、又一、岩田商事、丸栄、田附、竹村綿業、竹中、豊島そして八木をいうが、それぞれがこの頃船場を拠点として大活躍していた。

ところが、昭和12年（1937）に日中戦争が始まり、翌13年（1938）には国家総動員法が発令され、物資、労働力、資金すべてが戦争を遂行するために集中される時代となり、現在の若い人たちには想像出来ないことであるが、昭和15年（1940）に衣料品が配給切符制となったのである。これは大人一人に100点の切符が割り当てられ、それがなければタオル一枚、靴下一足さえも買えない時代となり、素材についても純綿は一般には消費できなくなり、スフ、人絹など耐久性に乏しい商品ばかりとなった。

そして、船場の多くの問屋業務は統合され、軍の御用とか配給会社にならざるを得なかった。

八木ビル全景
昭和47年（1972）10月竣工

八木ビル玄関入り口

勿論、従業員の若い男子は、軍人として召集されたり、軍需工場へ徴用されたりしたのであった。加えて戦争末期には、船場のほとんどが空襲により焼失し、文字通り廃墟となっていた。

しかし、戦後の復旧も早かった。衣料品の配給切符制は昭和25年（1950）まで残ったが、実際には、それは闇取引ではあったが、商売人たちは政府の決めた公定価格にはおかまいなしに自由に活発な商いを行った。

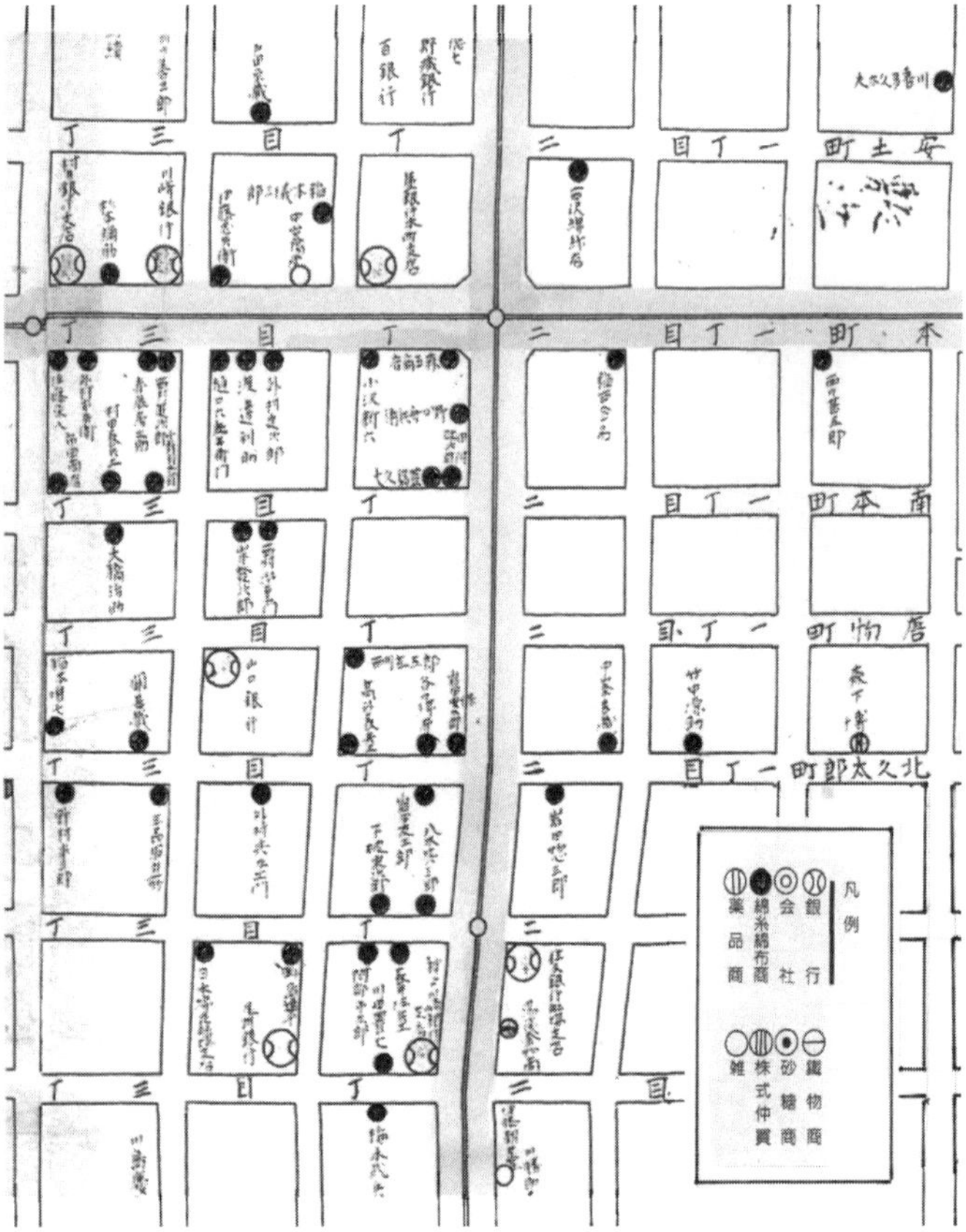

大阪船場地図（大正初期）

「ガチャ万景気」後の不況で1社を残し他は倒産・廃業

昭和25年6月の朝鮮戦争勃発は、一挙に繊維産業に活況をもたらし、俗に言われる「ガチャ万景気」が到来した。このような情勢の中で船場の問屋街は戦前をしのぐ活況を取り戻したのであった。

しかし、綿糸、綿布の有力問屋であった船場八社は朝鮮戦争景気の後に訪れた大不況に抗することが出来ず、昭和29年（1954）に岩田商事が倒産したのを手始めに、以後倒産、廃業、吸収などにより次々と姿を消していった。

そして昭和56年（1981）に大阪豊島が廃業した後は、八木商店（現在㈱ヤギ）一社のみが残ったのであった。

富澤修身氏の「戦前期大阪の繊維関連問屋、卸商について」によると船場八社の生い立ちとその後を次の通りまとめている。

1、不破商店（創業1882年）、㈱丸永商店、㈱丸永を経て1954年に日綿実業に吸収される。

2、岩惣商店（創業1881年）岩田商事㈱となり1954年に倒産。

3、田附糸店（創業1889年）㈱田附商店、田附㈱を経て1960年に日綿実業に吸収される。

4、竹村藤兵衛（創業1864年）㈱竹村商店、竹村綿業㈱を経て1960年に帝人商事と合併。

5、阿部市商店（創業1884年）又一㈱を経て1960年に三菱商事の関係会社金商と合併し金商又一となる。

6、竹中商店（創業1898年）㈱竹中商店、竹中㈱を経て1963年住友商事が資本参加して住商繊維となる。

7、豊島糸店（創業1903年）㈱豊島商店、豊島㈱、大阪豊島を経て1981年に廃業。

8、八木商店（1893年）㈱八木商店を経て上場会社㈱ヤギとして船場八社の中で唯一現存している。

堅実経営で生き残ったのは八社のうち「㈱ヤギ」のみ

前記を見てわかると思うが、いずれも日本の紡績産業の勃興期に創立され、紡績の興隆とともにその流通業務を担い、隆盛をきわめたが時代の波に押し流され、今や前述の通り㈱ヤギを残して時代のかなたに姿を消しているのである。

私は昭和38年（1963）頃から約10年間毛糸の販売に従事していたので、綿関係の船場八社とは関係が無かった。それよりも、私が営業に出た頃には、船場八社の内ほとんどの会社がその名前を消すか、姿を変えていたのであった。

只当時の八木商店だけは、個人的なつながりもあったので現在のヤギビルの前の風格のある本店には、何度かお邪魔したことがある。

玄関入口を入ると正面に八木泰吉社長と業界の長老市橋市太郎専務が座っておられたことを思い出す。

八木與三郎氏の肖像画　慶応元年、京都府八木町に生まれる。堅実第一主義の経営で綿糸商店を船場八社に成長させた

父重助の急死で米穀商から綿業へ カジを切った與三郎

さて、激しい競争の中で唯一船場八社の中で生き残った八木商店（現㈱ヤギ）とはどのような会社なのであろうか。

八木商店は、明治26年（１８９３）八木與三郎により創業された。與三郎は慶応元年（１８６５）京都府八木町に生をうけた。父重助は米穀商業界で早くから頭角を表し、京都米穀取引所の設立などにも関与するなど業界の重鎮であったが62歳で急死した。このため、彼は伯父にあたる大阪の米穀商藤本商店（後に藤本ビルブローカー銀行となり、現在の大和証券の前身である）に入り修行するが、その後主家を辞し、当初は米穀商を営むことを考えるが米穀商を目指すからには、米などの相場を張らざるを得ない。與三郎は相場師の末路について十分な知識があった。彼は自分に相場はむかない、自分の本分は大当たりにはない。小当たりすなわち勤労にあると考え、これを商売の本道として、当時勃興しつつあった未だ若い産業である紡績業に目を向け、綿糸を扱う綿糸商八木商店を明治26年に唐物町２丁目に開業した。

石田梅岩の修正舎に学び「終始一誠意」の精神を貫く

彼の経営は堅実第一主義で、そして「終始一誠意」の精神（一貫して誠意をもって事にあたる）によるものであった。

彼は少年時代石田梅岩の修正舎に学んだ。梅岩の思想は石門心学といわれる学問であるが、商人道においても天地自然の運行にかなったものでなければならない。すなわち、基本となるのは一銭を惜しむ心の誠実さというものであり、それは、どこまでもわが身を苦労させて、努める態度を忘れないことであると説いている。

明治29年、南久太郎町へ移転、店舗を拡張した

このような教えが與三郎の信条となったのであろう。彼は明治29年（１８９６）店舗を広げ南久太郎町に移転するが、この年は、期しくも鐘紡兵庫工場が操業を開始した年でもあった。

当時の綿糸業界では英国などからの輸入綿糸が大量に出回っていた。しかし八木は、当初から摂津紡や大阪紡などの内地綿糸に力をいれていた。

丁度その頃、與三郎は鐘紡の武藤山治と知り合う。武藤は自叙伝『私の身の上話』の中で「大阪の綿糸問屋の中で八木商店と云うのがあり、手薄な資本で開業しながら主人自らが大抵日に二度三度神戸の支那商人に対して紡績から買った綿糸を売るという勉強ぶりで、時々鐘紡の兵庫の事務所へ私を訪れ、鐘紡の糸の評判についていろいろと親切に報告してくれ、かつ注意してくれた」と記している。

八木與三郎、武藤山治と知り合い肝胆相照らす仲に

さらに当時の我が国一般の綿糸は撚り甘く、毛羽が多いため一般に太目に感じられていた。反対に鐘紡の綿糸は技術的に申し分なく、毛羽が少なかったため痩せて見えた、このため市場ではその真価がなかなか認められていなかった。

武藤山治氏（左）と八木與三郎氏（明治39年）

與三郎のアドバイスにより、武藤はその不合理性をつき、誤った観察による需要家達に対して與三郎と共同して宣伝戦を繰り広げると共に、製品に対して一層の改良を加えたため、その努力が実り、明治36年頃には鐘紡綿糸の声価が

高まったのであった。このような経過があって八木と鐘紡の繋がりは密接となり、八木は鐘紡綿糸の拡販に力をいれるようになり、以後八木は、鐘紡綿糸の総代理店的な立場となり、両社の結びつきは強固なものとなっていった。

このような背景で八木與三郎と武藤山治は肝胆相照らす仲となり、文字通り切っても切れない固い友情で結ばれるようになった。八木與三郎伝には「二人の交友は、お互いの見識の上による信仰の如き崇拝と、人格反映というべきである」と記されている。

「大当たり避け、小当たりに徹する」〝ヤギ経営哲学〟

最後に、今回この稿をおこすに当たり、私は㈱ヤギの八木秀夫社長にお目にかかった。その目的は、会社の歴史に関する書籍を拝借することにあったのであるが、その際、船場八社と云われ隆盛をきわめた糸商たちが現在はヤギのみが残り、その他は消滅したのは何故なのであろうかと率直に質問させてもらった。

社長の答えは「その時々に決して無理をしなかったのがヤギであった」と、具体的には「バブルの時代に金融機関はこぞって、八木さん何か新しい事をやられるならばいくらでも融資しますよとの申し入れが再三あったが、一切それには耳を貸さず本業に徹した」とのことであった。これこそ八木與三郎氏の「大当たりを避け、小当たりに徹する」という経営哲学であり、これを守ってきた経営にこそ八木商店のみが生き残った理由があるのではないかと私は強く感じたのであった。

勿論会社のことであるから八木商店も多くの浮き沈みを経験している。特に大正9年（1

920）の第一次大戦後の不況に始まった我が国の経済は、一時関東大震災後に立ち直りを示したものの、なお全体に慢性的な不況を呈した。

そのような状況の中綿業界は、不況のどん底に沈み、八木商店も業績は最悪の状態となったが、これを海外営業所の閉鎖、さらには人員整理で乗り切ったのであった。そしてその危機に際して、與三郎は自己の所有する不動産を処分するなどして、実に個人資産1600万円を提供している。與三郎は誠意の人であった。そして只々自分一人が誠意を貫くだけではなく、それを基本精神として企業の経営に当たった人であった。私財の提供により会社の危機を救うというようなことはなかなか出来る事ではない。ここに與三郎の真骨頂があったと思うのである。

そして、その精神が、與三郎の後を継いだ杉道助、八木泰吉を経て現在の経営陣に脈々として引き継がれているのが現在の株式会社ヤギといって差し支えない。

第三編
鐘紡の興亡

第1話　中興の祖　武藤山治の事績

明治21年「㈲鐘淵紡績会社」として創業

我が国を代表する企業鐘紡がなぜ消滅に至ったか

大阪の繊維関係について書き出し、直近では船場3社と呼ばれるクラボウ、シキボウ、ダイワボウについて書いた。ここへ来て繊維関係について書く材料も底をついてきた感じもするのであるが、「鐘紡」について書きしるし、ジ・エンドとしたいと思う。

残念ながらかつて日本一の売上、利益を誇った鐘紡は、平成19年（２００７）に解散決議をして平成20年（２００８）に法人格が消滅したのであった。鐘紡は明治20年（１８８７）の創立であるから１２１年の歴史に幕をとじたことになる。そこで今回は、鐘紡の歴史を次のような順序で改めて考察していきたい。

兵庫工場の建設が大発展期へ導く

まず鐘紡の歴史を繙いていくのであるが、会社がどのようにして創立されたか。すなわち揺籃期、続いて武藤山治が兵庫工場の建設に従事し、以来37年間にわたって鐘紡を日本一の会社へと導いた大発展期、そして山治以降の経営者による衰退期、そして伊藤淳二なる度を越した独裁経営者により破綻に至った過程を書いていきたい。

竣工当時の営業部（昭和18年９月、本部に改称。昭和20年２月に戦災で焼失）

事実上の創立者、武藤山治の孫として鐘紡の消滅は誠に寂しい限りであるが、私にとってなぜ鐘紡のような会社がこうまで簡単に潰れたのか、心の中で、どうしても納得できないものがあるのである。幸いカネボウという商標は、カネボウ化粧品という会社として存続している事は有難いと思っている。先般かつて祖父山治が居をかまえていた住吉の、ＪＲ住吉駅にある「シーア」という灘神戸生協の化粧品売場が駅の改札口に上っていく階段の正面にあり、まさに正面のウインドーの左側にカネボウ、右側に資生堂と大きく表示されていたので、カネボウは不本意ではあるが、こういう形で生き残っているのだなあと改めて、一種の感慨と寂しさを覚えたのであった。

当初から3万錘の紡機を備えた大工場が出現

鐘紡は社史『鐘紡百年史』によると、明治21年（1888）春、現在の東京都の鐘ヶ淵に設立された「㈲鐘淵紡績会社」を嚆矢とする。これが鐘紡の前身である東京綿商社が設立

中上川彦次郎会長

武藤山治社長

した3万錘の大工場であったが、余りにも規模が大きかったため、当時世間からは「紡績大学校」とか「三井の道楽工場」と言われた。

明治の初め頃、綿花の商いは地場の有力業者、わずか9社によって国産の綿花商いが行われていた。しかし時代の変遷に伴い、単に国内綿の売買だけでは時代に即さないとして、中国綿の輸入取り扱いを実行する有力な者が出現したのであった。その有力会社こそ三越、白木屋など5社が出資する「有限会社東京綿商社」であった。時に明治19年（1886）のことであった。

東京綿商社は、先ず国産の綿種改良に力を尽くすと共に中国綿を輸入し、商いを拡大しようとするが当時の需要は微々たるもので、綿花の在庫が急増したのであった。この解決策として、綿花を綿糸に加工して販売すれば必ず需要が喚起されると考えた首脳陣は、直接紡績会社の経営に乗り出してゆくのである。

当時の日本の経済界は会社勃興の時代であり、多くの会社がいわば熱狂的に設立され、また消えていった時代であった。

綿花の売買を中止し、紡績業に専念する決定

鐘紡が綿糸の生産に乗り出していった時代には、全国で22ヵ所の紡績工場が存在し、いずれも好調で製品は非常に高く売れ、在庫がほとんどないという業界であった。そして紡績工

場の敷地を鐘ヶ淵に選定し、明治20年（1887）に工場設立を東京府庁に出願し、5月6日認可を受け、明治22年（1889）に操業を開始した。しかし、その後訪れた経済界の不況に遭遇して、綿花売買と紡績業は相容れないとの考え方が強まり、綿花の売買を中止し、紡績業に専念することに決定した。この時会社の主導権を握ったのが、出資者として名を連ねていた三越呉服店（三井家）であった。すなわち会社設立時に不況のため未払込となっていた株式を、すべて三井家が引き受けたのであった。このため以後会社は三井家のイニシアティブの下に成長していくことになった。

そして明治21年8月に、社名を「有限会社鐘淵紡績会社」と表示していたものを、明治26年（1893）11月に「鐘淵紡績株式会社」と改めたのであった。創業第一年目は、折から訪れた稀にみる好況の波に乗り好調なスタートを切った鐘紡であったが、翌明治23年（1890）に訪れた経済恐慌のために一転して苦境に陥ったのであった。この恐慌は、資本主義日本の産業が初めて経験した試練であったが、紡績業は、生産量を共同でおさえる、いわゆる生産制限カルテルを実施して、この不況を乗り切ったのであった。後年「紡績の歴史は操短の歴史である」といわれるが、これが最初の共同操短であった。

三井家の全面的バックアップで危機を脱する

明治23年の不況は鐘紡を存亡の危機に追い込んだが、当時の役員、特に稲延利兵衛氏の尽力により三井家の全面的なバックアップを得ることができたため、からくも危機を脱したのであった。しかし、当初から3万錘という大きな設備からスタートし、その後職工の不足と熟練度の不足から稼働率はあがらず、十分な利益を上げられなかったところに不況の影響をまともに受けたため、23年の下期には巨額な赤字を計上し、その償却には27年度の上期まで掛かっている。この逆境を三井家（三井銀行）からの財務テコ入れと、三井から派遣された中上川《なかみがわ》彦次郎と朝吹英二の両名による大改革により鐘紡は立ち直ったのであった。

中上川彦次郎が井上馨の知遇を得て躍進へ

安政元年（1854）中上川彦次郎は福澤諭吉の姉の子供として中津藩士の家に生まれたが、慶應義塾に学んだ後英国に留学し、その間維新の元勲井上馨の知遇を得て、帰朝後は慶應義塾で教鞭をとった後、井上の推挙により工部省に入り、その後外務省に転じ、井上の片腕として公信局長を務めるが明治14年（1881）の政変のため退官する。その後福澤の創設した時事新報社の社長を経て、明治20年34歳の時現在のJR西日本に当たる山陽鉄道の社長に就任し、僅か3年で神戸—尾道間の鉄道を完成させた。その後、明治24年（1891）に三井の改革を目指した井上馨が、改革を実行する人物は中上川しかいないと白羽の矢を立て、三井合名の副長（総長は三井高保）三井財閥の経営責任者として手腕をふるうことになる。鐘紡が完全に三井の傘下に入ったため、紡績業の将来性を見据えていた中上川は、三井在籍のまま鐘紡のトップ（副社長）として経営に当たることになる。

「滞留債権」を取立て三井の大改革を断行

中上川は、三井の大改革を行ったが少しそれにふれておくと、彼は旧態依然の三井の体質を改めるべくまずとったのは、次のような英断であった。合理主義者であった彼は、江戸時代から続いていて、誰も手を付けることのできなかった三井の滞留債権を容赦なく取り立てたのであった。その手は東本願寺に対する債権100万円にまで及び、寺側は中上川を法敵と呼び抵抗するが、中上川は東本願寺の本尊の阿弥陀如来を差し押さえると迫ったため、ついに東本願寺も屈服し、全国の信者から喜捨をあおいだところ、予定額をはるかに超える多額な金額が集まり、三井への返済に加えて資金難で懸案となっていた阿弥陀堂、祖師堂の再建資金まで集まるというおまけまでついた。中上川はさらに、従来金融などに傾斜し、いわゆる金融、商業路線を貫いていた三井の路線をはっきりと工業化路線へ、転換を実行した。

すなわち王子製紙、芝浦製作所、鐘紡などに積極的に投資したのであった。また福澤門下の逸材を社員として積極的に採用し、新しい時代に備えたのであった。

朝吹英二、苦節を経て鐘紡の経営に参画する

朝吹英二氏

朝吹英二は、嘉永2年（1849）豊前の中津近郊で生まれる。一時は開明主義者の福澤諭吉の暗殺を企てるほどの攘夷論者であったが、その後福澤に心服して慶應義塾に学び、明治8年（1875）には中上川の妹と結婚した。その後明治11年（1878）、30歳で三菱商会に入り岩崎弥太郎に認められたが三年後自ら貿易商会をおこし、初めは大成功をおさめるが、折悪しく明治の政変により倒産の憂き目にあう。その後一転して三井に入り、工業部の理事を務めた後、中

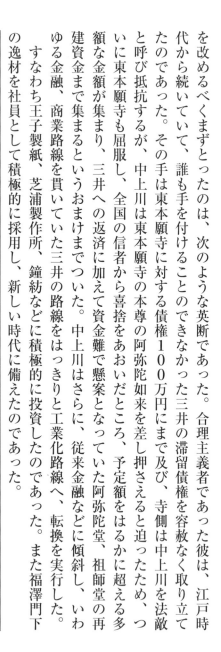

上川と共に三井在籍のまま鐘紡の経営に参画する。

武藤山治が27歳で兵庫工場の責任者に

明治25年（1892）中上川は鐘紡の会長に就任する。中上川は紡績業こそ近代日本産業を担う主柱と考えており、鐘紡の経営には並々ならぬ努力を払うのである。そして既存の工場における技術的向上を図るかたわら、同年には資本金を50万円増加して100万円とし、東京に第二工場を増設したが、中上川の先見性は近い将来内地における販売にとどまらず、海外への輸出を考えていた。当然そのターゲットになるのは中国大陸で、それらを勘案して朝吹と図り、翌明治27年には更に100万円の増資を行い、神戸市兵庫の吉田新田に輸出品製造を目的として4万錘の大工場を設立することにした。そしてこの兵庫工場の建設責任者に、前年三井銀行神戸支店に入行したばかりの弱冠27歳の武藤山治を抜擢した。明治27年（1894）6月工場建設は着工の運びとなったが、武藤は、まさに獅子奮迅の活躍を示し、文字通り仕事に熱中した。

彼の自叙伝『私の身の上話』によれば「初めの4～5年間は1年365日、1日も休まず働き通しました。元旦でも事務所に出たくらいでした。後になって会社の財政も楽になり、せめて日曜だけは休もうと思って試みたが、初めは日曜日を休むことは非常に苦痛でありました。」と述べている。明治27年は日清戦争の始まった年で、紡績業においてもその恩恵に浴し、空前の好景気が続いていた。

鐘紡の新工場完工はこれには間に合わず、さらに当初の目論見からはずれる大きな出来

創業当時の兵庫工場（明治二十九年十月）

事があった。それは、工場設計に当たって紡機は、英国プラット社に発注したのであったが、肝心のそれを動かす蒸気機関は三井内部の事情もあり、その頃三井工業部に新たに加わった芝浦製作所（現在の東芝）にまかせることになった。しかし同社もこれだけ大掛かりな１３００馬力の蒸気機関の設計製作は初めてで、明治28年（１８９５）工場建設設備据付が完了したのに動力源となる蒸気機関が間に合わず、予定より6ヵ月も遅れてしまった。世間は三井の道楽ここに極まれりと冷罵をあびせるが、この遅れを取り戻すため、武藤を始め関係者一同まさに発奮興起して緊褌一番おおいにふるい立って据付、試運転に当たったため、大幅な遅れを取り戻したのであった。

　そして明治29年（１８９６）9月15日工場の運転が開始されたのであった。

慶應で福澤諭吉の薫陶　中上川に見い出される

武藤山治は、慶応3年（１８６７）に美濃の国（現在の岐阜県）海津に生まれるが、生家は木曽三川といわれる三つの大川の内の、長良川と揖斐川に挟まれた広大な平野で、代々洪水に備えるための諸事を司った家柄であった。

慶應義塾で福澤諭吉に直接薫陶を受け、卒業後アメリカのパシフィックカレッジで2年間苦学の後帰国する。そして我が国最初の広告代理店の設立、ついでジャパンガゼット新聞社の記者、後藤象二郎の秘書、東京イリス商会を経て中上川彦次郎に見出されて明治26年（1893）三井銀行に入行し、翌年鐘紡に移った。

一歩先んじた従業員中心の経営が好感呼ぶ

鐘紡に移った武藤は兵庫工場の立ち上げに成功するが、彼のとった経営方針は温情主義経営といわれる従業員を家族のように保護する労務政策であった。この方法はその後、日本的経営と呼ばれる経営の柱となったのである。一方生産においては、最新鋭の機械を導入するとともに、テーラーシステムを採用するなど、能率的かつ科学的な事業経営に邁進した。又営業では日本で初めて新聞広告を行う。武藤の考え方は時代を一歩先んじた「人間尊重の経営」「家族主義経営」といってよい。具体的には従業員の優遇、福利厚生施設の充実、すなわち病院、学校、託児所、娯楽施設を設ける一方、提案制度や社内報を設け、社内の風通しをよくすることに努めた。提案制度、社内報などは現在ではどこの会社にもあるが、我が国で最初にこれを実施したのは武藤であった。

新工場が立ち上がり、これからの新しい展開を考えていた鐘紡に思いもよらない大問題が持ち上がる。すなわち4万錘の工場が操業を開始したため、これに要する職工は実に130

社章（明治22年７月制定）

0人に及んだ。鐘紡の職工に対する待遇は他社より良かったため、大挙して職工が他者から鐘紡に流れたのであった。それより以前「職工不足による会社 工場間の職工引抜」を禁止するため全国的な組織として「中央綿糸紡績業同盟会」が結成されていた。また同盟会は、鐘紡にも入会するようしばしば要請を出していた。この組織により職工の引き抜きに歯止めをかけていたところ、それにもかかわらず鐘紡が積極的に引き抜きを行ったのではなかったが、大量の職工が自発的に鐘紡に移ったため、中央同盟会と鐘紡（三井）が対立する大問題となった。同盟会は全国の新聞に鐘紡弾劾の宣言を発表し、取引商人や運送会社に対し鐘紡との取引を中止しなければ以後当方との取引は一切拒絶するという回文を発表した。このような経済封鎖に加え、暴力団を繰り出し武藤に危害を加えたものには賞金を出すなどと広告し、泥仕合の様相を呈してきた。これを聞いた中上川は三井銀行大阪支店に命じ、同盟会側に対する一切の融資を差し止めるよう指示したのであった。このように鐘紡対同盟会の争いは三井対同盟会の争いとなり、結局三菱の岩崎弥之助が仲裁に入り、鐘紡の同盟会入りと同盟会の一部規約の改正により決着したのであった。

本店支配人となり金融危機を乗り越えるが―

武藤は明治32年（１８９９）本店支配人となるが、翌明治33年（１９００）５月に中国において義和団事件（北清事変）が勃発し、我が国にも恐慌が訪れる。

鐘紡も金融難から資金ショートとなり大変な苦境におちいる。しかし金融難も武藤は、大胆な手法で切り抜けたのであった。悪いときには悪いことが重なるもので明治34年（1901）会長の中上川彦次郎が、47歳の若さで急死する。この結果三井本社の内部では中上川のライバルであった三井物産を率いる益田孝が実権を握る。益田の改革は中上川のとった工業化路線を廃し、商業化路線を進めることであった。このため中上川が工業化路線のため手中にしていた会社の株式を次々と手放していった。武藤はいずれ鐘紡の株式も三井の手を離れることを憂慮していたが、鐘紡は多額の利益をあげていたため、三井は直には鐘紡株の売却を避けたのであった。反対に益田は、武藤の唱える「紡績大合同論」に賛成したので武藤は自ら『紡績大合同論』なる著書をあらわし積極的に九州一帯の紡績を手中に収めていく。

以後鐘紡には思いもかけない事件が次々とおそう。

発祥碑由来記

此の地は古くから沈鐘の伝説があり、江戸時代に入って将軍徳川吉宗公が之の引揚げを下命しましたが成功せず鐘は毎夕月の出と共に燦然として光を放ったといわれます。周辺の風光明媚を賞でて徳川氏はここを将軍家専用の野菜畑とし御前栽と称しました。

明治二十年近代工業の先覚としてこの地に東京綿商社が設立され紡績機械二万九千錘を英国より輸入して東洋第一の紡績工場を建設明治二十三年社名を鐘淵紡績株式会社と改称しました。爾来近代日本の進展と共に工場は拡大しその技術は全国津々浦々に結実し製品はカネボウの名声と共に遠く欧米各国を席巻しました。

この間にあって産業立国の一翼を担った人々少なからずまた過ぐる関東大震災、東京大空襲当時その職に殉して斃れた者は五十余柱に及びました。

いまここに時代の進運と共に工場の移転を実施するに当って鐘紡稲荷神社並びに慰霊観音像を奉安し八十余年に亘ってうけたこの地域社会の御かけを感謝すると共に老人と児童の憩いの場を設けて記念庭園とし永く先人の偉業を偲ぶよすがとなることを切願するものであります。

昭和四十四年十月二十日

鐘淵紡績株式会社
社中一同

記念碑裏面の由来記（拓本・藤田林太郎）

第2話　武藤山治、「紡績大合同論」を主張

着々と自己の信念に基づき進める

義和団事件の経済恐慌を教訓に対抗策を練る

武藤の主張する「大合同論」は資本主義社会が「自由競争」の結果「独占」へと進むという結果を表している。すなわち世界の資本主義は20世紀の初頭には「自由競争」の段階を終了し、「独占」の状況にまで進んでいた。それは言いかえると「大経営」による「小経営」の駆逐であり、武藤の「大合同論」もこの世界史的な趨勢を反映したものであった。

武藤は「合同」について「私の身の上話」において、次のように述べている。

すなわち「日清戦争後4～5年間、われわれ紡績業者はいろいろと苦痛を感じてきた。特に明治33年（1900）義和団事件（北清事変）の発生以来、経済社会が反動を起こして恐慌を来し、極めて困難な場面に向き合うことになった。今日の場合、われわれのとるべき途は、紡績大合同を行って内外の包囲攻撃に向って対抗するより他はない。」

「そもそも合同とは、元来アメリカのトラストから起こったことである。このトラストはアメリカにおいては、はなはだ容易に成功して流行を来しているが、日本では論議としてはよろしいが、実際には困難が多い。はじめトラストをやった起りは商売上の同盟であった。しかし近年はだんだんと変遷して、トラストは商売上の同盟ではなく、事業そのものを合併

第５回内国勧業博覧会で名誉金牌拝受を記念し、過度なる操業時間の短縮の英断を発表した宣伝広告

することを称することになってきた。われわれ紡績業者も商売上の同盟ではどうも面白くない。今一歩進めて合併しなければ駄目だと思う。」

誤解のないよう論じておきたいのは、武藤の真意はあくなき合併による紡績王国の建設という野心めいたものではなくて、互いに足を引っ張り合う小企業の乱立の弊をなくして、共通の利益を分かち合い、不況期の困難を最小限度に食い止めようとするものであった。

彼は着々と自己の信念に基づき「合同」を進めたが、他の同業大企業もこれに倣ったのであった。

彼が実施した「合同」は、あくまで個人の意見を乗り越えて、一つの経済原則として自ら貫徹して行ったものであった。武藤が実施した「合同」計画は、明治32年（１８９９）の上海紡績２万錘の合併に始まり、ついで１万錘の河州紡績、柴島紡績、翌明治33年には同じく１万錘の淡路紡績を手中におさめた。さらに明治35年（１９０２）には九州紡績、中津紡績、博多紡績を合併して九州全域の紡績を統合したのであった。

鐘紡と同様に他の有力紡績も次々と統合を重ね、紡績業界全般にわたって再編成が着々と進行した。この結果、明治32年の78社１０５万錘が同36年（１９０３）には46社１２６万錘となり、会社数は40％減少したが、設備錘数では20％増加したのであった。このように業界の「合同」において、鐘紡のはたした役割は極めて大きいものがあった。

武藤山治の信念は常に時代を一歩先んじるもの

武藤の信念は常に「時代を一歩先んずるもの」である。例をあげると、当時は卸問屋などには新聞広告は必要がないと考えられていたにもかかわらず、原料製造会社の鐘紡が無駄な出費と笑われた中で、積極的に鐘紡綿糸の優劣を消費者である機屋に試験させ、鐘紡の糸の優位が立証されるや、直ちに新聞広告により全国に宣伝したのであった。武藤の紡績大合同論に基づく鐘紡の合併買収は、その後、明治、大正時代はもちろん昭和初期まで続くことになる。

このような武藤の先進的経営が実り、鐘紡の社業は躍進した。しかし、日本紡績業全体としては対中国輸出が伸び悩み、その発展は停滞状態となっていた。そこにふってわいたような幸運が訪れたのであった。それは明治37年（1904）2月に勃発した「日露戦争」であった。それより10年前、我が国は「日清戦争」の勝利により大陸において遼東半島の割譲を受け、その他台湾の獲得、多額の賠償金を得てようやく一等国への仲間入りをはたしたのであったが、その後、日本の躍進を牽制しようとしたフランス、ロシア帝国、ドイツ帝国によるいわゆる三国干渉により遼東半島の返還を余儀なくされたのであった。特に極東における帝政ロシアの日本に対する圧迫は厳しいものがあり、朝鮮半島、満州を巡り我が国はロシアとの対決を迫られることになる。

この強敵ロシアに対して挑戦したのが日露戦争であった。たしかに朝鮮、満州、及び中国における「国外市場」の獲得は紡績産業においては願ってもないことであったが、すぐる明治33年（１９００）の「北清事変」の際、紡績業界は金融難におちいり、塗炭の苦しみを味わった事を山治は思い出していた。しかし、各方面における戦勝が次々ともたらされ、軍需のみではなく、輸出の見通しがついてくるなど業界は利潤獲得の好機が訪れることを悟ったのであった。

このような局面において、鐘紡はもとより各紡績会社は千載一遇の機会を迎え、各社とも設備の大増設を企てたのであった。そこで武藤は先ず資金の確保を考え、親会社であり、かつ唯一の取引銀行である三井銀行へ駆けつけ融資を依頼するが、意外にも拒絶されたのであった。

三井のライバル三菱に融資を依頼、60万円を

武藤は呆然として思案にくれるが、そこが武藤の武藤たる所以であるが、なんと三井のライバルである何の縁もない三菱銀行を訪ね融資を依頼すると、当時の神戸支店長は、後に三菱財閥の代表者となる木村久寿弥太氏であったが、50万円という多額の借り入れ申し込みに対し、「常得意ではないので一応本店と相談する」と言って即夜上京し、本店の重役会にはかり翌日武藤を呼び出し、何と60万円の融資を実行した。木村の炯眼は武藤の非凡な手腕を高く評価していたのである。この時以来、鐘紡は三井、三菱の両行を取引銀行と定め、以後一切の金融は両行に依頼して固くその義務を守ったのであった。

かくして資金的な裏付けを確保した武藤は、戦時の好況を利用して、一挙に巨富を築くべ

く縦横の活躍を示したのであった。特に彼は綿糸紡績一本の経営からの脱皮を目指し、多角経営に尽力した。このことが戦中、戦後を通じて鐘紡発展の礎となったのであった。

当時、紡績業界では織布の兼営が採用されはじめていた。今後海外輸出を目指すなら、広巾、無地である綿布は、大紡績による大量生産方式が有利であることは明らかであった。

明治37年（1904）武藤は兵庫工場に織布の試験工場を設け、各種織機の比較試験を行った。その中には、海外の有力メーカーの機械に混じって豊田佐吉の自動織機もあった。これは日本最初の力織機であったが、未だ欧米の織機に比べると故障が多かった。豊田佐吉は連日機械の下にむしろを敷き、機械の調節に苦心したのであった。この有様から工場の幹部からは、成績が上がらぬとして非難の声が上がったが、武藤は「かつて産業革命の旗手であった英国は機械の発明、開発に力を入れ、大成功を収めた。我が国もいつまでも外国の機械に頼っていてはいけない、今こそ新しい国産の機械を開発していかなければならない。今、豊田の自動織機を据え付け、このため損失を出したからといって発明を援助したと思えば何でもない。心配するな」と激励したと言われている。

これを聞いた豊田佐吉は「一日も早くこの機械を完成し、鐘紡に与えた損害を十倍、百倍にしてお返ししたい」と言って、感涙にむせんだのであった。

豊田織機を採用、後の総合経営の礎を築く

佐吉の努力もありこの織機は完成し、鐘紡はこれを採用したため、これがきっかけとなり、他多くの紡績が豊田の織機を導入したのであった。

呉錦堂氏を中心に武藤山治（右）と八木與三郎氏（左）

このように「日露戦争」は鐘紡に巨大な資本の蓄積をもたらしたのであったが、武藤はさらに戦後も引き続き継続した好景気の波に乗って、織布兼営だけではなく、ガス糸、絹糸、絹布、絹紡糸にも進出し、後年の総合経営の礎を築いたのであった。

順風満帆の鐘紡であったが、突然思わぬ事件が勃発する。それは鈴木久五郎による鐘紡株の買い占めであった。

中上川彦次郎が亡くなった後、三井財閥の実力者であった井上馨の指示により、中上川が手塩にかけた事業は次々と売り払われた。しかし鐘紡は、たしかに三井は大株主ではあったが、独立した会社であったから直ちに手を触れることはできなかった。むしろ井上も武藤の経営能力を信頼し、井上自身が兵庫工場を視察するということもあったのである。しかし、井上と中上川の間にあった角逐《かくちく》は何時までも尾をひいていた。「日露戦争」の際における三井銀行の鐘紡に対する融資拒絶は、それが具現されたものであったろう。

そして、ついに三井は明治39年（1906）井上の命令で鐘紡株の売却を決定したのである。そして三井の所有する鐘紡株は上海出身の華僑、実業家呉錦堂《ごきんどう》の手に移った。

鐘紡株が鈴木久五郎に買占められる

呉と武藤とはかねてからの知り合いで、武藤としては何かとうるさい三井より、経営上の事については干渉しない呉が鐘紡株を取得することは、むしろ歓迎するところであった。呉錦堂は浙江省寧波出身で上海において商才を発揮して財を成し、その後、明治18年（1885）に日本に来て活躍していた。

出身地は、綿の産地で彼はその原綿を日本に売り、それによりできた綿糸と北九州の石炭を中国へ輸出して多額の利益をあげていた。また、彼が他の中国商人との違う点は、現物取引だけではなく運輸も自分で手がけていたことであった。

当然、日露戦争においては原綿、綿糸の取引に加え、海上輸送で莫大な利益をあげていた。彼は明治34年（1901）に三越から鐘紡株が三井合名に移った時、一部の株式を譲渡されていた。そして彼は鐘紡の株主となり、取締役にも選任され一躍財界の名士となった。

しかし呉は思惑が何よりも好きな人間で、大株主という立場を利用して絶えず鐘紡株を操作して儲けていた。武藤もこのことを本人に注意していたようであるが、彼の思惑好きはおさまらなかった。ところが、おそらく明治39年の暮れか、明治40年（1907）初め頃、何時もの通り呉は株式市場に空売りをかけた。しかし、いつもなら下がるのであるが、少しも下がらない。不審に思って次にまた少し売ってみるが依然として株は下がらない。むしろ上がって行く。さらに売るがまた上がる。とそういうことを繰り返していたが、これは今でいう仕手が介入していたのである。結局呉は、自分の持ち株全部を市場に売るというような羽目となる。

そして彼は仲買から追加の証拠金（追敷・追証）を要求されることになる。その後制度が変わり現株を持って売りつなぐ者は現株を取引所に提供しておけば追敷（追証）を支払わなくてもよいことになったが、当時はたとえ現株を持っていても三ヵ月先を売っているのであるから、受渡の時が来るまでは、値段が上がっているだけ追敷を支払わなければならなかった。

この仕手は当時30歳そこそこの相場師鈴木久五郎であった。鈴木のバックになっていたのが安田財閥の安田善次郎であった。鈴木は日露戦争において日本が必ず勝利すると確信して、いろいろな株を買い漁り、その後の高騰で大きな利益を手中にしたのであるが、鐘紡株も呉錦堂のちょっとした思惑の隙をついて買い煽り、買い占めを進めたのであった。

呉錦堂も当然これに対抗し、武藤も両者の間に入って調整するが、最後に話し合いは決裂して鐘紡株の大半は同年、全部鈴木の手に落ちる。武藤は自叙伝『私の身の上話』の中でそのいきさつを次の通り述べている。

呉錦堂を三菱に同行、断られるも破滅から救う

「私は平素呉錦堂に相場を控えるよう注意して居りましたが、事茲に至っては何んとか彼の窮状を救う途を考えてやらねばならぬ。さりとて到底私の力の及ぶところではありませぬ

から、私は呉錦堂を同行して三菱銀行神戸支店に木村氏を訪ね、事の成り行きを御話して何んとか金融を得る途はありますまいかとご相談申上げましたところ、現株を売りつないで追敷に困ることは誠に気の毒のことであるが、そういう金の融通は銀行の営業範囲外であるから、気の毒ながらどうする事も出来ぬとのことでありましたが、漸く呉錦堂が自ら上京、銀行部門の責任者である豊川良平氏にすがることについては異存はないとの事で呉錦堂は急遽上京、豊川氏を訪問して委細の事情を訴え、特別の援助を懇請しました。何れ木村氏より右の事情を豊川氏に通知してあったと見え、豊川氏は呉錦堂を引見され本人より委細の話を御聞き取りになり、左様の事情ならば三菱銀行としては相場の金を貸すわけにはいかぬが、売りつないだ株は必ず引き渡すの条件のもとに受渡の時まで追証の金を融通することを承諾せられ、三菱銀行本店の指揮により神戸支店にて鐘紡に対して特別融通を受ける事になり、呉錦堂は破滅から救われました。若し豊川氏によって金融に途を得なかったならば、呉錦堂は追敷の金に困って現株を持ちながら法外な高値で討死するを余儀なきに立至る外ありませんでした。豊川氏から初対面の呉錦堂に臨時金融を承諾されたのは、多数の買方が寄ってたかって現株を持つ一人の売方である呉錦堂を追敷責にして殺そうとした其の行為が如何に相場の場所といっても正しくないというところにあったのであります。一つの戦場である取引所の売買の上で一方を助けることは、一方を不利に陥れる結果になりますから、かような勇断は恐らく豊川氏ならではで何人も応じられないことであります。世の中の事は何事も運命でありまして、あの時呉錦堂のためにも鈴木氏のためにも良い解決法はあったのですが、僅かの事で示談は整わず、其の結果は敗れた呉錦堂が助かり、勝った鈴木氏は安田銀行より金を借りて実株を受取らざるを得ない羽目になり、ついに財界の反動と共にその株を安田銀行に渡さねばならないことになり、折角の勝利を転じて失敗に帰しむるに至りました。当時私は鈴木氏と折衝してついに意見の一致を見ずして別れましたが、私の受けました氏の印象は極めてよろしく、其の後時々当時の事を思い出す毎に鈴木氏の事を思います。鈴木氏は当時30歳位で年が非常に若かったが、自分もまだ漸く40歳を越えたばかりで一歩も譲らずそのためあいう結果となりましたが、双方共に今少しく世故に長けていましたら他にもっと円満なる解決法もあったろうと当時を思い出す毎に追懐いたします」

いったん鐘紡を去るも再び社長に返り咲く

そして結局臨時総会が開催され鈴木の主張する倍額増資が決定し、朝吹専務と武藤支配人は退任して鐘紡を去ることになる。明治40年のことであった。

しかし鐘紡の株を手中に収め、経営権を握った鈴木も矢張り株屋であって、経営にはずぶの素人であったから、会社の経営はできなかった。社内でもこれではついていけないと武藤の復帰運動が起こり、まもなく監督という職名で復帰する。そして明治40年秋、日露戦争後の反動不況により株式相場は暴落し、最後に鈴木の持つ鐘紡株は全量安田銀行に移り、鈴木も鐘紡から去った。

かくして、翌明治41年（1908）1月の定時総会において再び武藤は鐘紡に迎えられ、専務取締役（事実上の社長）に就任し、大正10年（1921）には正式に社長となり、以後昭和5年（1930）に辞任するまで鐘紡の経営に携わったのであった。武藤と鈴木、呉錦堂の真剣勝負については、村松梢風氏の小説、近世名勝負物語の一編「黄金街の覇者」に詳しく述べられている。

第3話 「軍事救護法」制定を機に政界進出

復帰するや初の外債発行に成功

“四大紡績”の一角を占め業界で不動の地位を築く

さて、鐘紡に復帰した武藤は復帰するや我が国で初めて外債の発行に成功し、今まで誰もが実現できなかった偉業を成し遂げ世間を驚かせたのであった。それは明治41年1月、フランスの商工銀行より200万円を導入したことであり、特筆すべきはこの導入は三井、三菱銀行の保証のみで無担保であったことである。いかに鐘紡の経営がすぐれたものであったかを如実に示しているのである。

この出来事は、まさに破天荒なことであり、後に三菱財閥の総帥となる、当時は三菱銀行神戸支店副長であった加藤武男氏は、このことを評して「武藤君は書生が下宿で考えているようなことを尖端を切って実現せしめたのである」といっている。何事においても謙虚であった武藤が自伝において「このことは我が金融界上記録すべき一つの大きな事件と申してもよからふと思ひます」と自負しているように、画期的な業績であった。

こうして武藤は、鐘紡を舞台にその手腕を縦横に発揮して、経済界において不動の地位を占めたのであった。当然鐘紡もまた大きく伸長した。即ち大正のはじめには鐘紡は、紡績41社中の資本の半ばを占める東洋紡、大日本紡、富士紡と四大紡績の一角を占めるに至った。

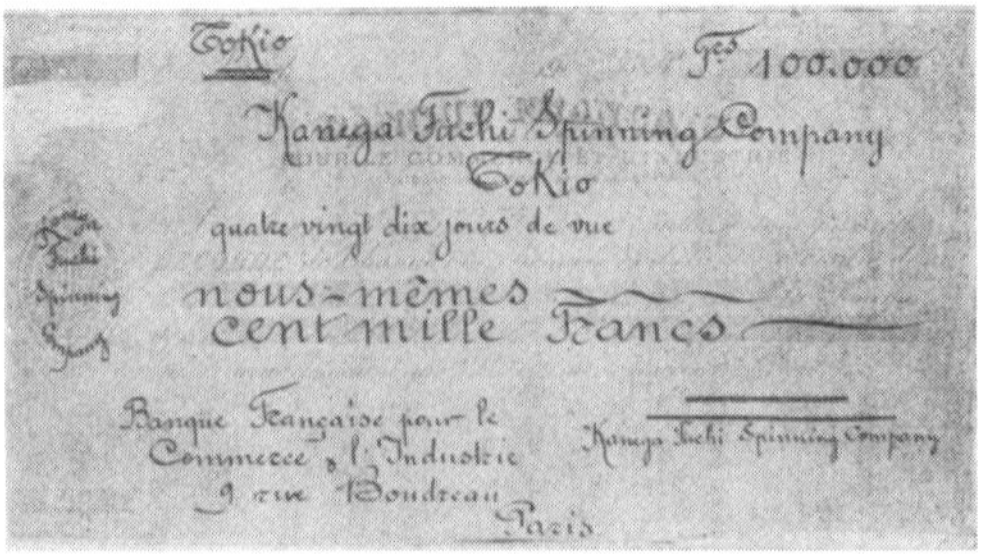

90日サイト鐘紡振出仏文小切手10萬法

そして大正3年（１９１４）に勃発した第一次世界大戦は経済界に未曽有の好景気をもたらした。紡績業界は、勿論その恩恵によくしたのであるが、中でも鐘紡の発展はめざましく、すでにふれたように明治38年（１９０５）から付加価値の向上を目指して乗り出していた織布の兼業に加え、大正5年（１９１６）から開始していた染色漂白加工も社業に大きく貢献したのであった。

そして大正7年（１９１８）には「鐘紡研究所」を設立して製品の向上と新製品の開拓に傾注し、この年には株式の配当率、実に7割という高配当を実施し、大正11年（１９２２）迄の5期に亘り継続するという快挙を成しとげたのであった。さらに鐘紡は、戦後の不況と恐慌に際しては潤沢な「積立金」を活用して危機を乗り切るとともに、弱小紡績を買収、合併して資本の集中を図り、まさに巨大な紡績会社にまで発展したのであった。これもひとえに武藤の力に負うところが大きかった。

第1回国際労働会議に参加　日本的経営の優秀さ開陳

このような武藤の業界における快刀乱麻を断つ大活躍は、同時に我が国紡績業を象徴するものであった。事実鐘紡の躍進は、当時先進国英国を追い越し、綿業における世界制覇への道をひたすらたどりつつあった日本紡績業界の発展の足取りと、軌を一にするものであった。

こうした状況の中で、武藤は大正8年（１９１９）のワシントンで開催された第1回国

大正８年10月から11月へかけてワシントンで開催された第一回国際労働会議出席の委員（右側、中ほど矢印の所に武藤山治の席を見る）

際労働会議（ＩＬＯ）に資本家を代表して参加し、その哲学とする温情主義に基づく日本式経営について積極的に意見を開陳し、当時後進国とみなされていた我が国の国際的地位の向上に多大な貢献をはたしたのであった。

たしかに日本紡績業の国際的な強みは、低賃金の女子労働者が封建的な名残をとどめる農村から、無限にといってよいほど流出してくることは、何人も否定することのできない事実である。そしてこの低賃金に加えて問題となったのは、労働時間が深夜業を含め長いことであった。武藤は彼持前のヒューマニズムの立場からも、この弊害について認めることには決して吝《やぶさ》かではなかった。しかし、彼が資本家として参加した第１回のＩＬＯにおいては、あくまで一個人のヒューマニストであるよりも、より強靭な産業資本家であった。すなわち「この深夜業が好ましくないことは何人も異論のないところであるが、突如としてこれを禁じることは産業界の秩序を乱す」という理由で日本の紡績業界を代表して「即時深夜業禁止案」に反対し、自己の経営する鐘紡が如何に職工を優遇しているか、「鐘紡従業員待遇法」を英文により紹介し、満場を驚かせた。結局各国が深夜業禁止を採択したにもかかわらず、日本のみ例外を認めることになったのであった。そしてこれは昭和4年（1929）まで継続することになる。

自由主義の実学を身をもって実践した先駆者

たしかに当時の紡績女工に対する待遇は過酷であったことは、細井和喜蔵の「女工哀史」に云うとおりである。しかし、武藤は決して空想的なヒューマニストでもなく、かつ脆弱な自由主義者でもなかった。いわば武藤は恩師福澤の遺訓である自由主義の実学を、まさに身をもって実践した先駆的な産業資本家である。いいかえれば、彼は旧態依然たる紡績業界に対して、米国で体得した独自の企業家精神を「日本的」企業の中に移植して、ついに鐘紡王国の建設に成功したのであって、その経営手腕こそ高く評価されなければならない。国際労働会議は、いうならば白人社会が新興の日本紡績業を押さえ込む主旨で開かれたものであったが、武藤は見事それに一矢を報いたのであった。

会議終了後武藤は、ワシントンからかつて苦学したサンノゼのパシフィック大学を訪れ、日本および東洋の図書を収集することを条件に多額の寄付を行っている。それは武藤ライブラリーとして現在も大学に大切に保存されている。

〝家族主義〟の理念を基に「鐘紡共済組合」を設立

武藤が鐘紡の工場経営において採用した特徴は、いわゆる明治維新以来、近年まで続いている家族主義の採用で、これこそ日本的経営の最たるものである。具体的に彼がどのような手法を展開したかについては、「鐘紡従業員待遇法」の中に集約されている。

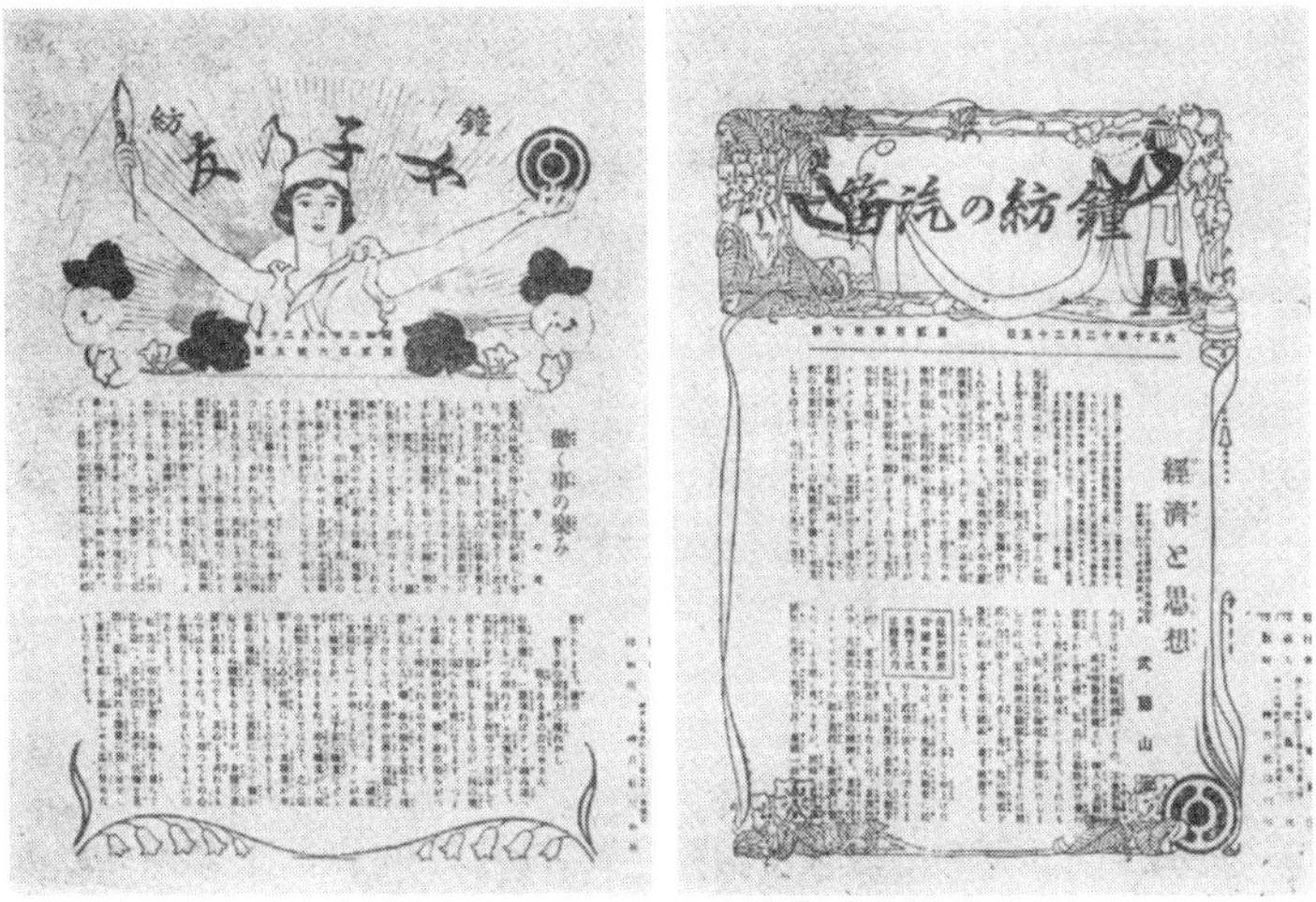

我が国最初の社内版新聞・「女子乃友」と「鐘紡の汽笛」

それは先ず、第一に「鐘紡共済組合」の設立である。これはドイツのクルップ製鋼会社で行われていた制度にヒントを得たものであったが、明治38年（1905）にわざわざ定款を設けてこの「鐘紡共済組合」を設立した。この組合は「我が国における相互扶助制度を民間会社が初めて実行した」ものであり、その後各会社が競ってこれにならったのである。大正15年（1926）に国家として「健康保険法」が作られるが、それまでこの組合の果たした役割は実に大なるものがあった。

わが国初の社内報となる雑誌2誌を発行する

第二に注意箱の設置と雑誌の発行であった。武藤は欧米の印刷物に常に注意を払っており、注意箱はアメリカのナショナル金銭登録機社で行われ、上下の意思疎通に多大な効果を収めていることを知り、直ちにこの制度を取り入れたのであった。しかし、この制度の運用には武藤も随分と気を使ったようである。得てして、このような制度は上下の関係に軋轢を生じさせるおそれがある。従ってその実施には細心の注意を払った。すなわち注意箱の隣には次のような文言が書かれていた。「当会社使用人及び職工にして会社の業務上何事を問わず善意を以て直接小生に注意せんとするものは書面に認め此函に投入相成度、小生自ら開函検閲し、有益と認むる注意は之を採用し、且相当報酬を与ふ可し。但し、無名の者は之を没書とする。明治36年6月支配人」

雑誌については「鐘紡の汽笛」「女子の友」という2誌が発行された。いずれも我が国最初の社内報である。その他年金制度、貯金及び送金、慰安娯楽施設、病院、寄宿舎や食堂など衣食住に関する施設、はては結核療養所迄設けられたのであった。

「女工哀史」、でも鐘紡の家族主義と温情主義称賛

一方では武藤の温情主義経営に批判の矢を向ける者達もあった。紡績工場における女工虐待の歴史は長く続くのであるが、その実状を細かく伝えた細井和喜蔵の「女工哀史」大正14年（1925）は有名である。しかし、その細井ですら武藤山治に代表される鐘紡の「家族主義」と「温情主義」に基づく従業員の優遇については、その著書の中で鐘紡賞賛の言葉が随所に見られるのである。資本主義経営は、利潤を求めるものであるが、武藤はこの苛酷な法則の許す限界まで個人の良心を貫いた当時としては珍しい経営者であった。

だがこれら温情主義経営に対し吉野作造、河上肇などは真向からこの考え方を否定してい

る。すなわち労働者の待遇改善は上からほどこされるのではなくて、労働者自らが勝ち取るものであるという考え方である。特に京都帝国大学教授の河上肇と武藤との温情主義をめぐる大正9年（1920）から続いた論争は有名である。論争はマルクス主義を信奉する河上と温情主義の武藤とでは当然噛み合わないまま、河上が論争の場から卑怯にも去り、武藤の勝利に終わったと私は思っている。

誰も手を付けなかった「軍事救護法」に挑む

このように温情主義経営という哲学によって裏打ちされた武藤の鐘紡経営はまさに順風満帆であったが、この実業家としての活動の中から彼は、政府として誰も手を付けることのできなかった法律の制定を一民間人として成しとげたのであった。それは「軍事救護法」の制定であった。

大正3年（1914）第一次世界大戦が始まり、我が国は連合国側として中国の山東半島のドイツの租借地であった青島を攻撃するため、実に5万人の兵士を新たに動員する。このため働き手を失った家族の中には貧困にあえぐ者達が続出したのであった。そして単にそれだけではなく、明治27年（1894）～28年、明治37年（1904）～38年の日清・日露の大役で生じた戦死者、戦傷者の数は多数にのぼり、食いはぐれたいわゆる戦争乞食が巷にあふれたのであった。当時路頭に迷う廃兵、遺家族の数は実に56万人に達したといわれている。

武藤の正義感は、この悲惨な状況に大きく刺激されたのであった。武藤は自費を投じ、神戸に「出征軍人家族、廃兵、戦病死者遺族援護調査事務所」を設立し、積極的な調査活動を行い国家の犠牲者に「社会保障」を提案したのであった。武藤は、当時の大隈重信首相に対して戦死廃兵の家族を救済するための法律を作るよう強く働きかけるが、大隈内閣はこの運動に対してきわめて冷淡であった。武藤は多忙な鐘紡経営のかたわら、大正3年から約2年間、毎週土曜日の夜行で神戸から上京、翌日曜日は、大隈や尾崎行雄などの有力政治家のところを回り、法案の必要性を説き、その制定に奔走したのであった。そして、その日の夜行でまた神戸に戻り、社業に携わったのであった。一方陸軍、海軍は自己の範囲に部外者たる武藤が介入することを嫌い、武藤は社会主義者であるとして憲兵の尾行がつく始末であった。しかしそのようなことでくじける武藤ではなかった。彼は当時の東京帝国大学教授「天皇機関説」で有名な美濃部達吉博士に独自に法案の作成を依頼する。武藤と一面識もなかった美濃部博士は、武藤の熱意と法の必要性に強く共感し、わずか一週間で法案を作成したと伝えられている。

彼はこの法案をもって議会に積極的にその成立を働きかける。その後紆余曲折はあったが、また武藤にとって決して満足の出来るものではなかったが、大正6年（1917）「軍事救護法」は発布されたのであった。その後彼は折あるごとにその改正を目指して活動を続ける。しかし、武藤はこの活動を通じて民間人としての力の限界を悟り、政界への進出を考えるようになったのではないかと思う。

政界に進出、初となる「首相公選論」を唱える

武藤は、大正10年（1921）に正式に鐘紡の社長に就任する。（それまでの役職は専務

取締役であったが、実際には社長であった。）そして彼が社長に就任したこの年はまた金融恐慌勃発の年でもあった。

翌大正11年には株式相場が暴落してその後は昭和に向けて不況が慢性化していった。武藤はこのままの状況が続くなら社会主義の膨張は避けられないのではないかと、極めて強い危機感を持つようになった。そしてその頃から民衆の生活向上に努めていくとともに、政、官、財の癒着など社会の不正を是正していくため自ら政界への進出を決意したのであった。

実業同士会時代　大阪天王寺宅にて。婦人同志会倶楽部主催の講演会の武藤山治

彼は大正10年に『政治一新論』を著し、この中で総理大臣の任期は3年程度として国民の一般投票により決定することを提案している。いわゆる首相公選論を最初に唱えたわけである。そして、その後武藤は推されて大日本実業組合連合会委員長となるが、これにより全国の中堅商工業者をまとめて政治的な発言力を持つようになる。そして大正11年には営業税の全廃を目指す運動を先導したのであった。そしてこの実現を図るため代表を国会に送ることを考え同志を募り、政党として実業同志会（後に国民同志会）を発足させ、会長に就任する。

国会議員と兼務しながら数字が業績の成果示す

大正12年（1923）9月関東大震災が起こり、社会不安が増大する。翌大正13年（19

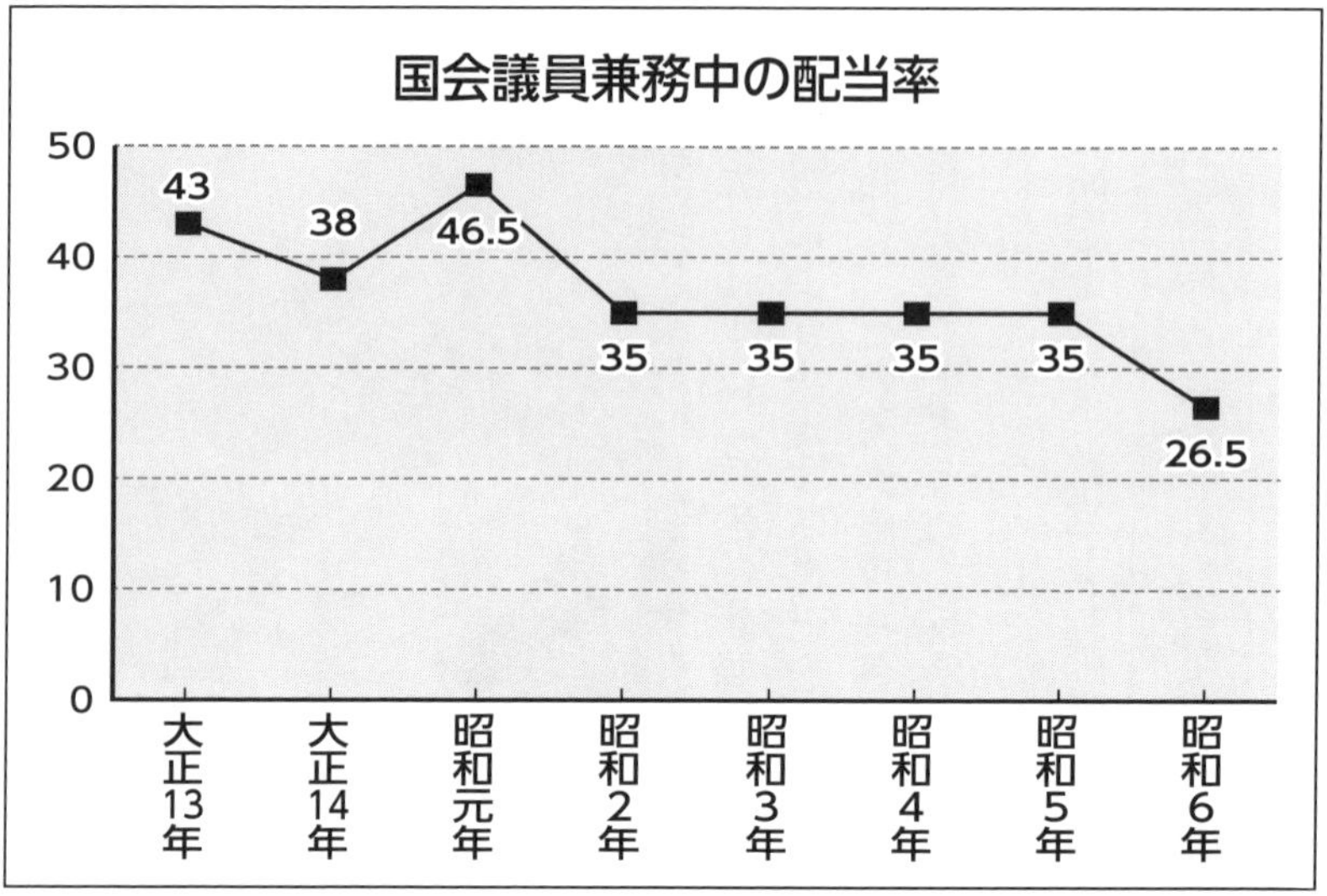

２４）武藤は、実業同志会を率いて衆議院議員選挙に出馬し、武藤を含めて11名が当選した。

武藤は、鐘紡の社長のまま国会へ進出したのであったが、その経営には盤石の自信をもっていた。すなわち株主全員にその賛否を問う書状を送り、その判断をあおいだのであったが、圧倒的な多数の賛同を得たのであった。

その裏付けとなる経営数字を見ると、その配当率は、大正13年43％、同14年38％、同15年（＝昭和元年）46・5％、昭和2年（１９２７）35％、同3年（１９２８）35％、同4年35％、同5年（１９３０）35％、同6年（１９３１）26・5％となっており、昭和5年に彼は鐘紡の社長を辞任し相談役となるが、いずれにしても国会議員と兼務でありながら本業の成績は誠に立派なものである。

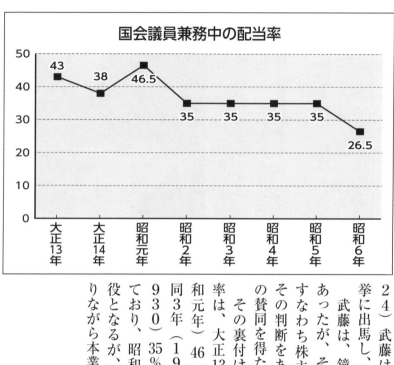

第4話　偉業成し遂げるも暴漢の銃弾に倒る

異色の政治家・世界一の紡績会社・時事新報再建

富国強兵一辺倒から各階層の調和めざす

①一国の盛衰は政治の良否による。

②社会主義への危機感から、富国強兵一辺倒の政治から各階層の調和を図る政治を目指す。

このような考え方を基にして、彼は少数政党を率いて積極的に活動する。具体的には、時の大蔵大臣濱口雄幸氏とは、一年生議員にもかかわらず経済問題を巡り華々しい論戦を展開し、マスコミにおいて帝国議会で初めて経済に関する真剣な議論がなされたとの評を得る。

国民同志会時代　昭和５年４月21日衆議院に於いて井上蔵相に対する国民経済死活の問題につき質問演説中の武藤山治

彼は、議員になった翌大正14年（１９２５）に当時ベストセラーとなった『実業読本』を著す。また翌年には『実業政治』を上梓する。この両書は今日でいうところのマニフェストであり、この中で彼は小さな政府と予算の徹底的な効率化、さらに「鉄道、郵便、郵便貯金、簡易保険、電信、電話の民営化」を唱えたのであった。その他詳細は省くが、関東大震災により生じた、本来は庶民の救済のため考えられたのであるが、途中から政治力の強い御用商人を利する震災手形問題に積極的に取り組む。さらに昭和4年（1929）アメリカに起こった恐慌が全世界に波及して我が国の不況が深刻化したにもかかわらず、井上準之助蔵相が強行した旧平価による金解禁に断固として反対したのであった。実際井上準之助の金解禁は大失敗に終わり、国民は塗炭の苦しみを味わうことになる。

昭和７年２月第60議会、国民同志会の各代議士。最後列から前へ２列目、左奥から４人目が武藤山治

政治と実業にギャップ感じ議会解散を機に立候補中止

昭和3年（1928）普通選挙が初めて実施されるが、その内容は買収の横行など極めて憂うべきものであった。それに加えてこの頃から無産政党が急激に伸張し、武藤の危機感は高まった。彼の政治的な主張は客観的に見て正しいものであったが、率いる同志会の議員の票は伸びなかった。そこに政治と実業の間にある大きなギャップを感じていたのではないかと思う。その頃から彼は、民生、政友両党の政権のたらいまわし、一部資本家と政治家の悪辣きわまる癒着、一方ではそれらに対して無批判な無知な大衆、また無産政党の台頭を目の当りにして、自分の理想と現状

との余りにも違う深い溝に思い悩むようになった。そして彼がやってきた実際の政治活動がはたして国民を目覚めさせる最良の方法であったのかどうか、重ねて悩むことになる。そして昭和7年（1932）1月の議会解散に伴い立候補を中止する。

時事新報が経営危機に直面　恩師のためにと立ち上がる

こうして国民の政治意識を根本から改善することを目標に政治教育を一からやり直す意図で、社団法人國民會館を設立し、政治教育の普及と徹底に努力しようとするのであった。しかし、彼の運命はあらぬ方向に逆回転していくのである。すなわち昭和7年、政界引退を待っていたように恩師福澤諭吉が設立した時事新報社が経営の危機を迎えていた。福澤につながる門人達門野幾之進、福澤桃介、池田成彬等はこの時事の危機を救うには武藤しかいないと目を付け、最初強硬に固辞していた彼もついに恩師福澤の為に立ち上がり、昭和7年春からわずか2年弱で時事新報社の立て直しに目処をつけるのであるが、昭和9年（1934）3月9日、時事新報に連載していた「番町会を暴く」の記事が災いしたのか北鎌倉駅の付近で狙撃され、翌3月10日67歳で死去したのであった。

昭和８年、竣工当時の國民會館正面入り口と西側石造りの階段

武藤の戦いは、時事新報における社会悪との戦いで終わった。余りにも経営者として傑出していたが故に、まさに鐘紡

は、日本一いや世界一の紡績会社として君臨した事は何人も否定しえない事実であろう。ここで武藤が鐘紡に在社中残した大きな出来事を一つ書き記しておきたい。

ブラジル移民、積極的に推進　胡椒栽培で大成功もたらす

武藤は、昭和3年（1928）に鐘紡を中心にブラジルへの移民を推進するために設立された南米拓殖会社に大きく関わってきた。そして翌年に最初の移民を送り出す。移民先は、アマゾン河口ベレンに近いトメアスであった。第1回の移民は約200名であったが、鐘紡の手厚い応援はあったが赤道直下で気候は最悪で、最初に目指したコーヒー栽培には失敗し、マラリアの発生などもあり移民が離散するという壊滅的な結果となる。しかし、当時鐘紡の社員で南米拓殖の仕事に従事していた臼井牧之助氏は、移民船が立ち寄った当時英国統治下のシンガポールから持ち出し禁止の胡椒（ピメンタ）の苗20鉢を密かに持ち出し、これを船上で育てたところその内のごく一部が生育し、これをトメアスに移植すると、胡椒は土壌に合っていたのか良好に育ち、その後、爆発的に増殖して文字通りトメアスは、後に世界の胡椒相場を左右するほどの大成功をおさめたのであった。これは山治が亡くなってから約20年後のことである。余談であるがこの胡椒をもたらした臼井氏は、女優の小山明子氏の父上である。

トメアスの失敗と成功物語　フジTV開局記念作品に

このトメアスの挫折と成功の苦闘の物語は、角田房子氏の著書『アマゾンの歌』に詳しく、また劇的に描かれている。そしてこの物語は、後にフジテレビ開局20周年を記念して同名の

テレビドラマが製作されている。出演は主人公が仲代達也で武藤山治は滝沢修が演じている。このドラマの中で武藤が功を急ぐ南米拓殖社長の福原八郎氏に「移民事業は5年や10年で成功するものではないよ」と諌める場面がとても印象的である。事実その成功には実に20年以上の歳月を要したのであった。

トメアスは移民の最成功例　今年は入植90周年記念

武藤山治の墓（トメアス日本人墓地）

トメアスは、ブラジルにおける日本人移民の最も成功した例とされており、トメアス出身の日系人は、ブラジルでは一目おかれる存在である。

２０１９年は入植90周年を迎える。体力が許せば出来る事なら是非参加したいと思っている。トメアスには開拓に功労のあった日本人の墓が入植50周年を記念して建立されている。移民推進の発案者、功労者武藤山治の墓を中心に南米拓殖の福原八郎、千葉三郎、そして臼井牧之助諸氏の墓が並んでいる。

「番町会を暴く」で政官財癒着を追及するも銃弾に

さて、昭和５年（１９３０）１月20日武藤は自分が定款に制定した社長の任期は「３年３期を越えずに」の規定に従って社長を勇退したのであった。大正13年（１９２４）から続け

時事新報の再生に畢生の努力を払った山治は、脱いだことのない上衣もとり大童になって奮闘した。

ていた政界活動は昭和7年（1932）1月まで続けるが、その後同年4月に経営危機に陥っていた恩師福澤諭吉が創立した時事新報社において、事実上の社長である相談役としてその再建に全力を傾ける。武藤は鐘紡式の経営手法を時事新報社でも実践し、自ら毎日社説を執筆し、新聞広告を精力的に獲得、また紙面において我が国初めての色刷りを成功させるなど他紙との差別化を図る一方経費の節減と新聞の拡販に注力する。その甲斐あって昭和8年秋には部数の顕著な増加もあって業績は赤字脱出を目前とする状況となったのである。

しかし、昭和9年1月から紙面に政、官、財の癒着を暴く、後に帝人事件に発展する「番町会を暴く」という連載記事を掲載したのであった。この記事は大変な評判を呼んだのであったが、その連載も終わりに近づいた3月10日武藤は劇的な最後をとげたのであった。

山治勇退後、長尾良吉社長、津田信吾が副社長に就任

それでは武藤が鐘紡を勇退してから鐘紡がどのような運命をたどるかを繙《ひもと》いていきたい。

武藤山治が昭和5年（1936）1月勇退すると社長には営業のベテランであった長尾良吉が就任した。この時、目をひいたのが取締役の末席にあった津田信吾の副社長就任であった。

津田信吾は明治14年（1881）愛知県岡崎の出身である。その後福井に移り福井中学を経て慶應義塾に学んだ。津田は学生時代から紡績業に興味を持ち、卒業論文は「日本紡績論」であったと聞いている。津田は、鐘紡に入社して文系の学生のほとんどが志望する事務とは反対の工場勤務を望んだのである。そして明治40年（1907）兵庫工場の庶務係として鐘紡社員としてスタートするが、彼は見習社員に課される単調な事務作業に飽きたらず、かねてから望んでいた工場技術の習得を福原工場長に願い出て、当初は技術全般の概要を勉強した後、織機部門に移り、休日を返上して工場の中で織機と取り組んだ。当初は大学出に何が出来るかと白い目で見られていたが、謙虚に教えを乞うという態度と強い研究心のため周囲から一目おかれる存在になっていった。

間もなく工場長は津田の探究心旺盛な熱意と習得した技術力を買って主任に抜擢する。その後、鐘紡の技術全般を統率する高辻奈良造は津田の熱心さ、確かな技術力を評価して、津田が30歳の時突然岡山の西大寺工場転勤を命じ、同時に技師長に任命したのであった。さらに後に工場長となる。

当時の西大寺工場は他社と合併したばかりの工場で、風紀は乱れ、生産性は上がらず、手の付けられない状況下にあった。津田はこのようないじけた従業員の意識を向上させるため慣例を破って下層の作業員の中に入り、彼等と汗まみれになって仕事をした。そして朝7時から夜11時まで働き、山治の若い時と同様休日もほとんどないという毎日を過ごしたのである。

その結果、津田の人柄は従業員の共感を呼び、わずかな期間でどうしようもなかったオンボロ工場は見違えるような模範工場に変身したのであった。

淀川工場（大正十三年）

武藤山治が津田を抜擢登用　淀川工場長として腕を振るう

話は遡るが大正5年（1916）武藤山治は大阪市の都島淀川分流の河畔に染色、加工工場の設立を考えた。糸から布、さらに身につける衣類までの一貫生産こそ繊維産業が目指す究極の理想の姿であった。武藤には合併を重ね鐘紡を追撃する東洋紡をこのさい引き離そうと考えたのである。

僅かの間にガラクタ工場を模範工場に仕上げた津田の実力は武藤の注目するところとなり、大正5年染色、加工工場の建設が着工されるが、その責任者として35歳の津田信吾を工場長に抜擢する。

津田は使命をはたすべく寝食を忘れ任務に没頭し、設計から工事の一切に至るまですべてを一身に引き受け、当時の総額1500万円を投じた巨大プロジェクトに全身全霊をもって取り組んだのであった。

その後淀川工場は次々と拡張され、世界的な規模を誇る大加工工場となったのである。津田は工場長として存分に腕を振るい、武藤が引退した昭和5年（1930）には末席の取締役から副社長に抜擢されたのである。

そこで少し時間の針を戻して武藤が去った後起こった鐘紡のストライキについて触れておこう。

株式暴落きっかけに大恐慌　給料カットで遂にスト突入

昭和4年（1929）ニューヨークの株式暴落をきっかけに、世界的な大恐慌が起こり、我が国においても輸出が急激に減り、株式相場は下落し、経済界は大混乱に陥った。政界では井上準之助蔵相の誤った金解禁政策が経済界に更なる不況をもたらしたのであった。この恐慌により実に米価は半減し、綿糸の価格は34％下落した。紡績業は当然操業短縮に出るが効果は上がらなかった。武藤の去った後の鐘紡経営陣はこの苦境を乗り切るため昭和5年4月思い切った賃下げ案を発表したのであった。その内容は「来る10日より戦時手当を廃止して改めて一律30％の特別手当を支給する」というものであった。

戦時手当とは、大正時代の第一次世界大戦の際起こったインフレに対応した臨時手当であり、社員には本給の60％、工員は日給の70％を別に支給してそれがそのままずっと継続していたのである。従って今回の賃下げ案によれば社員は本給の30％、工員は日給の40％がカットされることになった。実際には臨時手当は大きな額であって、その時点では従業員は潤ったのであるが、それが10年以上も続くと従業員にとっては臨時という感覚がすっかり薄れ、今回の減俸だけが重く感じられるようになったことは否定できない。これは所得税の特別減税が、その後取りやめられると国民が増税感を味わうのと同じである。また本件では会社側の従業員に対する説明も配慮を欠いたものであった。即ち職制の説明だけで、提案の背景や、現状の認識などについて十分に従業員への浸透が図られなかったのである。

このため従業員にも不満が鬱積し、そこへ労働総同盟などが介入し、マスコミも温情主義の鐘紡が賃下げかと格好の材料にして書き立てたため、会社側と労働者側の話し合いは不調となり遂に兵庫工場、淀川工場は56日間のストライキに突入した。

矢面に立った津田副社長　一歩も引かぬ手腕に評価

しかし争議が長引くと争議団の中から脱落者も出始め、争議を指導する幹部の中で意見の食い違いも生じてきてストライキは終息に向かっていく。この争議において会社側で矢面に立ったのが津田副社長で一歩も引かず争議指導者と相対し、争議を収束させたのであった。

争議終結の解決案は次のとおりであった。賃下げは会社案の通り実施、そのための収入減は幸福増進資金その他で埋め合わせる。新しい30％の手当ては本給に組み入れる。

津田副社長が社長に就任

鐘紡の争議を見守っていた他の紡績会社も鐘紡のリストラ策に見習って、給与については戦時から続いていた残滓を切り捨て、国際競争力を高めることによってその後の発展のためのバックグラウンドを確立したのであった。このことにより津田信吾は一躍世に知られるようになり、争議解決後の6月30日に社長に就任した。

第5話　戦前の津田信吾社長の功罪

ニューヨーク株暴落で大混乱、綿糸34％下落

山治、金解禁をめぐり井上蔵相と激しく対立

金解禁をめぐり、議会で武藤山治と激しく対立していた井上準之助蔵相は、緊縮財政の下に旧平価による金解禁を断行したのであったが、武藤が反対していたこの政策は、世界恐慌もあいまって日本経済に大混乱を巻き起こしたのであった。不況の渦巻く中で民政党若槻内閣が倒壊して政友会の犬養内閣が成立し井上財政は終わり、高橋是清蔵相による積極財政が展開されたのであった。高橋は金解禁の禁止を断行したため、円の価値は暴落したのであった。しかし、この結果綿織物の輸出が急増して日本経済は急成長を遂げたのであった。

津田氏は「今こそ輸出を増やす絶好のチャンス到来」と見て、紡績機械12万錘、織機3千台を増設し、更に新設の淀川工場の晒加工設備を一気に2倍に拡大したのであった。昭和8年（1933）は日本の綿布の輸出が英国を初めて凌駕した記念すべき年である。

現地紡績工場を買取り日本式経営に改善成果

一方競争相手の英国も黙っていなかった。英国は、日本をインドなどの属領から追い出すため、高関税の網を張り巡らし対抗したのであった。津田は、内地の設備を大幅に拡大する

鐘紡の本部

一方、朝鮮、満州への紡績業の進出を図った。そして、それは綿だけでなく、スフ、人絹に迄及んでいったのである。更に北支の天津を目指し、経営が悪化していた華人経営の紡績工場を買収して鐘紡式の経営を導入することにより、短時間で大きな成果を上げたのであった。その結果、鐘紡の現地の工場は紡績設備30万錘、織機6千台を擁して大陸進出への大きな役割をはたしたのであった。

津田が大陸で頼ったのは日本軍部であり、その肝入りで繊維産業への進出を先ず図ったのであったが、現地を訪れて津田が感心したのは、満州は日本には全くない地下資源（鉄鉱石、石炭、石灰石、アルミ、金、石綿）の宝庫であることであった。彼が考えたのは「このような大地で繊維製品だけを製造、販売していくだけでは勿体ない。この地を開拓して貧しい人々を先ず豊かにして民心を安定させることこそ根本である」という事であった。

豊富な資源活用、繊維工業、重工業、化学工業へも進出

そこで彼が今後の方針として打ち出したのは、「軍部と密着して鐘紡は繊維工業、重工業、化学工業の三本立てで進む」という事であった。しかし、昭和12年（1937）7月、北京郊外の盧溝橋で戦闘が始まり、鐘紡の工場にも大きな被害が及んだ。しかし津田の信念はいささかもゆるがなかった。一方津田は、微妙な問題を抱えていた。即ち社長の任期問題である。事実上の創業者武藤山治は、一人の社長に長期にわたり権力が集中することを避けるため、大正10年（1921）に社長の任期は「三年三期を超えず」という定款をつくった。事実彼は昭和5年（1930）自らつくったこの定款に従い社長を辞任し、相談役となり会長の任にすら就かなかった。津田は恩のある武藤に反逆するつもりはなかったと思うが、昭和9年（1934）3月、武藤は不慮の死を遂げ、津田には重石となるものがなくなっていた。津田はこの際この定款を変更して鐘紡を牽引していくのは自分しかないと思ったに違いない。「武藤に対する裏切りだ」とか、「唯我独尊だ」という批判もあったが、これを無視して社長に居据わり続けたのであった。

三本柱実現で財務悪化するも三倍増資を強行

一方津田が抱えていた大問題は、内地の設備の大増設に加えて繊維と重工業、化学工業の三本の柱を確立するため海外に進出して、これに要した借入金を如何にして返済するとともに、悪化した財務内容を改善するにはどうすれば良いかということであった。

鐘紡の配当は、昭和2年（1927）の恐慌以来かつての7割配当から2割5分にまで下げていたが、それでも他社、例えば東洋紡の1割8分に較べれば高率であった。これが可能であったのは武藤前社長以来の過去の膨大な蓄積によるものであったが、今や津田の無謀な拡大政策により昭和9年の外部負債は資本金5千万円の3倍にも及ぶものとなっており、この改善は喫緊の課題であった。このため早急に3倍の増資が必要であった。しかし日支事変が起こると増資は簡単にできないという法律が施行され、鐘紡は大変難しい立場となったが、新しく蔵相に就任した三井の総帥池田成彬は「固定資産は借金ではなく株式資本で賄うべきだ」という正統的な意見を持っていたため、株主総会においては①配当は2割5分に据え置く②倍額増資を行う③別会社として鐘淵実業株式会社を設立して紡績加工以外の新事業を順次移行させる。また資本金は6千万円とする④増資後の配当は鐘紡2割、鐘淵実業8分とする。ということに決定し、事実上の増資は3倍ということになった。

国策に翻弄「一社一業」超え幅広い分野へ進出

このようにして新しく出来た鐘淵実業を母体として大陸において、大鐘紡コンツェルンを目指していく事になった。

日支事変が進展すると、津田は鐘紡の事業範囲を大きく拡大させ、化学工業、重工業、さらに機械・航空機工業などの他、お茶やわさびなど迄生産し、創始者武藤山治の「一社一業主義」の大方針から国策遂行の名のもとに大きく外れていった。特に目をひく業種を紹介すると次のようなものがある。

1、日本初の国産合成ゴムの生産
（鐘紡研究所発明によるブダジエン系合成ゴム）
2、航空機工業の推進
（イタリアのフィアット社と提携し、航空機の国産化を図ったが終戦までに一機も飛ぶことはなかった）
3、極洋捕鯨との提携

海軍航空機用落下増槽製造　籔川工場。敗戦までに6,125基制作。

（南極海でとれた鯨の油を石鹸の原料とする。）

その他昭和電工と共同で純ニッケルの生産を開始して、これは成功をおさめている。また、「鐘紡ディーゼル」「鐘淵機械工業」なども設立、そして昭和19年（1944）2月、鐘紡と鐘淵実業は合併して鐘淵工業が発足したのであった。これは国をあげての戦いに備えるため津田の方針を具現したもので、紡績、織機械は次々とスクラップ化されていったのであった。

本土の空襲激化で本部を淀川へ移転、戦火を回避

日支事変が長引き泥沼化して、時局は益々厳しくなっていった局面で、「紡績業界は少数の代表者によっ

て業界全体の意見をまとめる必要がある」という考え方に統一され、結局百万錘単位の十社にまとまることになる。これがその後の十大紡の由来である。

そして昭和19年になると米空軍の本土に対する爆撃が行われるようになり、東京、大阪を始めとする大都市や軍需工場を有する地方各都市もその対象となった。この情勢に鑑み津田は伝統のある兵庫工場から本部を大阪の淀川工場に移転することにした。周囲からいろいろ反対も出たが、兵庫工場はその後、昭和20年（1945）の関西大空襲により灰燼に帰したが、淀川工場は、戦災を免れたのであった。結果論であるが、津田に先見の明があったといえよう。

大陸へ飛躍するも敗戦　津田構想破綻で大打撃

同年8月15日、津田以下全従業員が本部の事務所前に集合した。ラジオから流れた玉音は敗戦以外の何ものでもなかった。時局を見誤り、軍部と結託して大陸へ大きく飛躍することを企てた津田の構想は、この瞬間脆くも潰いえさったのであった。

津田の構想は、日支事変の前から太平洋戦争の最中にかけ、国内の生産増強にとどまらず、アジアの各地へも進出して活動することであった。しかし、敗戦の現実は厳しかった。内地に78ヵ所、海外に123ヵ所あった鐘紡の事業所は、国内の28ヵ所を残して失われてしまった。しかも戦災による内地の被害は大きかった。実に130万錘もあった紡績設備はたったの16万錘が残ったに過ぎなかった。ウールの設備も9割がなくなり、かろうじて絹紡、製糸の設備があちこちの小さな工場に残るのみであった。当時の鐘紡の従業員数は内地2万740

0名、外地2300名、応召された者6千名、合計で3万5700名という膨大なものであった。

津田社長A級戦犯で巣鴨へ釈放されるが体調悪く死去

会社としては、先ず引揚者や復員従業員を出来るだけ受け入れる方針を打ち出していたが、ここに思わぬ事態が発生する。同年12月占領軍によって津田社長は、A級戦犯容疑者として巣鴨拘置所に出頭するよう命令を受けたのであった。津田としてはある程度覚悟はしていたが、はなはだ心外なことであったであろう。しかし、大陸で軍部と共に軍事産業を推進、拡大した事は事実であり、鐘紡100年史にはこの戦犯の事にはほとんど触れられていないが連合国側の心証を著しく悪くしていたのは、戦前、戦時中の津田が英国に対してとった言動、行動であった。たしかに日本は昭和8年（1933）に英国を抜いて世界一の綿業国となったのであるが、これに対して英国は原料である綿花の輸出を制限すると共に、日本の綿糸布の海外輸出に輸出枠を設定するなど様々な妨害措置をとった。当時日本紡績連合会の会長であった津田は、これに対してあらゆる機会をとらえて英国攻撃の論陣を張っていた。これを理由に津田に「排英主義者」「主戦論者」であるというレッテルを張り付け、津田をA級戦犯容疑者に持ち込んだのではなかろうか。巣鴨の拘置所に入ってから津田は急激に心身共に衰え脳出血の発作をおこし、一時は重篤な状況となる。しかし、入所後半年たった5月末に無罪釈放となり大阪の自宅に帰ることが出来たが、そのまま健康を取り戻せず昭和23年（1948）4月に死去した。

約5千人を解雇するも公職追放令で人材失う

鐘紡の戦争による特別損失は、当時の金額で実に12億4千万円というもので、十大紡績の3分の1を占めていた。加えて海外からの引揚者や復員従業員も多数迎え入れねばならなかったが、国内の事務所は壊滅状態で迎え入れる場所には限りがあったのである。やむを得ず津田のあとを継いだ倉知四郎社長は人員整理を行い、実に4885名の解雇を断行した。しかしGHQ（占領軍総司令部）はこの鐘紡の苦境に追い打ちをかけるように、政界の有力者や戦時中の財閥関係者、資本金1億円以上の会社の役員の総退陣を命ずる「公職追放令」を昭和21年（1946）1月に発したため、多くの企業経営者は追放の憂き目にあい、鐘紡に於いても屋台骨を背負っていける人材が一切表舞台から姿を消したのであった。次に津田氏の経営を次の通り総括したいと思う。

父の金太から聞いた津田社長についての話

余談になるが、かって津田を批判した記述に関して彼の縁者の方からきついクレームがつき困惑したことがあったのであるが、私の文章はあく迄歴史の事実に基づき、彼と直接触れ合うことが多かった私の父親の金太から聞いたことに基づき組み立てたもので、いわば客観的にして何等間違ったものでないと信じている。しかし縁者の方にとっては、我が祖父武藤山治が私にとって絶対的な存在であるのと同様な解釈を自分の祖父にも持っていたのではないかと思う。あくまで津田信吾は武藤山治あっての津田であり、武藤は創造者、津田は言い過ぎかもしれないが破壊者である事が理解出来ないところに問題があると今も私は強く思っている。

かつて、私は次のように津田信吾を論評した。すなわち、津田は若くしてその才能と努力を認められて若干47歳で鐘紡社長に就任した。しかしながらストライキを解決し、その後英国綿業をしのいで世界一の座を獲得した日本綿業界の指導者としての輝かしい前半と、軍国主義日本の尖兵となって支那大陸へと多角経営に傾斜した後半とには著しい落差を感じるのである。武藤は経営を津田に任せたのには違いないが、彼の積極的過ぎる性格には一抹の不安を抱いていた。武藤にしてみれば時事新報社の再建に渾身の努力を傾けている中で、自分に忠実な津田に当面経営を任せたのではあるが、自分自身にこのように早く死が訪れるなど考えてもいなかったに違いない。

「三年三期」の社長在任反故にし独裁体制築く

武藤の死後重石の取れた津田は社内的に独裁体制に入って行く。

業界においては、関税問題の解決を成しとげるなどの業績がある一方、武藤の堅実経営とは、大きくかけ離れた経営姿勢をとり始める。具体的には大陸への進出や前述のような多角経営に余りにも大きく手を広げた結果、武藤山治の経営理念である、株主には一切迷惑をかけないという伝統を破り、何度も増資を繰り返し、しかも山治が自ら制定し実行した「社長の任期は三年三期を超えず」という定款さえあっさり反故にして、社長に居据わり続けたのであった。

山治の長男であった私の父親は、美術史の研究者で会社の経営には全くの素人であったが、見るに見かねて個人の大株主として津田に何度も物申したことがあったようである。しかし、彼は姑息にも二流以下の赤新聞に「経営を知らぬ学者」と書かせたそうである。彼は万事派手好みで本部を兵庫工場から淀川工場に移転した際、内装をすべて西陣織とした極めて贅沢な迎賓館を作ったりした。確かに芸術的な面では好き嫌いは別にして大変優れたものであったが、工場こそメーカーの基本であるという山治の考え方からすれば大きく逸脱したものであった。

敗戦で野望は根底から打ち砕かれ人生終える

我が国の支那大陸への進出に呼応して、鐘紡の進出は止まることを知らなかった。一方繊維部門以外への拡大は広範囲にわたり、鐘紡コンツェルンといわれるまでになったのであった。しかし、昭和20年（１９４５）８月15日の敗戦により、津田の野望は根底から打ち砕かれ、戦争中の軍国主義に対する協力者として戦犯に指定された。翌年容疑が晴れて出所するが、昭和23年（１９４８）67歳で寂しくこの世を去る。日本の敗色が濃厚になった頃、父は津田から次のような言葉を聞いている。「武藤さん、今までは本当に面白可笑しくやってきましたが」

このように津田の経営は一敗地にまみれたが、しかし彼の業績を客観的に眺めるならば軍国日本に肩入れした負の部分が相当高いと思う。その反面非繊維部門の進出は、戦後相当の恩恵を鐘紡とそのグループに残している。具体的には、化学部門は戦後独立して鐘淵化学（現カネカ）となり、化粧品部門はある時期鐘紡を支えたドル箱であった。そして鐘紡本体は消滅したが、現在も花王系列のカネボウ化粧品として存続している。東京電気化学（現ＴＤＫ）はフェライトを工業化した当時のベンチャー企業であったが、これを側面からバックアップしたのが津田であったことはほとんど知られていない。

ＨＤＤのヘッド部品に目を付けたのは津田社長

フェライトは、電子材料や電子部品の他ハードディスクドライブ（ＨＤＤ）のヘッド部品すなわちパソコン、ＤＶＤに記録するためには無くてはならないものである。このフェライトに目を付けていた津田も矢張り並の経営者ではないと思う。津田の経営は只今述べたように功罪相半ばというより、その後の鐘紡崩壊の基になったとは云い過ぎかも知れないが、私はその後の経営者、すなわち武藤絲治、伊藤淳二両社長の経営に大きくマイナスの影響を及ぼしたことは否定できないと思う。

最後に父金太は生前面白いことを言っていたのでこれを紹介したいと思う。

父曰く「鐘紡という会社は面白い会社だなあ。創成期には武藤山治のような堅実無比にして、かつ大胆な経営者が現れた。軍国主義日本では津田信吾のような軍部に迎合する経営者が、戦後アメリカによる占領時代には武藤絲治のような英語の得意な経営者が現れた。さて今度の伊藤淳二という人は全く知らないが、どのような事になるであろうか？」

第6話　戦後復興に邁進した武藤絲治社長

破局寸前の鐘紡、平和産業へ邁進

敗戦で戦後の鐘紡の前途に暗雲たれ込む

ディオールショー

終戦後の昭和20年（1945）12月3日、津田社長はA級戦犯容疑者として指名され、社長を辞任して巣鴨に収容されたのであった。後任には倉知四郎氏が指名された。倉知社長の眼前には戦災復興対策、平和産業への転換、外地事業の喪失に伴う善後処置、食糧事情や労働組合など問題が山積していた。何しろ敗戦直後のことであり、鐘紡の前途には暗雲がたれ込め、特に大陸からの多数の引揚者、復員者が帰還する中で、内地の工場も爆撃で機能不全におちいっており、それらの社員を収容する余地は全くといってよいほどなかった。倉知はやむを得ず社員の整理をするという苦衷の決断をせざるを得なかった。

倉知　四郎

武藤　絲治

中司　清

倉知社長のリーダーシップで破局を救う

昭和22年（１９４７）の鐘紡の状況を『鐘紡１００年史』により見ると、内地工場従業員2万７３４７名（76・３％）外地工場従業員２３３７名（６・65％）応召せる従業員６１６４名（17・２％）、合計３万５８４７名となっており、倉知社長はこれらの従業員は一人でも多く内地の工場に収容しようと努力を重ねるが、当時の状況は、これを許さず、ついに人員整理のやむなきに至ったのである。そしてまた人員の問題だけではなく、鐘紡を取り巻く状況は厳しいものがあった。倉知は設備復元のために必要な膨大な資金の手配、物資の確保等にリーダーシップを発揮して苦心惨憺の上、破局寸前の鐘紡を平和産業への全面的転換に邁進したのであった。

ＧＨＱの公職追放令で倉知社長他４名が辞任

ところが昭和21年（１９４６）1月ＧＨＱは、日本政府に対して「指導的な戦争遂行者及び協力者」を対象に、すべての公職、要職からの追放を命じたのであった。いわゆる公職追放令である。具体的には戦争中資本金1億円以上の会社において、首脳となっていた人達はほとんどその該当者となり、鐘紡においても倉知社長以下4名の常務がその指定を受けた。また追放の指令とは関係なかったが、9名の取締役が後進に道を開くため勇退したのであった。

辞任した倉知四郎は武藤山治イズムの信奉者で、どちらかというと津田社長の軍国日本に対する迎合については兼ねてから苦々しく思っていた。いわば津田のブレーキ役であった。倉知の追放、辞任が決まると、鐘紡役員の中でその後を狙ってうごめき出したのが名取和作氏であった。名取は、かねてから鐘紡の経営に触手を動かしていた。彼は慶應義塾卒業後、古河鉱業に入社、その後、欧米留学を経て富士電機製造の社長となるが、才子ではあるが実力が伴わず、そのくせ野心家であり陽の当たる場所への指向が強かった。余談であるが、一時（昭和6年）経営の傾いた時事新報社の社長に就任したが、社業の回復をはたせず、武藤山治が登場せざるを得ない状況をつくった内の一人が名取である。

昭和22年、武藤絲治が社長となり、再建へ

その後津田社長に取り入り鐘紡の取締役となっていた。この彼が、倉知の後釜を狙って蠢動し始めたのであった。倉知はこの動きに心を痛め、彼は戦後の鐘紡の復興には、年齢は若く、かつその力は未知数ではあるが、故武藤山治の子息である絲治こそがこの非常時において適任ではないかと考え、その方向に動き出したのであった。そして、昭和22年（1947）6月25日の取締役会において倉知社長が辞任し、取締役社長に山治の次男絲治が選任されたのであった。しかし、同時に取締役副社長となったのが中司清氏であった。中司氏は絲治よ

り年長で、かつ津田の下で大陸において活躍し、その実力は自他ともに認められる存在であり、また常務となった山田久一氏も実力者で、この二人の存在が、絲治社長に一抹の影を投げかけていた。

ＧＨＱは同年、経済民主化の総仕上げともいうべき過度経済力集中排除法を公布し、紡績会社においても繊維以外の多角経営の排除や、一業種への専業化を図ることを企てるが、後にこれでは産業復興が阻害されるとして、一部を除き十大紡績としての存続が認められたのであった。

再建整備を進めるため「鐘淵化学工業」を設立

戦後の鐘紡の復元は、同業他社に比べて極度に減少した設備のもとでの再出発であった。当然復元のための費用は借入金に依存せざるを得ず、巨額の戦時負債を背負ったままであったため（大陸への投資）、同業他社に比べ財務的に大きな負担となったのである。鐘紡の再建は当然繊維部門を中心に進められていったのであるが、この中で社長と中司副社長との間にはもう一つしっくりしないものがあった。ところが再建整備の具体案が進行していく中で、化学工業部門を分離して別会社化する案が実行に移されたのであった。昭和24年（１９４９）4月、石鹸、マーガリン、イースト、苛性ソーダ、医薬品、化粧品等を業務内容とする鐘淵化学工業が設立され、中司副社長が社長に就任したのであった。

このようにして繊維以外の事業は鐘淵化学（カネカ）に移り、鐘紡は本来の繊維専業会社として歴史と伝統のある昔日の地位を回復すべく、新しいスタートを切った。そうして先ず綿紡に加えて手がけたのが戦前から着手していたレーヨン事業であった。

朝鮮戦争特需で膨大な利益、だが反動で苦戦

さて、戦争により大きな痛手をこうむり、再出発した鐘紡を含む綿紡諸会社に大きな転機をもたらしたのが、昭和25年（1950）6月に勃発した朝鮮戦争であった。これは繊維産業に特需発生と輸出の増大という予期せぬ大活況をもたらしたのであった。

この結果、鐘紡においても綿紡、毛紡、レーヨンとすべての部門で異常ともいえる活況を呈して販売額は増加し、売上高は昭和25年上半期54億9千万円が26年（1951）上半期には247億4千万円と、実に2・6倍の売上増となり、純利益も26年上半期は18億7千万円となった。当然配当率も高まり25年3月期の1割8分から26年9月期には4割という高率配当となった。しかし、このような動乱ブームは短期的な好況に止まり、動乱終了後には、反動不況が到来し、やがて設備過剰と生産過剰が綿紡だけではなく繊維産業全般に慢性化していくのである。

綿紡績を始めとする繊維産業は、朝鮮動乱を奇貨（珍しい財貨）として設備は戦前の水準まで回復したが、昭和30年代に入るとナイロンやポリエステル、アクリルなどの合成繊維が伸びつつあった。それに加えて台湾、韓国などの新興国による価格の安い綿糸布が国内の市場を侵食してくる。このため業界は大幅な操短により、この危機を乗り越えたのであった。また紡績各社においては、多角化を進める動きが顕著になる。具体的にはナイロン、ポリエステル、アクリル、ポリプロへの進出などが見られたのであるが、いずれも東洋レーヨンや帝

人など、合繊専業の会社が先行していたため、後発の綿紡各社は苦戦を強いられたのであった。

化粧品事業を買い戻し仏社と提携二次製品へ

鐘紡は合繊では先ずナイロンを手がけ、また一度は鐘化に移した化粧品事業を買い戻し、再びカネボウブランドの化粧品を扱うことになった。その他フランスのクリスチャンディオール社と提携して二次製品にいち速く進出するなど、二代目の絲治社長の出足はなかなかのものであった。しかし実際には、絲治社長と山田久一副社長との間の角逐が激しくなり、その調整に右翼の大物が乗り出すなど、前途に暗い影を投げかけたのであった。

昭和39年当時の化粧品大井工場

《絲治社長の歩み》英ファンレー塾で学ぶ

ここで簡単に、私にとっては叔父である絲治社長のプロフィールを述べておきたい。彼は明治36年(1903)山治の次男として生まれるが、慶應の普通部を出た後、当時世界的に有名であった英国の教育者オルダーショーがつくったファンレー塾に4年間学んだ。本来ならそこからオックスフォード大学か、ケンブリッジ大学へ進学するところであったが、彼は、自ら実社会に早く出たいという希望をもっており、オルダーショーのもとを去って帰国する。帰国後父親の山治は鐘紡への入社は絶対に許さず、彼自身も日頃から興味を持っていたシルク事業に自ら携わりたいとして、先ず基礎を学ぶため絹業中堅の鹿児島県にあった昭和産業に入社する。ところがこの会社が山治の死後、鐘紡に吸収合併されたため、山治の意思に反して絲治は鐘紡の社員となるのである。時あたかも津田社長の全盛時代であったため、絲治は津田のもとで経営者としての階段を上って行くことになった。そして昭和12年（1937）には取締役となり、昭和22年、公職追放令で当時の倉知社長以下幹部が退職したため44歳の若さで社長に就任したのであった。

「3S運動」を掲げ〝運命共同体〟の経営

社章

3Sバッジ

絲治社長が誕生した際、それを快く思わぬ存在があったが、業績の方が何とか順調に推移したため、その後しばらくは人事面では波風は立たなかった。絲治社長が先ず取り組んだのは、彼の信念すなわち今後は人類、国家、企業は運命共同体であるべきだと考えていた。経営者、労働組合は人間でいえば欠かせない人体の一部であり、この二つが調和を保ってこそ健康な身体を維持しているのである。企業の本体、本質は資本金や機械や建物ではない。目に見えない実体（人の心）こそが本質であって、会社を生かすも殺すも働く人の心構えにあると考えたのであった。その結果このような考えを会社運動として推進することにして、その名称を「3S運動」として戦後の鐘紡再建の合言葉にしようと提案したのであった。そしてこれが全社的な叫びとなっていき、鐘紡を再建しなければならないという全社員の共通の願望が全社運動にまで発展していったのである。

3S運動とは、スピード、サービス、セイビングの三つを指す。これを当時の日本でスピードの欠如が目に余っていたこと、そして政治、産業、社会生活における奉仕の心は更に重要となること、また物資、財力の乱費を防ぎ、さらに時間を節約することはこれこそ有形無形のセイビングである。今こそ鐘紡にとってこの3Sこそ最も実現しなければならない重要な事項であるとして、この全社運動に全力を傾けたのであった。全社運動は現在の会社では当たり前のことで、多くの会社が実施しているが、鐘紡の3S運動はその走りといってよい。絲治は戦後バラバラになっていた社内を引き締めるため、この運動を推進し、成功をおさめたといってよい。

絲治が引き継いだ鐘紡は、戦時中の津田社長の多角経営のいわば後始末ということで、絲治は筆舌に尽くせぬ苦労を重ねた。戦後経済力排除法が施行され、日本経済に大きな動揺を与えたのであるが、彼はこれを機に戦時中の事業を大幅に縮小整備したのであった。また同時に津田色の一掃を図った。昭和24年には鐘紡は本来の事業である繊維一本に回帰し、それ以外の工業部門を独立させ、鐘淵化学工業とした。その他の非繊維部門、例えば鐘淵商事や鐘淵機械工業、同ディーゼル工業も切り離した。これにより繊維一本に戻った鐘紡は戦後の気息奄々の状況から再び生気を取り戻していった。

人間尊重の精神を具現化した絲治社長

絲治社長の信念が「人間尊重の精神」を具現化することであることについては、先に述べた通りである。絲治という人は人心を掴むのが極めてうまかった。例えば当時の鐘紡に行くと、いたるところに次のような標語が掲げてあった。曰く「鐘紡我が心にあり」である。これは父山治の「幸福は我が心にあり」から絲治が直々にとったものであるが、社員として本当に心に響く標語ではないかと思う。

鐘紡の経営は、昭和25年の朝鮮動乱を幸いとして急速に戦前の姿に復し、極めて順調に推移し、この間絲治は労働組合との関係をも良好なものとしたのであった。然し良い事は長くは続かない。朝鮮動乱により我が世の春を謳歌した紡績業界であったが、昭和28年（1953）を境にその反動が訪れる。すなわち急速に増えた過剰設備は業界に構造不況をもたらしたのであった。

昭和33年（1958）には鐘紡を含め大手紡績は不況に突入していったが、特に鐘紡の決算は実に9億3千万円という多額の赤字に陥ったのであった。特筆すべきは、新合繊のポリエステルは衣料用に適さぬとしてスフ綿設備の大拡張を行ったことが完全に裏目に出て、赤字の原因となったことであった。その他借入金が他社に較べ多いとか、売上利益率が低く、営業費の過大などが業績不振の理由としてあげられているが、最も鐘紡の本質的な問題として取り上げられるのは、絲治社長のワンマン化である。

「苦境脱出案」の英断　賃金15％カット実施

鐘紡の営業不振の本質的な問題を指摘すると「各組織は社長の直属となっていて、判断は全て社長に一任されているため直接責任の所在が不明である」という点に帰するといわれていた。絲治は不況対策として、次のような提案を組合に行った。

1、東京、博多、中津の三工場と山科工場の織布部門を休止する。

2、特別休暇の実施

3、1年間従業員の賃金を15％カット

この案は当然組合としては受け入れられるものではなかった。特に「賃金カット案」については強硬に反対した。しかし社長自ら「一年だけ辛抱してくれ。会社が良くなれば必ずその協力に酬いる」と確約したことによって、組合側は異例ともいえる「会社あっての従業員だ」としてこの会社案を受け入れたのであった。

この対応によって鐘紡の業績は急回復したのであった。そして戦後同業の中で低位をさまよっていた鐘紡は、昭和35年度の売上、利益とも十大紡のトップに躍り出し、賃金カットの返済約束も3年後に見事にはたすことが出来たのであった。この合理化案を実際に進めたのが、後に絲治に代わって鐘紡の全権を握る伊藤淳二氏であった。これ以降絲治は何かにつけ伊藤氏に頼ることになるのである。

『役員室午後三時』に描かれた伊藤淳二氏の暗躍

城山三郎氏の小説『役員室午後三時』を読まれた方は多数おられると思うが、この小説は、昭和35年（1960）の暮れに起こった絲治社長を社長の椅子からはずし、代表権のない会長に祭り上げたあらまし、いわゆるクーデターを書いた小説である。記載されている内容はおおむね事実に即したものである。これについて伊藤は自ら語っているが、役員会において絲治社長の会長への棚上げが図られ、実際のシナリオでは後任の社長に坂口分二専務が昇格することになっていた。しかし田中副社長が自ら社長を目指して動き出し、その結果絲治社長以外は全員が「武藤を代表権のない会長に棚上げ、田中副社長の社長昇格」を決めたのである。元々このクーデターは、伊藤が目論んだもので、そのストーリーは絲治の会長昇格、坂口専務の社長昇格であったが、田中の社長への昇格という予想外の展開となったため伊藤も辞表を提出して退陣した。しかし伊藤は武藤の復帰を目指して暗躍する。具体的には田中社長が64歳であったため社長の定年を65歳にするよう役員一人一人と交渉して65歳定年を実現してしまう。こうなると田中も社長にはなったものの任期は1年もなく、これでは十分に仕事は出来ないと考え、また当然武藤会長との間もしっくりしないため、坂口は、絲治を再び社長に戻す以外に解決の道はないと考え、田中に辞任することを訴え、共に退任することを迫った。この結果田中は社長就任5ヵ月で退任した。絲治は社長に復帰し、坂口も体調不良を理由に退任し、お家騒動は幕を下ろしたのである。しかしこのお家騒動の黒幕は伊藤淳二であり、その後は彼の力が急速に強まり、表面はともかく前途には黒い予感が感じられたのである。

第7話 鐘紡崩壊の元凶、伊藤淳二社長

絲治社長を祭り上げ実権を得て裏で巧みに画策

第一次ＧＫ計画で天然繊維から合成繊維へ

昭和36年（１９６１）、武藤絲治は社長に復帰するや「より偉大な鐘紡を建設して従業員の幸福に資する」ことを目標に、第一次グレーター・カネボウ建設計画（ＧＫ計画）を発表したのであった。これは天然繊維から合成繊維へ、また労働集約産業から資本集約産業への転換を図るものであり、綿紡績から出発した鐘紡にとって画期的なものであった。ＧＫ計画の背景は、高度経済成長を迎えていた我が国ではあったが、鐘紡を取り巻く状勢が大きく変わりつつあった。具体的には主力の綿紡を中心とした繊維産業は、国民生活における必需品であるから決して滅ぶものではないが、その原料、製

防府合織工場（繊維）

品とも激しい市況変動に左右され、厳しい国際競争下にさらされていた。

一方、従来輸出市場であった中国、韓国をはじめとする東南アジア市場は輸出国に変わりつつあり、我が国の競争力の源であった豊富かつ低廉な労働力にも大きな変化が生じてきていた。このような時代背景のもと打ち出されたGK計画の基本は

①原料から最終製品に至る一貫生産体制と販売網の強化、拡充

②合繊部門への進出

③非繊維部門への多角化推進（化粧品、食品、薬品等）

であった。

計画達成のため協調し「労使の平和共同宣言」

絲治の信念は新しい鐘紡への脱皮を目指すもので、これらの計画を成功させるためには労使間の協調を第一に考えるべきであるとして、昭和37年（1962）に労働組合との間で「鐘紡の存立と発展の源泉は従業員である」ことを明記した「労使の平和共同宣言」を行った。

第一次GK計画の終了する昭和39年（1964）10月期の成績は、売上高は計画482億円に対して719億円、経常利益も26億円に対し、31億円と大幅に計画を上回り達成された。この年は丁度鐘紡創立77周年に当たっていたが、第一次GK計画達成が見込まれていたこともあって、5月の創立記念日に絲治社長は新しく「従業員繁栄対策宣言」を発表した。内容は、当時としては驚くべきもので、ずばり「現行定年制の廃止」であった。すなわち男子従業員で健康を保持できる人は65歳迄の就業を保障するものであった。このことは世間に相当の

インパクトを与えたが、これの実現性と永続性に疑問を投げかける向きも少なくなかった。中には、絲治社長独特のパフォーマンスと言う人も多かった。しかし、絲治社長の定年制廃止をうたった『万事人間本位』という著書が爆発的に売れ、世の中の耳目を集めたことも事実である。

夙川の自宅へ帰らずホテルへ泊まり執務

絲治社長は、文字通り献身的にＧＫ計画の完遂に努力を重ねていた。それは社内外全体が認めるところである。会社が終わってからも彼は夙川の自宅には戻らず、大阪のホテルに泊まり込み仕事をしていた。

当時の彼を知る人の話を一つ紹介しておこう。老舗古美術商の集雅堂の店主、岡田一郎氏は、このような話をしてくれた。「絲治社長はお父さん（山治）の影響もあって古美術には目がなかった。当時はまだ父親が店を采配していた時代で、自分は絲治社長はよくお見えになっていたが言葉を交わしたことはなかった。しかし、品物を自宅にお届けにあがったことは何度かあった。ホテル住まいで頑張っておられるということは聞いていたのであるが、随分苦労されていることはよくわかった。店に来られる時の服装もワイシャツはヨレヨレ、ある時は靴下に穴があいていた事を覚えている。自分も若かったが社長というのはここまでやるものかと感心していた」。このようにホテルに泊まりこんで努力を重ねていた絲治社長であったが、同じホテルに伊藤淳二が同宿しており、当時何かおかしいなと思った事があった。ＧＫ計画すべてにおいてイニシアティブをとっていたのは同氏であり、絲治社長は極言すれば彼の傀儡にすぎなかったのではないか。

第2期、売上げ達成するも利益は大幅未達に終わる

執務中の武藤絲治社長

引き続き第二次ＧＫ計画へと移行したのであったが、第二次計画も昭和42年（１９６７）10月期には売上７５６億円と目標を達成したのであった。しかし経常利益は7億円と大幅な未達となり、厳しい状況に立ち至った。具体的には海外から導入した二次製品事業（クリスチャン・ディオール）が齟齬をきたし、困難をきわめて全体の足を引っ張った。さらに思わぬことであったが、昭和37年頃から取り組んできた近江絹絲および東邦レーヨンとの提携交渉も不首尾に終わり、鐘紡はアクリル事業化への手がかりを失った。鐘紡の経営状況は、第一次計画の急膨張により歪みも生じ、天然繊維の構造不況やスフの不振、多角化で収益向上を目論んだ食品、化粧品も販売不振で期待に応えることができなかった。労働組合もこのような結果を見て労使協議会において厳しく絲治社長の責任を追及した。このような時にこそ伊藤が組合を説得すべきなのに、彼は動こうとしなかった。武藤の心は、信用している伊藤との間の溝が深まっていくこ

とに焦燥感を持っていたが、かねてから自己の野心を満たす機会を狙っていた彼はついに直接行動に出たのであった。

「文藝春秋」に書かせたありもしない美談文章

城山三郎氏の『役員室午後三時』の中で矢吹こと伊藤が社長室で武藤に対して「さまざまな拡大対策、それに伴う粉飾、どこにも社長個人の意地やメンツが覗いています。運命共同体である鐘紡にとってそういう個人の意地やメンツは百害あって一利ありません。共同体の名において退いて頂くほかありません。退かれる社長には、前回はダイヤモンド計画に専念する大物社長という花道を用意しましたが、今度用意できる花道は社長が自分の意思で後継者を選んで円満に退いたという体裁です。それがせめてもの餞です」と絲治社長に迫る伊藤の姿を書いている。両者に確認できたわけではないが、実際そのようなものではなかったのかと思う。

昭和43年（1968）5月の取締役会において武藤は代表権のない会長となり、伊藤が後継の社長に就任した。彼はクーデターによる就任は世間体が悪いため、予定通りの禅譲であることを世間に知らしめるため絲治を半ば強迫し、「文藝春秋」誌に次のように書かせたのであった。「私は彼（伊藤淳二）こそ天が私に与えた人物だと思った。この10年間、私は精魂込めて彼を鍛えたつもりだった。私の頭の中の70％は彼に対する教育に使ってきたと言える」。深く事情を知らぬマスコミは、絲治の言葉を真向から信じてしまい、「次期トップを計画的に育てたのは立派である」「武藤社長の英断には驚倒した」などと紙面で絶賛したのであった。

恩義のある絲治社長に退職慰労金すら渡さず

しかし、伊藤の絲治に対する仕打ちは全くひどいものであった。会長に祭り上げられた絲治に対しては会長室も与えられず、その後伊藤自ら絲治に対して出社には及ばずと言い渡したと伝えられている。それだけではなくて伊藤は恩義のある絲治に対して公私混同の面があると言いつのり、退職慰労金との相殺を図り、功績のある絲治に対して退職慰労金すら渡さなかったのである。このことを進めたのは秘書室長をつとめた永田正夫であった。

舞子石谷山にて武藤絲治夫妻

永田はかつて絲治の秘書をして、随分と目をかけられていた。西宮にあった永田の家は絲治が買って与えたものである。それにもかかわらず永田は、以前から伊藤と気脈を通じており、まさに絲治に対してこのようなことまでして伊藤のご機嫌を伺ったのであった。

伊藤は、マスコミを通じてさもスムーズな交代であるように装っ

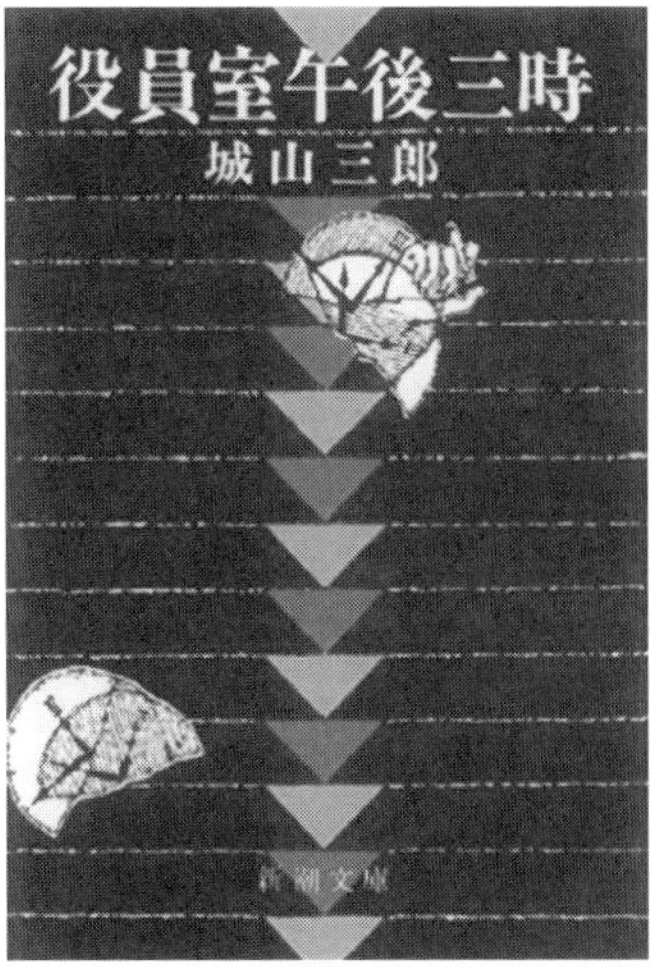

『役員室午後三時』

たが、世間はそう甘くはなかった。まもなくこれは伊藤が仕組んだクーデターであることを、関西財界では知らぬ人がない有様となった。前出の城山三郎氏の『役員室午後三時』に書かれていることはほぼ真実と言ってよい。クーデター事件により大鐘紡の実権を握った伊藤であったが、この裏切り行為はその後長く尾を引き、関西の財界では彼を見る目には、厳しいものが長く続いたのであった。

彼は前々から老人殺しと言われているように、高年齢の実力者に取り入ることに長けており、彼にまつわるいろいろな悪評をはらうため、鐘化の中司清氏を名誉会長にしたり、当時の三井銀行の小山五郎氏、さらには政界の大物、岸信介氏を相談役にしたのであった。武藤絲治に対する伊藤淳二氏のクーデターがあった2年後、昭和45年（1970）12月23日絲治は突然心臓発作に見舞われ、その日のうちに死去したのであった。鐘紡退職後は慶應義塾の連合三田会の会長に就任していたが、これは閑職にすぎず内心は鬱々としていたに違いない。

いみじくも伊藤社長に正面から言った母の言葉

私事になるが絲治が倒れる1週間ほど前、私は亡くなった当時鐘紡勤務の弟と、絲治の夙川の家を訪ねたのであった。用件は省くが余り気持ちの良い会見ではなかった。何分突然訪問したため主治医の松本秀俊先生（鐘紡の取締役薬品担当）が来られるというので用件のみで早々に退出したのであったが、これが叔父との最後の別れとなった。私共は叔父に余り彼の意に沿わぬ事を申したのであったが、後で松本博士から「絲治さんは君等兄弟の事をほめていたよ。兄は好い息子を持ったと云っていたよ」と伝言があり、もっと親身に話をすればよかったと後悔したのを覚えている。

もう一つエピソードを付け加えておこう。昭和45年に絲治が亡くなった時の事である。正直言ってその2年前、社長から実権の全くない会長室すらない会長に祭り上げられ、悶々と過ごしていた中での急死であったが、忘れられない思い出がある。絲治の遺体が安置されていた自邸の広間に親族が集まり生前を偲んでいたところ、その場に弔問に訪れたのが伊藤社長であった。その場には一瞬凍り付いたような気まずい空気が漂った。そしてその沈黙を破ったのが私の母文子であった。「伊藤さん、絲治を殺したのは貴方よ」。その後の展開がどのようなものであったかよく覚えていないが、今になってみるとずばり核心をついた母の発言に伊藤はぐうの音もでなかったであろう。後で鐘紡のある人に聞くと、伊藤は「武家の出の方は違う」と言っていたそうである。母は戦国武将丹羽長秀の後裔であった。

通算24年にわたり権力の座を占め破滅の道へ

社長就任当時、伊藤は45歳で、その後自分の思うままに会社を操ったが、社長の在任期間は実に16年、会長の期間が8年と通算24年間にわたり、権力の座を占めた。さらに、その後カネボウが解体されるまでの長期にわたり陰の権力者として影響力を行使し、隠然たる勢力を保持し続けたのであった。

伊藤淳二氏

彼は、事あるごとに「自分こそ武藤山治の『人間尊重』という大義を引き継いだ経営者である」と主張していたが、その実態を見ると、彼が後に著した『天命』などの本を読んでも、武藤山治に心酔している箇所はどこにもない。彼が武藤山治について書いたものはないかと他をさがしてみたところ、わずかに伊藤が山治について書いた文章が残っていた。それは、昭和55年（1980）発行の雑誌別冊太陽の「慶應義塾百人」の中の一人として取り上げられた山治を伊藤が書いているものであった。随分昔のことであったので再読してみたが、当時もそう思ったのであるが、これは伊藤が自分で書いたものではないなと直感した記憶がよみがえってきた。文章を折角なのでここに一部省略して掲載する。

「武藤山治は慶應義塾卒業後、2ヵ年間の在米時代とイリス商会などを経て明治26年三井銀行の神戸支店副支店長に採用された後、翌年鐘紡兵庫支店支配人となった。当時三井銀行の中上川彦次郎は大改革を進めていた最中であったが、その中上川が弱冠28歳の武藤を新しい兵庫工場の建設責任者に抜擢したのは尋常なものではない。

鐘紡は、その頃三井の出資を受けてその一分店のような会社であったが、いわば三井がテコ入れしている段階にあった。明治25年（1892）中上川会長は朝吹専務と図り「対中国輸出の拠点」として兵庫工場の建設を意図して武藤を初代の支配人としたのであった。武藤はその大任を果たすべく工場建設に異常なまでの努力と苦心を傾けた。

小田原工場（化粧品）

　武藤の生涯を支えたバックボーンには彼の座右の銘である「何事も人一倍の事を為すに非ざれば、人一倍の人となること能わず」に示された覚悟と決意であり、また「正義感と人道主義」につらぬかれた孤高の道であり、日本資本主義勃興期の創業的経営者の典型をここにみる。苦心と努力から生まれた工夫は、やがて鐘紡を日本一の企業にまで育成する偉大なる基礎づくりとして成果を挙げ、その精神は今日の伝統精神の裡に脈々と生き続けている。武藤は、企業の発展、産業の振興の大きな力となるものは単にその設備、技術によるもののみとは考えず、そこに働く人々の精神によることに着目して、その昂揚と自主的な協力心にまつことが大なることを確信し、自らこれを指導、実践した。これは後に鐘紡の経営は「温情主義的経営」と称せられるに至ったが、これは単に物的な福利厚生施設に止まらず、全従業員各層にわたるモラルを昂揚するための諸々の施策の集積であり、そこに一つの「哲学」があった。

　明治以降現在に至るまで行われている「提案制度」は当時きわめて開明的な制度で、従業員からの苦情を積極的に経営の中に組み入れるものであり、「意思疎通」の重要性について驚くほどの情熱と配慮をもって繰り返し指導している。これは現在でいうところのヒューマンリレーション・コミュニケーションの先駆的な考え方の実践であり、大正8年（1919）の第1回国際労働会議に山治が出席したころには、すでにすぐれた労務管理の成果をあげた開明的な経営者としての評価を得ていたのである。

昭和5年（1930）鐘紡の社長を引退するが、その後は自らの政党、国民同志会の会長として政治活動を通じ、さらに「時事新報」による言論活動など、山治の理想主義者としての生涯は相州鎌倉で一発の銃声に倒れる日まで続く。

論語を巧みに使ったが「論語読みの論語知らず」

一読して感じたのは、先にもふれたようにこれは伊藤自身の筆ではないと思ったことである。彼が本当に山治を尊敬していたならば、このような通り一遍の文章で終わるはずがない。字数は限られているが、もっと温情主義経営と山治の理想主義としての人柄について深く触れたのではないかと思っていた。案の定これを書いたのは後に『鐘紡100年史』を書いた山田毅一氏であった。山田は伊藤の姉婿で伊藤の指示で当たり障りなく書いたのであろう。

私に言わせれば伊藤は常日頃、孔子の論語の言葉を引用して経営の基本としていたようだが、彼こそ「論語読みの論語知らず」であると断言して差し支えない。伊藤が鐘紡の社長を文字通り乗っ取り破局の道を如何に進んだかを次に明らかにする。

第8話 循環取引が常態化し粉飾決算へ

『責任に時効なし』が舞台裏描く

伊藤氏は24年間トップの座に君臨、鐘紡崩壊まで続く

伊藤淳二氏が鐘紡の社長に就任したのは、昭和43年（1968）5月であった。それまでも実質的には社長の武藤絲治を公然として操り、実権を着々と掌握していったのであるが、この時、武藤を代表権のない会長に祭り上げ名実共に会社の全権を握ったのであった。それ以前から伊藤は会社の株式100万株を取得し、個人の筆頭株主となっていた。私の父金太は鐘紡とは全く関係はなかったが、このことを聞いて「一度絲治に注意しておかなければならないが、そんな金がどこから出たのだろうか」と懸念していたことを思い出す。

伊藤は、社長の在任期間16年、会長8年と表面的には24年間トップの座に君臨し、それは実質的には鐘紡が崩壊した平成20年（2008）まで続いた。

「化粧品事業」が最後は鐘紡を蝕むことに

社長に就任した伊藤は絲治のグレーター・カネボウ計画を引き継ぎ、労使運命共同体論（労使協調）とペンタゴン経営といわれる繊維、化粧品、食品、薬品、住宅の5事業からなる多角化路線を推進した。特にペンタゴン経営の中枢となった化粧品事業は、1970年代の

ペンタゴン経営の概念
一辺の長さが等しい正五角形の意味で、５つの各事業部門（繊維、化粧品、薬品、食品、住宅）が同等の経営業績を上げ、鐘紡全体の経営基盤を高め、ゆるぎないものとする。
「アメリカの国防総省」の通称。

高度経済成長期から80年代の安定成長期にかけて猛烈な営業攻勢と宣伝広告により売り上げを伸ばし、業界首位の資生堂を脅かすまでに成長したのであった。

しかしこの経営路線は結局後に鐘紡を蝕むことになった。何故なら伊藤の行きすぎた労使協調路線は、主力の繊維事業のリストラの足枷となった。またペンタゴン経営と言葉は美しいが、これは五角形の一辺が均衡していなければ機能しない。それにもかかわらず化粧品事業は十分好採算を維持していたが、創業以来の繊維事業は労使協調路線とその赤字を補填してくれる化粧品事業の存在をよいことに、合理化が少しも進まなかった。かえって伊藤の合繊事業への無茶苦茶な三大合繊に対する拡大策が足を引っ張り赤字化への道を進んだのであった。

合繊事業の無理な拡大策、結果的に大きな重荷招く

三大合繊事業（ナイロン、アクリル、ポリエステル）は装置産業であるから設備には莫大な資金を必要とする。営業経験の全くない伊藤はただ観念的に、業界トップの繊維会社である鐘紡は三大合繊を保有し展開すべきであると考え無理な拡大に走ったと見て差し支えない。

ナイロンは別にして、ポリエステル、アクリルについては最後発であった鐘紡にとって、

設備投資による借入金の増加は大きな重荷になると同時に営業面においても売れ行き不振、在庫の増加が会社経営に重くのしかかってきたのであった。一方食品部門では、買収したカネボウハリス、立花製菓が中心で、薬品部門では同じく買収した山城製薬の漢方薬が中心であったが、業界の大手には遠く及ばない存在であった。

このようにペンタゴン経営が行き詰まりを見せていた鐘紡に対し昭和48年（1973）、オイルショックが襲ったのであった。日本経済は大きな影響を受けたが特に鐘紡は内部留保を使いはたし大きな経営危機を招いたのであった。

金融恐慌に直面、山治の奇策が再生への道開く

武藤山治は、かつて明治33年（1900）の義和団事件（北清事変）の際起こった金融恐慌に直面し、資金繰りに窮して親会社の三井銀行にも頼ることができなくなり、やむなく三井の競争会社である三菱銀行に駆け込むという奇策によりそのピンチを脱したのであった。メインが頼りにならないからといってライバルの三菱に融資を依頼するなど普通の人では考えられないことであったが、山治はそれを実行した。またそれを受けた三菱も三菱である。普通ならそのような融資依頼は頭から拒否するところであるが、三菱は山治の経営センスを高く買っており、前代未聞の融資に応じたのであった。このことにより、山治は内部留保の必要性を痛感したのであった。そして、その後山治は増収と資本の充実に全精力を傾けていくのである。

「道を間違った」との責任転嫁は経営者失格である

このような先輩の努力に足を向けた伊藤氏は、まさに大変な経営危機を招いてしまった。昭和50年（1975）の構造不況対策協議会において彼は、「戦後30年間、我が社は戦前からの蓄積をほとんど使いはたし、巨額な借入金に依存せざるを得なくなりました。私の経営は日本経済の高度成長にタイミングを合わせ、いたずらに急ぎ過ぎました」と述べている。自分に経営センスが全く欠けていたことを棚に上げ「高度成長に合わせて道を間違ったのだ」などとは、経営者として失格という他はない。

翌年の昭和51年（1976）に入ってからも業績はさらに大きく悪化して、伊藤氏は抜本的な合理化を行うことができず、工場の一部休止や絹糸や食品事業の分社化などで表面を糊塗して鐘紡全体の決算をよく見せかけるよう事を進めたのであった。そして、翌年はついに無配に転落したのであった。これは武藤山治が社長として大正7年（1918）から12年（1923）まで実に5年間にわたり空前の7割配当を実施した輝かしい歴史からは、到底考えられないことであった。

少し生意気かもしれないが、私も平成4年（1992）から当時赤字で身動きが取れなかった大和紡績の社長に就任して再建にあたったのであるが、先ず会社の再建でやらなければならなかったのは赤字を如何に食い止めるかである。それには収益力の回復こそが絶対的な条件であって、表面だけを糊塗する、例えば赤字部門の別会社化とか、営業での金融取引などは絶対避けなければ黒字への浮上はありえなかった。大和紡績において先ず私が考えたのは、経費の圧縮を図ることであった。手前味噌であるが、具体的には実に経費を月額1億円圧縮して3年目に復配をはたしたのであった。

無配転落で辞表提出は彼一流のパフォーマンス

それに引き替え当時の鐘紡の経営は全く経済の基本を無視したものといってよい。無配転落に伴い「これは経営者として一切弁解のできないことです」と伊藤氏は神妙な口調で記者会見にのぞみ辞表を出そうとしたが、当時の三井銀行の小山五郎会長などから「貴方が辞めたら誰が会社を立て直すのか」と慰留され思い止まったと「文藝春秋」(昭和60年2月号)で述べている。私は、それは彼一流のパフォーマンスで辞める気は毛頭なかったと見ている。伊藤はそこで小山に頼み込み、三井の副頭取の青木郁朗氏を鐘紡の会長に迎え入れる。

世間一般の評では、これは伊藤の延命工作のための人事工作であるとの見方が専らであった。しかし、これは明らかに三井による鐘紡の銀行管理ではなかったのか。三井の容喙《ようかい》はこの時から始まったといってよい。ペンタゴンと呼ばれる五角形の事業経営を展開するマンモス企業がいとも簡単にこの世から消滅するとは、当時誰が想像したであろうか。ペンタゴン経営というからにはその一辺ができるだけ等しくなければ経営は安定しない。しかし鐘紡のペンタゴンは一辺の長さが余りにも違い過ぎた。

見当はずれに執念を燃やし強引に量産続け墓穴掘る

伊藤が最も力を入れた合成繊維はその設備のため莫大な投資を必要とする。しかも技術的な問題に加え東レ、帝人、旭化成などの先発企業にくらべて販売力が極端に弱かった。特にアクリルは最後発で文字通り先発各社の「カモ」となったのであった。それにもかかわらず伊藤は執念を燃やして量産を続け、これが粉飾決算のもととなったのである。

一方化粧品は主な競争会社が資生堂しかなかったため、鐘紡の収益源となった。彼は、一度は切り離していた「鐘紡化粧品株式会社」を昭和56年（１９８１）再度本体に吸収して表面を取り繕う。更に土地売却含みで伝統のある淀川工場の加工部門を長浜工場に移転。またスフ事業の分社化などを行うが、これらは大鐘紡全体から見るとまさに焼け石に水の小手先の合理化であった。かえってこれらは鐘紡全体の力を更に弱めることになった。

体質強化より逸脱した彼独特の拡大習癖が仇に

伊藤の考え方は、この機に及んでも経営体質の強化より事業規模の拡大に未練があった。後日明らかにされたのであるが、このころから鐘紡の粉飾決算が常時行われるようになり、これが鐘紡そのものの体質となっていく。

昭和59年（１９８４）伊藤は社長の座を常務であった岡本進氏に譲り会長に退く。しかし、伊藤は会長になっても最高会議の議長に止まり実権を握っていた。社長に就任した岡本は「いびつな正五角形をただす」ため、創業１００周年を目指して伊藤社長時代に掲げたペンタゴン計画の再構築を図る「プレセンチュリー計画」を発表する。しかし岡本の社長就任後、プラザ合意後の影響を受け繊維市況は悪化し、計画の最終年度では67億円という多額の赤字を計上し、有利子負債も実にこの３年間で４３００億円にも増大した。すでにこの頃以前から粉飾決算は日常的に行われており、前記の数字すら実のところ疑われてもしかたがない数字である。

日本航空の再建投げ出し社会から人間性問われる

伊藤が会長となった翌年（昭和60年）突然当時の首相中曽根康弘氏より、彼は日本航空の副会長就任を要請される。当時の日本航空は、墜落事故後の安全対策や10近くに分裂した労働組合との対立などの難問を抱えており、関西繊維業界において労働問題のエキスパートとして噂されていた伊藤に、何とかその処理をと期待するところがあった。ところが、誰が考えても常識から逸脱すると思われたが、彼は鐘紡会長と兼務なら引き受けるという条件を出したのであった。しかも平日は週2回、しかし土日の休日はできうる限り出社するという変則な勤務条件まで出したのであった。日航というナショナルブランド、しかも墜落事故の後数々の難問をかかえた企業のトップに就き、なお民間企業に片足を残すなど全くあきれてものが言えないのである。引き受けた以上はここに骨を埋める覚悟で取り組むのが経営者としての取る道である。

山崎氏が『沈まぬ太陽』で好意的に描いた裏事情

案の定腰の定まらない伊藤は翌年日航の会長に就任したものの、四分五裂となった組合に手を焼くことになる。山崎豊子氏の小説『沈まぬ太陽』は日本航空の再生を詳しく描いた長編小説であるが、この中で山崎は伊藤のことをきわめて好意的に描いている。その裏をよく知っている私であるが、芦屋の鐘紡の豪華なクラブの一室を山崎の執筆のために提供し、下にも置かぬもてなしをしたことは有名な話である。

幾つにも分裂した組合の一つである急進的な組合の委員長で、反会社的活動家の烙印を押された恩地を、伊藤即ち国見会長が自分のスタッフとして活用することをこの小説の中では描いているが、彼を利用して組合間の紛争を解決しようとする伊藤の作戦は功を奏さず急進組合の背後にあった代々木の共産党本部に挨拶に出向き、内外の非難を浴びたことは後世に残る恥部である。

伊藤の後ろ盾であった中曽根首相も余りにも期待はずれで愛想をつかしてしまった。首相の後ろ盾を失った伊藤は「政府の支援が十分でない」との捨て台詞を残して任期途中で辞表を提出して無責任にも辞任してしまう。

一方鐘紡では依然伊藤が会長を続け、平成元年には岡本社長が副会長となり、代わって社長には専務の石澤一朝氏が昇格した。石澤は技術畑の出身で岡本と同様、伊藤の忠実な番犬の一人であった。私は石澤さんを知っているが、下に厳しく上にへりくだるタイプで、伊藤の方針をそのまま忠実に継承したのであった。石澤が抜本策をとることができぬまま、むしろ合繊部門への投資を進めたため石澤時代に有利子負債は1千億円増え、5500億円にまで増加した。さらにこの頃から中国、パキスタンからの綿糸の輸入が増加し、綿紡部門の収益を圧迫して赤字を膨らませた。

後任社長が再建へ懸命に取り組むも足を引っ張る

平成4年になってやっと伊藤は名誉会長に退き、社長となったのは内外共に評判の悪かった永田正夫氏であった。永田は絲治の秘書を長くやっていたので私は学生時代からよく知っていいた。非常に裏表のある人物で曲者として通っていたが、営業の経験は全くなく「非常時対策委員会」をつくって綿紡三工場の閉鎖や成績の悪い食品部門の分社化などの合理化に手を付け、加えて銀座のサービス部門の土地を売却したりしたが収益は悪化するばかりで、合繊、衣料は依然として好転せず、平成6年（1994）にはまたもや無配となった。そしてこの年石澤会長、永田社長は退任して専務の石原聡一氏が社長となった。

著書や講演録読み驚く、有言不実行

話は前後するが、ここで伊藤の経営の問題点を明らかにしておきたい。昭和63年（1988）発行というから伊藤氏が日本航空を無責任辞任した頃であるが、彼は『天命』なる著作を上梓する。今あらためてこの本を読んでみると伊藤の本質がよくわかる。全編孔子の言葉があふれかえっており、彼がやってきたことの事実と違う言い訳が並べられている。私から言わせてもらうと彼のやってきたことは「有言不実行」という言葉に尽きるのではないかと思っている。

さらに最近入手した、鐘紡内部で伊藤が「芸術化産業を目指す鐘紡」と題して講演（特別講義とある）した小冊子があり早速これを読んでみると「芸術化産業を目指す鐘紡」とは「豊かで美しく生き甲斐にみちた価値ある人生への提案をする企業」と彼は言っている。そして芸術の意味するところは何かというと「本来芸術は技術と同義語でモノを作る技術」そして、「芸術の使命は美をつくり出すことである。つまり技術が極まるところが芸術である」と説くのである。たしかに哲学の講義であればそれでよいかも知れないが、屋台骨がぐらついている鐘紡において、大真面目に幹部を集めて話すようなことであろうか。

この講義の一部を読んで正直経営者の端くれであった私は驚いたのである。私ならおそらく、どの程度の人々が集まった会か知らないが、真正面から鐘紡のおかれた実状を率直に披歴して社員の引き締めを図ったと思う。

24年間社長、会長に君臨しての全くのワンマン体制にあった伊藤にとって、会社の実状が誰よりもわかっていたと思う。それだけに再建のためにはこのようにしなければならないということは十分理解していたと思う。従って彼の力をすれば鐘紡再生の手を如何ようにも打てたはずであるが、それが全く出来なかった彼は、鐘紡を崩壊させた元凶以外の何ものでもない。会社のクライシスに臨み、なお「芸術化産業」などと会社の再建に関係ないことを論じている経営者のため、鐘紡はこの世から消え去ったのであろう。

最後の合理化策も院政体制で実らず遂に消滅へ

さて石原は勿論慶應の出身であるが、元々伊藤の子飼いであった。彼は群馬県の機屋の出身で、一時鐘紡を退社して実家の経営に従事していたこともあったが、鐘紡の不振の中で呼び戻されたという経歴がある。秘書出身で綵治社長とも関係が深かった。石原社長については、これも伊藤の意向が強く働いたもので、これは銀行や労働組合に対して経営刷新を訴える伊藤のパフォーマンスであると世間は見ていた。石原は人員の削減と本社機能の集約、合繊の合理化を推進したが、はかばかしい結果は生まれなかった。それでも石原の進めた方向は、銀行の要求する厳しい合理化と足並みが揃い、再建計画の枠組みは前進した。

しかし伊藤の院政体制は続き、折角の合理化策もその実行に当たっては彼の意向を受けた役員の反対、非協力により十分な成果が得られなかった。それでも平成10年（1998）には繊維部門の分社化に成功し、人員の圧縮も進んだが依然繊維部門には大きな赤字が残った。これは後から判明することであるが伊藤が社長、会長の頃から循環取引が公然と行われており、これが常態化していき、やがて大きな粉飾決算に繋がっていく。このことは石原の後に社長となった帆足隆氏の下で経理担当常務を務めた嶋田賢三郎氏の小説『責任に時効なし 小説巨額粉飾』に詳しく述べられている。

この小説は鐘紡内部の人間の口から極めて真実に近いという言葉を頂いている。そして後に帆足社長自ら粉飾決算は伊藤淳二が社長、会長の時から行われており、伊藤は時効ということで責任を免れたが道義的に「責任に時効はない」のである。まさに首魁は逃げ延びたが鐘紡を破滅に追い込んだのは彼以外の何者でもない。

石原は第二次再建計画をまとめて会長に退いた。そしてその後任には、鐘紡では「慶應卒で繊維畑出身」がエリートとされ、さらにその中でも人事、労務畑の人材が重要視された中で、四国の一地方大学の出身で、しかも化粧品の営業現場の出身である帆足が就任し、世間をあっといわせたのである。この後帆足社長のもとで鐘紡は崩壊への最後のあがきを示すのである。

第9話 崖っぷちでも捨てきれぬ甘えの体質

ダイヤモンド誌の「カネボウ特集」から

再建への本気度感じられず

書棚を整理していると平成10年（1998）8月27日号の「ダイヤモンド誌」を見つけ、何気なくページをめくっているとカネボウの特集記事が出ており、タイトルは「崖っ淵でも捨てきれない名門の〝甘えの体質〟」とあった。

内容は、当時のメインバンクであった三井銀行はその面子にかけても綿紡業界の名門鐘紡支援の腹を固めたのであったが、肝心の鐘紡自身に再建に対する本気度が感じられず、いうなれば危機意識の薄さに苦慮していたのであった。

「週間ダイヤモンド誌」の特集記事（平成10年8月27日号）

この時点で鐘紡の現状を見ると平成6年（1994）3月期で、連結で7億円の経営赤字であった。一方累積損失は、すでに514億円に迄膨らんでおり、自己資本の比率はわずか0・2％と債務超過寸前の有様であった。

有利子負債の合計は、実に5550億円で全資産に占める割合は73％にも及び、これはもう倒産予備軍の姿であった。現在（1994年）ペンタゴン経営は破綻にさしかかっているが、この甘えの構造を歴史的に見てみると、昭和36年（1961）の化粧品を皮切りに多角化が開始されたのであるが、これが一段落したのが昭和45年（1970）であり、さらにドライブがかかり、それぞれの部門に投資増強を重ねていったため、10年後の昭和55年（1980）には有利子負債が3300億円と全資産の66％に達し、この時点で自己資本は4％台にまで低下していたのであった。

その後もこのような借金漬け体質を繰り返し、さらに2千億円以上を注ぎ込み拡大路線を続けたため、利益率は低下するばかりであった。

石原は、これらを次のように述べている。「経営の安定化を目指した多角化は間違いではなかった。しかし事業の管理の仕方が画一的だったという反省をしなければならない」。

構造改革への時を失する

鐘紡は、それぞれ市場も流通経路も顧客も違う事業に、伝統的な事業の繊維型のオペレーションをそのまま均一的に適用させてしまったのである。例をあげると食品であるが、これは商品のライフサイクルが短く、多品種少量生産の素早い対応が求められるにもかかわらず、綿糸、布のような素材産業型管理をそのまま適用したために機会の損失を招き、大量の在庫を抱える結果となってしまった。

今考えると、この時点で鐘紡は構造改革に出るべきであった。しかし伊藤淳二を継いだ岡本進、石澤一朝の両社長は伊藤の顔色を窺い、その後も無理な事業拡大を続けるという反対の行動をとったのであった。例えば高級インポートブームに支えられたファッション業界は、バブルの崩壊とともに明らかに陰りを見せていたが、カネボウはただひたすらに売上の拡大追求に走り、確かに2年程は15～20％の売上増を重ねたのであったが内情はあくまで見かけ上の数字であり、実態は小売店への押し込み販売で在庫が積み上がったに過ぎなかった。

石原聰一社長（左）を鐘紡本社へ訪問する筆者（平成９年12月５日）

一方当時、私が直接石澤社長から自慢げに聞いた情報システム部門についても、このジャンルは金融機関への依存度が高かったためバブルが崩壊する中で金融不況の波をもろに受けて多数の余剰人員を抱えて身動きができなくなったのである。

このように新規分野では無理な事業拡大を重ねる一方、既存部門には何等合理化の手を打たなかったツケは赤字の増加ということで跳ね返ってきたのは当然である。石澤は3年で退任、後任の永田正夫は、過去における労働組合からの借りという意識が強かったために、人員削減を伴う事業のリストラに手を付けることができなかった。人員リストラのための合理化資金については効果がはっきりしている限り、金融機関は協力することを永田は知らなかったのであろうか。永田が社長に就任して連結ベースで11年振りに経営赤字に転落するに及んで、やっと天然繊維の工場の統廃合と食品分社化に踏み切るが、遅きに失したといえる。

チェック機能はなにゆえに

このように長期にわたって経営不在ともいえる状況が続き会社が疲弊していく中で、どうしてチェック機能が働かなかったかは伊藤淳二名誉会長の存在につきるのではないか。確かに多角化路線を敷いたのも伊藤であり、しかも彼はあく迄権力の掌握にこだわり続けたのである。彼が社長を辞任し会長に就任した時、私は極めて不思議に思った事があった。すなわち岡本社長にバトンを渡した時「三権分立体制」を打ち出したことであった。すなわち経営の意思決定権は会長、執行権は社長、そしてチェック機能は監査役が受け持つというものである。

我が国における経営においてCEOの位置は欧米と違って社長が持つべきと思う。私の経験から言っても会長に意思決定権、社長は執行権ということになれば、そこに二頭政治的なものが強くなってしまう。あくまで我が国の場合には社長こそCEOでなければならないと私は思っている。ましてや鐘紡における伊藤の存在自体が巨大であるから、その存在が意思決定権を握ればどうなるか。社長の行動は限られたものにならざるを得ない。それは会長が考えている以上の萎縮を全社にもたらすはずである。経営の情報も選択されて伝えられるから、社長の存在は影の薄いものとなってしまう。

石澤、永田の拡大路線、あるいはリストラ路線についても会長の意向が大きく反映したことは間違いない。

いびつな「五大臣」の存在

永田についても「あまりにも伊藤氏に気を遣い過ぎで社長の権威を失墜させ、社内の失望を買った」と、ある経営幹部は評している。

もう一つ人事の面でも、他社では考えられないような今回の経営陣の交代で4人の幹部が辞任したが、石澤、永田と同じ昭和27年（1952）入社の五人が「五大臣」と称し、副社長などの中枢を占めるといういびつな人事は伊藤の差し金であろう。このような「仲良しクラブ」と揶揄される経営陣では当然責任の所在は曖昧になり、危機意識も持ちようがないのではなかったのではないか。形の上では監査役が当時の石澤社長の拡大路線に警告を発した経緯はあるが、所詮社内基盤の弱い監査役の意見などが通るはずはなかった。

ではその他、社内から批判は起きなかったのであろうか。局地的にはそれはあった。しかし、社内外での鐘紡の社員の評価は「上司の顔色ばかりを見て仕事をしている」という風評ばかりで、石原社長も「そうだと言わざるを得ない。傑出した人（伊藤？）がいると反論できなくなり段々そうなる」と答えている。いうならば上司の指示でもおかしいと思ったら違うと言える風土は鐘紡という組織から失われていた。言い換えると役員も社員も誰かに寄り掛かろうとする「甘えの体質」が醸成されていったのである。

この間金融機関の監視の目は届かなかった。メインバンクのさくら銀行に限らず、主力金融機関の貸出残高は減りこそすれ増えていなかったのである。そこにはカラクリがあり、カネボウは外債発行に資金調達を頼ったのと、生保などからの借入を増大させ、メインバンク他の目をくらましたのであった。融資関係が希薄化する中では金融機関はチェック機能を発揮しようもなかった。このようにして拡大路線はどこからも歯止めがかからなかったのであった。

連結債務超過転落の危機

石原が社長となり鐘紡は改革の始まりのそのまた端緒についたと言える。石原社長はこのように追い込まれたこの窮地を理解していたが、彼がどこまで踏み込んだリストラ策をつくり、さらにそれを実行出来るか社内外ともに、期待と警戒をないまぜにして見守っていた。直面している連結債務超過転落の危機は、平成6年3月末現在保有している有価証券の含み益145億円と、遊休不動産の含み益200億円を操作すれば回避され、最終黒字の達成も維持することは可能である。問題はその後の再建策である。カネボウは平成9年(1997)3月期における経常損益の黒字化を目指す3ヵ年計画を掲げている。しかしその再建のための具体策は、①3年間で自然減と採用抑制による2千人の人員削減②有利子負債の500億〜600億円の削減しか俎上に上げられていない。これでは抜本的なリストラは難しい。

多くの関係者が指摘するところでは、カネボウの再生には、黒字部門の化粧品と薬品を中心にして不採算部門からの撤退、大幅縮小、従業員の削減といった大胆なリストラ策が必要なことは自明の理であった。しかし、会社全体で甘えの行動を引きずる中で、石原がどこまで徹底したリストラ策を遂行できるかにかかっている。彼は希望退職を募ることが必要ではないかという質問にこう答えた。「鐘紡は苦しい時には皆で忍び合うという伝統がある。過去にもそういう形で切り抜けてきた。今回もこれを守りたい。それに労働債務の問題もある」。労働債務の問題は先に触れたように企業がリストラに本気で切り込むなら金融機関は協力する。だからあくまでこの労働債務の問題は二次的問題である。

「もたれあい」の労使関係

一番問題となるのは鐘紡独特の「もたれ合い」といわれる労使関係である。例えば75年の春闘、同業他社はなにがしかの実を獲得したが、鐘紡労組はベア凍結を飲み、ゼンセン同盟から脱退するという事件を引き起こした。これが石原社長のいう「苦しい時は皆で忍び合う」伝統の一つかもしれないが、これが永田前社長のいう労組への借りの意識のベースになっているものではないかと思われる。

企業にはそれぞれ特殊事情がある。その解決のために労使が協調して事に当たるのは当然といってよい。しかしながらその積み重ねが借りの意識につながり企業が存続するかどうかの最も重要な局面で手足を縛り、決断を鈍らせるとすれば会社全体が沈むことになりかねない。石原社長は「思い切ったリストラ策を打ち出す腹を固めつつある」と関係者は言うが、石原氏がそれを実行していくためにはいくつもの壁があるのではないか。

前述した「五大臣」体制は無くなったが、永田会長を除いても石原より年長の役員がまだ5人もいる。グループ会社の経営者にも先輩格の人が少なくない。さらに社外には名門ゆえに数多くのOBが存在している。彼等がはたしてカネボウの革新に心から協力するだろうか。またそれに加えて各事業の販売店のオーナー達を古くから抱えており、彼等も積極的な協力をするかどうか疑わしい。

伊藤会長に退任言い出せず

難題はこうした旧体制の人々が石原社長よりもすべからく伊藤名誉会長に意見を求めて注進するだろということである。問題は伊藤の存在自体が極めて大きいということである。

従って石原は、伊藤の影響力について「伊藤氏が社長を決めているとか、経営指導をしているということはありえない。ただ伊藤名誉会長から電話がかかってくると、それを指示されたものと受け止める人がいる。誤解をまねくような行動をする伊藤氏もいけないかも知れないが、ノーと言えない社員も悪い」「もし伊藤さんに退いてもらう方がいいというのであれば、私はそうする。ただまだその時期ではないと思っている。」と語った。

確かに名誉会長在任も含め26年にわたってカネボウに君臨してきた伊藤の存在自体巨大なものである。当然伊藤自身にそれほどの作為がなくても周囲は過敏に反応する。むしろ従業員は未だに会社は伊藤体制下にあるものと思い込み、士気低下の大きな要因となっていることは否定できない。

私に云わせれば矢張りここは伊藤に一番問題があったと思う。ここまで鐘紡を思うままに操ってきた自分として、現実に会社が二進も三進も行かなくなっていることを誰よりも理解しているのは伊藤淳二以外にないと思う。本当に鐘紡の行末を考えているならばここで一切会社から身を引くべきだったと考える。石原体制でリストラを進めるに当たっては、まず社員の思い込みを含めた動かしがたい雰囲気を一掃する必要があったのではないか。石原社長が旧体制の人々を押さえ込み、再建策を進めるためには当面伊藤の力が必要であると考えていたのなら、それは間違いであったのではないか。いずれ石原は、伊藤に退任を迫らなければならないことは必定であった。しかし先の石原の言のごとくなら、ここまで追いつめられても何とか厳しいリストラ策をなるべく回避したいという甘えの体質が見え隠れしたのだった。

「山治の書」石原社長へ贈る

丁度この頃私はダイワボウの社長として、確か山治の墓の事であったが、カネボウの貴賓室で石原にお目にかかったことがあった。石原は絲治の秘書をしていたことがあったので、私は旧知の間柄であったから臆するところは何もなかった。然しそれぞれ立場があるから、鐘紡の経営問題にいくら山治の関係があるといってもあからさまに話すことはできなかった。私はこの際かつてのカネボウの栄光ははずかしめないようにとの意味を込めて山治の書を石原さんに贈ったのであった。

石原はその就任には伊藤の銀行や組合を意識した思惑が大きく働いたと思われるが、石原

石原社長へ武藤山治の書を進呈する筆者

自体は、それなりにこのままでは沈没すると何とか浮揚するきっかけを掴むべく努力したことは客観的に認められる。石原は先にも触れたが人員の削減と本社機能の集約、さらに問題の合繊の合理化などに手をつけていったが十分な結果を残せなかった。それでもメインバンクのさくら銀行の求める厳しい合理化策と、両者の再建計画の枠組みはようやく足並みを揃えるようになった。しかし彼の進める折角の合理化策もその実行に当たっては依然として続く伊藤の院政のもと、伊藤の意向を受けた役員の反対、非協力により十分な成果を得ることが出来なかった。それでも平成10年には繊維部門の分社化に成功し、人員の削減も大幅に進めたが、なお繊維部門は40億円の赤字となり十分なリストラ効果を出すことができなかった。

粉飾問題くすぶるなか退任

石原はこれを機に退任し、その間循環取引による粉飾決算の問題がくすぶる中、第二次再建計画をまとめた後会長に退いた。

本来予定としては石原の後を継いで平成10年に就任した帆足隆社長のもとで、カネボウがどのような道筋を辿って行くかを書くつもりであったが、平成6年にカネボウの改革待ったなしを内容とするダイヤモンド誌の分析を見つけたため、改めて伊藤名誉会長の間違った存在とカネボウ自体の甘えの構造を書いてみた。そして今から考えると、この平成6年当時がカネボウ再生の最後のチャンスではなかったかと思う。

私は伊藤淳二、永田正夫、石澤一朝、石原総一、帆足隆の諸氏すべてに直接お目にかかったことがあるが、正直言って良きにつけ悪しきにつけ（悪い方が多いが）伊藤の力が大きすぎて他の社長による改革はどうみても難しかったのではなかったか。永田、石澤は全く無能、石原はわずかながら使命感があり、改革を進めようという意欲もあったが所詮、まず伊藤を排除することを試みる勇気に欠けていた。先に述べた中で「時が来れば考える。今はまだその時ではない」とのことであったが、その時を逃してしまえば改革が成功するはずはなかったのである。

さて平成10年に従来とは全く違う型の社長、化粧品部門出身の帆足隆が社長となった。これには一部期待する向きもあったが、私は最初に社長にお目にかかって正直云ってびっくりしたのであった。大鐘紡にはすでにこのような従来なら化粧品の営業課長、よくいって部長しか務まらない人物しか社長となるべき人材がいなかったと心底思ったのであった。私が最初に感じたように帆足社長のもとで鐘紡がどのようなことになったかを書いて、この「遥かなり鐘紡」を終わりにしたいと思っている。

第10話　粉飾決算の舞台となった「興洋染織」

世間を驚かせた帆足 隆氏の社長就任

メインバンクが、「社長への抜擢」を強く会社に迫る

いよいよ石原の後を継いだ帆足のもとで、鐘紡がどのように破局への道を辿っていくかを述べていきたいと思う。

化粧品担当の帆足専務が従来慶應大学出身で繊維部門、その中でも労務人事などの管理部門出身者が社長になるという不文律を破って、一躍石原の後を追って社長に就任したことは、世間を驚かせたのであった。帆足は昭和36年（1961）に松山商科大学を卒業後、鐘紡の子会社、カネボウ化粧品販売に入社し営業マンとして猛烈な働きでめきめきと頭角を現し、30代で支配人に抜擢されたのであった。そしてその活躍ぶりが伊藤の目にとまり本社に登用され、その後も独自のノルマ主義を標榜して営業成績を上げ続けたのであった。

帆足 隆 社長

さて鐘紡の業績は悪化の一途を辿り、従来のような一握りのエリート集団では繊維だけではなく、多くの部門を経営するペンタゴン経営は難しくなっていったのであ

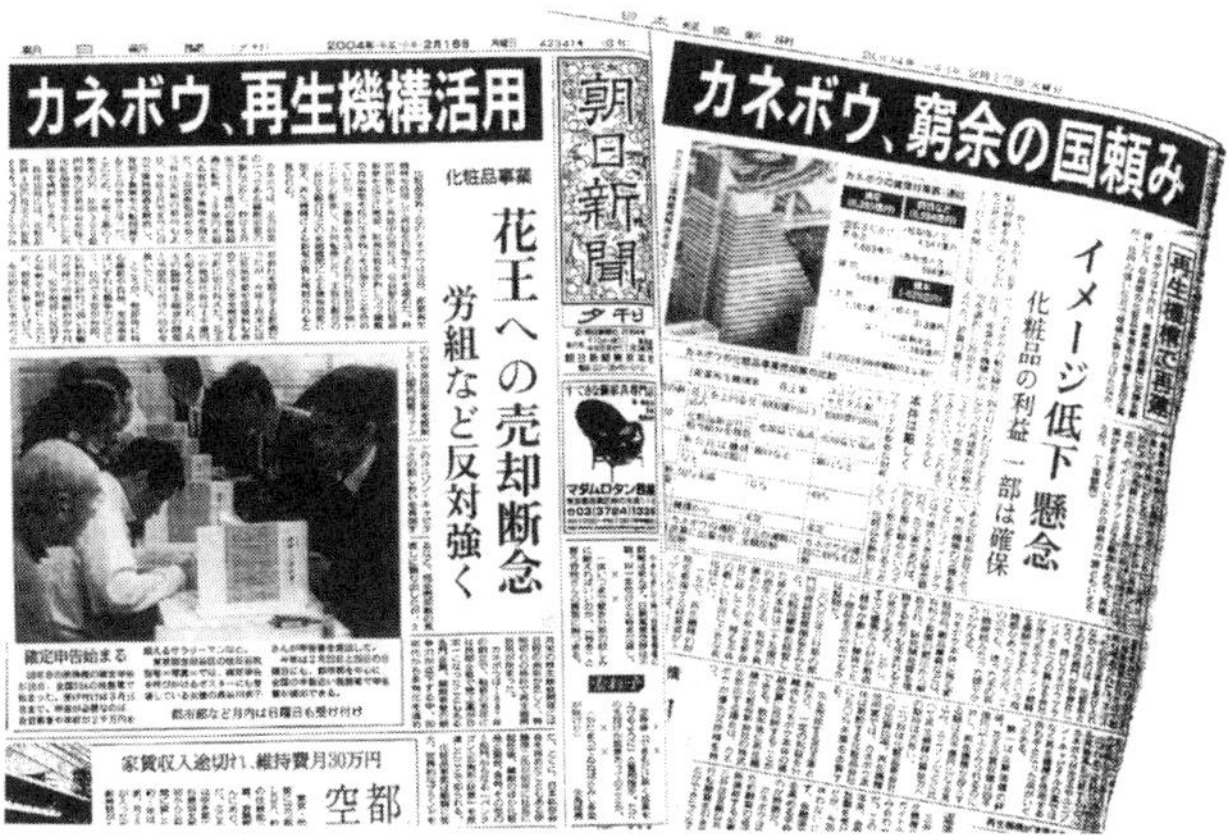

「再生機構決定」を報じた日本経済新聞と朝日新聞（平成16年２月16日朝刊）

る。しかし、その中身を見るとジリ貧の繊維、競争力のない食品部門に較べて化粧品部門は順調な足取りで、他部門のマイナスを補えるようになってきていた。当時のメインバンクさくら銀行（現三井住友銀行）は、鐘紡の改革推進のためには非主流派であった帆足を社長に抜擢するよう強く会社に迫ったのであった。鐘紡ＯＢの一部においては、確かに帆足の積極的な行動力は認めるものの、営業部長レベルの見識しかもたない男の社長昇進には「輝かしい歴史を持つ名門鐘紡の社長として相応しい見識を持っているのか」「それにしても品格がなさすぎる男ではないか」と批判、反対するものが多かった。しかし今まで収益を上げ、ペンタゴンの赤字を補填してきたにもかかわらず、非主流派の連中は、はからずも帆足が社長に就任したことで意気は大いに上がったのであった。

不振の繊維に大ナタをふるい化粧品などで収益の回復図る

実行派の帆足は社内の大受けを狙い、就任早々に社員の給料を3年間10％カットするという荒業をやってのけた。さらに不振の繊維には大ナタを振るい、リストラを強いる一方、好調な化粧品とトイレタリー用品に力を入れ、収益の回復を図ったのであった。そして帆足社長は就任3年目に社名を鐘紡から片仮名の「カネボウ」に変更したのであった。

社長の大号令のもとに化粧品事業は伸び、繊維事業も黒字化するかに見えた。しかし丁度その頃から企業の財務内容を欧米なみに透明化する、会計ビッグバンの制度が我が国においても取り上げられるようになった。鐘紡の実態は損失の補填を土地の含み益でカバーしてきたが、遂にこれも限界に達してきていた。時価の高い時に購入した不動産には含み損が出るようになり、子会社の合併や分社化による無理な含み益の捻出は、カネボウの財務体質をいたずらに劣化させるばかりであった。

巧妙な「備蓄在庫取引」で在庫が通常の限度越える

このような状況の中で実際にカネボウの粉飾決算の舞台となったのが、大阪の泉佐野市の興洋染織であった。泉佐野市は国産毛布の95%を生産する毛布の町として有名であったが、興洋染織はこの町で最大の毛布メーカーであった。

この会社は西川四郎なる社長のワンマン経営会社で、何時の頃からか鐘紡と深いつながりができていた。鐘紡は、もともと綿紡会社で合繊への進出は東レ、帝人、クラレなどの専業会社、また東洋紡など綿紡からの進出会社に較べて大変遅れていた。武藤絲治社長の時代にシルクに強かった鐘紡として、その代替品であるナイロンにようやく進出した。ナイロンへの進出はカネボウシルクが余りにも有名であったため、これは、まずまずの成功をおさめていた。しかし伊藤が社長になってから天下の鐘紡としてポリエステル、アクリルの三大合織を保持しないのはおかしいとして、周囲の反対を押し切り他の二つへも進出したのであった。しかし合織各社の中では最後発であったため、ポリエステル、アクリル共に品質の安定に苦労することになる。特にアクリルは品質が悪く、安売りが常態化して先発各社のいわば「カモ」となってしまった。しかし興洋染織は、他社では余り使いたがらない鐘紡アクリルをうまく使用して、一時は大いに売り上げを伸ばすとともに利益を確保していた。もともと毛布は、冬場の季節商品であるから秋冬にしか売れない。一方工場は年中生産を続けているからどうしても在庫が積み上がる。そこで年間を見越した生産品を手形決済などにより商社に買い取ってもらい、秋のシーズンになると商社を介して小売店の店頭に並ぶという取引形態がとられていた。これを「備蓄在庫取引」とよび、繊維業界における商慣習となっていた。しかし興洋染織の在庫が通常の限度を超えるようになると鐘紡に毛布の過剰在庫を買い取ってもらうようになった。この結果、鐘紡の興洋染織からの受取手形の額が毎期100億円、200億円単位で増加し続けたのであった。

アクリル原糸の無茶苦茶な押し込み販売に起因する

何故このように在庫が増えたかであるが、これは鐘紡の興洋染織に対するアクリル原糸の無茶苦茶な押し込み販売に起因している。すなわち鐘紡はアクリルの原綿を防府の合織工場で生産した後、これを彦根の工場に送り、毛布用の糸と編地に加工して出荷していたが、防府工場のアクリル生産の25％が彦根に送られ、そのすべてが興洋染織向けであった。

鐘紡は興洋染織から買い取った大量の毛布の買い戻しを条件に、兼松、ニチメン、トーメン各商社名義で「在庫備蓄」することを要請したのであった。これは一定の期間が過ぎればK社から買い戻した金額にして数十億円の毛布をそっくりN社に引き取ってもらい、これを今度はT社に回すという方法をとった。このやり方は繊維業界では昔から取られていた、いわゆる金融取引といわれる方法であったが、普通は1社対1社で、これほど複雑な取引はこれまでは考えられなかった。この取引については、巷間「宇宙遊泳」などと揶揄されたのであった。

変則的な取引を重ねるうちに損失が増し架空取引の要因に

この遊泳中の商品は、変則な取引を重ねていくうちに商品価格が段々大きくなっていき、また取引毎に口銭が加えられていくため損失はさらに増加していった。しかしこのような架空取引が何時までも続けられるはずはなかった。最終的に商社が鐘紡に買い戻しを求めてきて、その金額は実に459億円という巨額になっていた。この処置に鐘紡は困りきったのであったが、鐘紡はこの不良債権が表沙汰になると大問題となることを自覚していて、これを消すために次のような奇策を考え出した。すなわち経営不振で赤字に喘ぐ「興洋染織」に因果を含め、営業用の全財産占有と経営者退任を要求、その一方で新しく鐘紡の子会社の商号を「興洋染織」と変更させて、あたかも従来から存在する興洋染織がそのまま存続しているように見せかけて、従来からの興洋染織が商社から請求されていた459億円をそのまま買い取らせてしまった。さらに本物の興洋染織は平成10年（1998）4月に商号を変更した上、5月には会社そのものを解散させてしまったのであった。さらに営業全部を新しい興洋染織に移し替えて、あたかも従来からの興洋染織が存在しているかのように装うことに成功

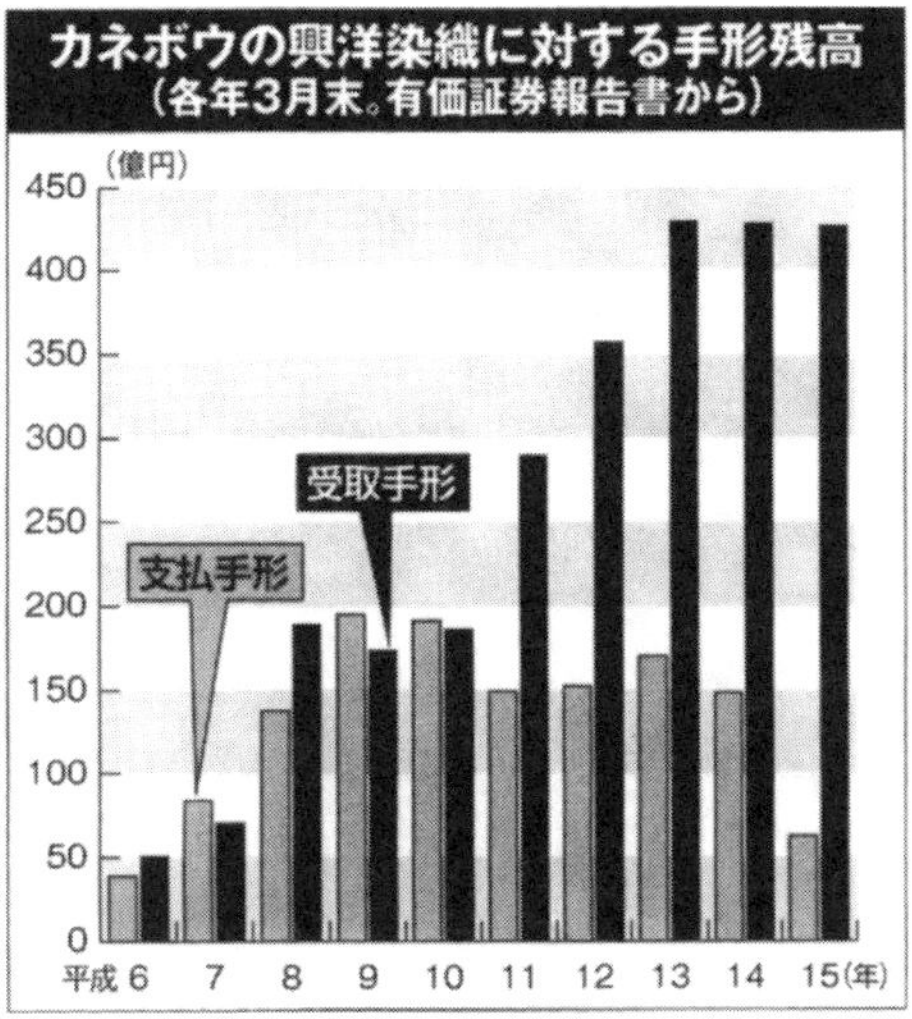

したのであった。

鐘紡は興洋染織を隠れ蓑にしてその後6年間にわたり粉飾決算を続けたのであった。今から考えると平成10年に興洋染織が行き詰った時に、鐘紡はこの会社をつぶして、当然手を切るべきではなかったのか。しかし、鐘紡にはアクリルを押し込み販売してきた伊藤淳二以来の負い目があった。仮に興洋染織を倒産させれば当然鐘紡に大きな損失が発生する。更にアクリルの売り先を失いアクリル事業を整理すれば、大幅な債務超過は避けられなくなる。こうなればトップの経営責任は免れない。結局問題を先送りして、まさにずるずると入れ替わった興洋染織との関係を続けていった。

気づいた時にはドロ沼の連結債務超過に陥っていた

しかし、平成15年（２００３）帆足社長は、かねてから金融機関から圧力がかかっていた花王との化粧品事業統合にメドをつけようと考えて、それを基本に不採算のアクリル事業からの撤退を決定し、６３０億円の債務超過を表面化させ、興洋染織で５２２億円の損失を計上した。そして翌年の決算では、花王から得るはずの資金でこれを埋めようとした。しかし、鐘紡の財務状況は常識はずれのものであった。実際には鐘紡は平成８年（１９９６）の時点で連結債務超過に陥っていたといわれている。

それから5年の歳月を要してようやく債務超過を解消したと発表したが、実際にはもっと以前から債務超過の状態であった。その額は実に2千億円ともいわれている。したがって平成13年度の債務超過解消など実現するはずがなかったのである。平成13年度の実際の決算は連結決算収支で61億円の赤字で、実態は連結債務超過であった。これに対して帆足社長と三井銀行から派遣されていた宮原副社長は、当時の嶋田財務担当常務に対し、無理矢理「黒字を出すよう厳命して」粉飾決算を実行した。

平成14年度も担当の中央青山監査法人と結託して粉飾決算を行ったのであった。しかしながら粉飾の結果は、表面上は大きな金額ではなかった。すなわち連結決算が61億円の赤字のところ、当期利益を0・7億円、連結純資産8億円と発表していた。実際にはこの程度の粉飾では事態は収拾できないところまで追い込まれていたのであった。

銀行は花王との部門統合図るも華々しさだけで実を結ばず

平成15年の中間決算では先に述べたように興洋染織の受取手形に対して多額の貸倒引当金を計上せざるを得なくなり、その結果は600億円を超える債務超過となった。こうなると金融機関の態度は硬化するのは当然で、三井住友銀行をはじめとする取引銀行は、カネボウ向けの債権を「破綻懸念先」に格下げした。そこでメインバンクとして三井住友銀行は、かねてから考えていたカネボウと花王の化粧品部門統合を具体化して、このピンチからの脱却を図った。

平成15年10月カネボウは花王と翌年3月末を目途にカネボウが分社化して設立する新会社

にカネボウから51％花王が49％を出資して、花王も化粧品部門を新会社に統合するという構想を発表した。帆足社長と花王の後藤社長は「事業を統合した後、化粧品の製造部門を花王の連結子会社に、販売部門をカネボウの連結子会社に組織を変えたい」と抱負を語ったのであったが、実際にはカネボウが「連結債務を解消する」という目的があったにもかかわらず両社の事業統合による華々しさだけを強調していたのであった。

1ヵ月後カネボウは中間決算と中期構造改革計画を発表した。それによると中間期における債務超過額620億を花王からの出資で得られる株式売却収益で補填して、次年度においては債務超過を解消して不採算事業からの撤退、並びに人員削減を断行し、これにより営業利益を倍増するというものであった。

内部調査で新たに浮上した5千億もの債務超過

しかし当然このように事態が収まるためには株式売却益がいくらになるかということである。カネボウの目論見は2500億円を目指していたと思われるが、両社と銀行の間で具体的な話し合いは進められたが、カネボウ、花王ともに自社に有利になるよう交渉が行われた。しかしカネボウにおいてはこの出資比率では社内調整がつかなかった。おそらく伊藤の意向が働いていたのではないか？

このように事業統合に赤信号が灯り出し、この状態に鑑み花王としても後藤社長は「これまでの事業統合案を白紙に戻し、カネボウが化粧品部門を全部売却する意向なら継続協議してもよい」と申し入れるに至った。一方カネボウにおいてもさらに内部調査を進めていくと、今まで表面に出ていなかった実に5千億円にもなる債務超過の存在が浮かび上がってきたのであった。これを解消して立ち直るには同額の資金が必要になる。しかし従来の三井ならどうであったかわからないが、当時は住友銀行と合併して三井住友銀行となっていたから同銀行の中でも住友出身の役員は、もはや追加融資する意思はなく、むしろ不良債権を持つカネボウと縁を切るべきだという意見も強くなっていた。帆足も余りの事態の悪さに観念して〈本体の借金を返して破産から免れるためには花王に対して化粧品部門をそっくり売却して4千億円の対価を受け取る〉という考えに傾いていった。

大手投資ファンドの提案に伊藤氏は大賛成

一方カネボウは、国内大手投資ファンドのユニゾンキャピタルからの新たな提案を検討していた。その提案の内容は、ユニゾンが51%、カネボウが49%出資して新会社を作り、分割したカネボウの化粧品事業を新会社に譲渡するというものであった。新会社の社長には帆足、またはカネボウ化粧品関係の社長を当て、買収金額は4千億円を見込んでいた。カネボウとしては自己の力で化粧品事業を引き続き経営できるだけではなくカネボウという名前が付く会社が存続するという、願ってもない話であった。早速、嶋田常務が伊藤のところに説明、報告に出かけたところ伊藤は花王との共同事業や買収などについては「あの洗剤屋の如きに化粧品事業が買収されるかと思うと夜も寝られないぐらい心が病んだよ」と嶋田が退職後発表した小説『責任に時効なし』の中で語らせている。嶋田がユニゾンの提案を伊藤に説明したところ、「うん。それなら安心できる」とほっとした表情で賛成したという。しかしこのようなカネボウにとって都合の良い話が簡単に実現するはずはない。ユニゾンは、今までにこのような大きな借入金を調達した話をまとめた実績はなく、はたしてそれだけの実力があるのかという不安が出てきた。3千億円とか4千億円という金額を調達するには、当然カネボウのメインバンクである三井住友銀行の協力なしには実現不可能なことは、すでに国内でM&Aに資金を融資できる金融機関はたった8行しかない今日、難しいことは自明の理であった。

銀行とのトップ会談で伊藤氏信頼されず決裂

ここで帆足は、伊藤に三井住友銀行の西川善文頭取との会談に臨んでもらうことを依頼し、ここに伊藤、西川のトップ会談が実現したのであった。西川は「花王に化粧品事業を売却すれば何とか生き残れますよ」と主張。一方伊藤は「化粧品事業を切り離して、新会社として投資ファンドから金を集めることはできないか」と迫ったが、西川は伊藤を全然信用しておらず、「残念ですがもう時間がありませんので身動きできません。残されたカネボウは、必ず私の方で面倒をみます」と突き放した。「化粧品がなくなったカネボウはうまくいきませんよ。花王に化粧品が移っても絶対にうまくいかないでしょう」と一縷の望みを断られた伊藤は捨て台詞を吐いてすごすごと戻ってきた。伊藤の化粧品事業に対する思い入れは誰よりも強く、そのため帆足がやむを得ず走ろうとした花王への売却など、絶対に認めるわけにはいかなかった。しかし財務担当の嶋田はここで破滅するよりも花王の買収に応じ、化粧品事業だけでも立派に成功させ、本体もなんとか生き残るべき道を探るのが本筋と考えていた。

第11話　最後は産業再生機構に呑み込まれ消滅

日経新聞が内情をスッパ抜く

「花王の完全買い取り案」決まるも労組の反対でぶち壊しに

それから1週間後、カネボウの化粧品事業を巡る取締役会が開かれた。帆足社長は病気欠席のため7名の取締役が出席して花王案とユニゾン案の2つが審議されたが、結局多数決で花王案に決定した。しかしこの情報はすぐさまマスコミに流れ「カネボウは新会社に化粧品部門を統合という方式では再建のための資金を確保出来ない。このため花王が完全買取りし、対価として4千億円を供出する」というニュースが日経朝刊のトップになったのであった。

世間ではこれで一件落着と見たのであったが、次に意外な事が起こったのであった。すなわちカネボウの労働組合が売却に断固反対を表明したとのことであった。労働組合については伊藤淳二社長時代に労使運命共同体という理論をぶち上げ、労使関係は一般の会社とは違った形態であった。カネボウにおいては、この伊藤の考えにより労使の事前協議が経営の重大事項となっており、何をするにも組合の了解、合意がなければ実現出来ないという状況となっていた。なんとなれば、今回の花王への売却については新聞報道が先行してしまい、組合への事前説明、交渉が遅れてしまったのであった。

花王へ売却を決めた経営陣に徹底抗戦を挑む

当然労働組合としては寝耳に水であったため、その怒りは大きかった。要するに「化粧品事業という金の生る木を組合の了解なしに花王に売り渡すとは何たることだ」という経営的なセンスのない狭い考え方であったが、彼等は自分たちが蔑ろにされたということで花王への売却を決めた経営陣に徹底抗戦を挑んだ。

伊藤はもともと花王への売却に反対であったから、彼の育てた労働組合を説得するどころか花王への売却案を共に潰そうという姿勢であった。

労働組合にしてみれば花王の買収により実に7割に当たる組合員が花王に移り、組合は弱体化して組合費も大幅に減収となるということで事態を冷静に判断出来ず、会社の実情と将来を見誤ってしまったのである。

銀行の再建案で政府系の「産業再生機構」乗り出す

ところが花王との交渉が膠着状態に陥っていた時、三井住友銀行から驚くべき再建案がもたらされたのであった。花王に代わるカネボウ救済に産業再生機構が乗り出すというものである。それは先ず、カネボウの100%子会社をつくり、それを受け皿にして化粧品事業のすべてを営業譲渡する。そしてこの会社が産業再生機構によって買収され、その売却益と売却資金によりカネボウ本体を間接的に救済するというスキームであった。しかし恥ずかしい話であるが、影の実力者伊藤淳二、帆足らの経営陣にとって心配であったのは、カネボウの

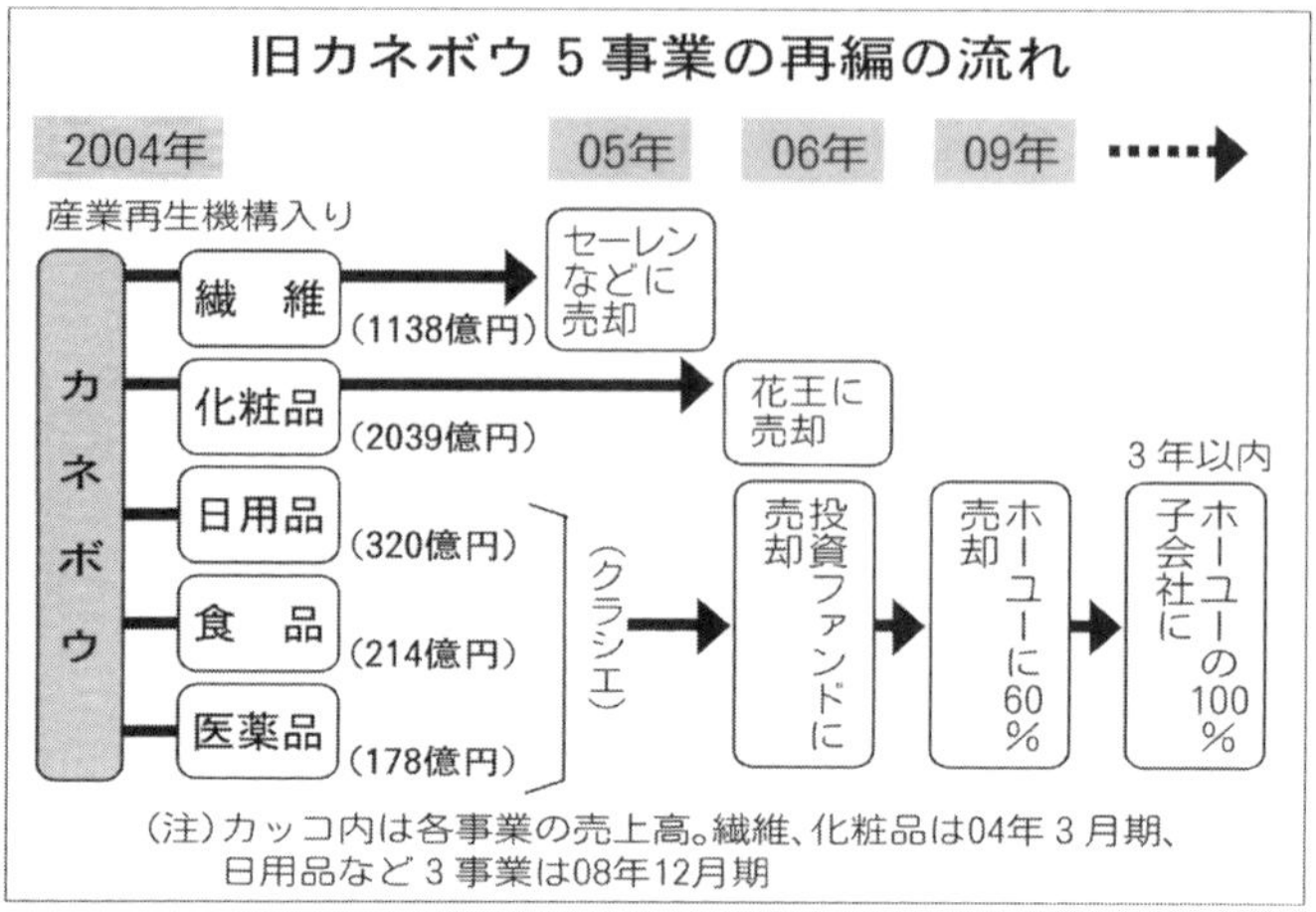

不良資産などと、その処理について過去の問題で経営者が責任を問われるのではないかという一点であった。「いやそんなことは一切ない」と最高執行責任者（ＣＯＯ）の冨山和彦は簡単に応じたので、伊藤氏、帆足らはこの言葉を信じ込んでしまった。しかし後に起こる悲劇は彼等の言葉を鵜呑みにした結果である。

嶋田常務の読み楽観的で期待の支援額、画餅に帰す

平成16年（２００４）２月16日カネボウは臨時取締役会を開き、花王との営業譲渡契約を白紙撤回して産業再生機構への支援を要請することを決議した。このニュースは各新聞の夕刊のトップ記事となり、カネボウの嶋田は再生機構から調達できる金額は花王のつけた４千億円を上回るものではと楽観的であった。しかしその金額については国民の税金から拠出するのであるから、きちんとした査定をすべきであるとの注文がついた上、再生機構の冨山ＣＯＯからも「花王との交渉がこれだけもめたのは、カネボウの経営や資産内容に大きな問題があるに違いない。化粧品だけの支援では赤字部門を抱える本体にメスが入らず問題を先送りするだ

けではないか」という判断が下され、次のような方針が下されたのであった。すなわち「今後、株式会社産業再生機構法に則りカネボウ株式会社の支援に関してできる限り迅速かつ前向きに検討を行ってまいる所存です」というもので、支援の意思をにじませつつ、しかし事があれば支援の撤回もありうることを通告する内容であった。そして拠出金と融資合わせて３６０億円の支援を通知した。この意外な通告により本体には2千億円以上の有利子負債が残ることになり、嶋田が期待した数字は画餅に帰したのであった。

調査の結果5期にわたり2千億円の粉飾を公表

3月31日に臨時株主総会が開催され、帆足が退陣して新たに中嶋章義氏が社長となった。産業再生機構はカネボウが従来のように不正を隠蔽したりしないで何事もすべて公表することを中嶋に要請した。中嶋は早速これに応えて「経営浄化調査委員会」を発足させ、興洋染織など過去の不良資産を調査することになった。そして5月19日委員会は「5期にわたり2千億円もの粉飾が行われ、9期連続で債務超過に陥っていた」という調査結果を公表した。このようにドラスティックな発表にカネボウの旧経営陣は驚いた。しかし中嶋は「一時的にブランドイメージは毀損するかもしれないが、未来永劫、正直であるためには自ら公表すべきだと判断した」と述べている。

中嶋は社長として過去からの決別を宣言したつもりであったろうが、これが契機となりカネボウに司直の手が入り、ついに輝かしい歴史に終止符が打たれるようになるとは、彼自身考えも及んでいなかったのである。

会社には社員のモラルがあってこそ初めて成り立つ

「カネボウの社員は『会社は永遠に存在し、社員を守り続けてくれる』と誰も信じて疑わなかった。そこには経営計画を達成することこそが至上命令で、一人一人が会社を守ろうとした結果、『不正行為』が罪の意識もなく行われ、気が付くと粉飾決算が行われていた」と、ある人は書いているが、私はそれには正面から反対する。会社には当然社員のモラルがあって初めて成り立つ。そのモラルをいかに高めていくのかは経営者である。カネボウが今述べたように一人一人が会社を守ろうとした結果云々というのは、経営トップの意識に行きつくものである。

武藤山治が創業後、伊藤淳二が社長になるまでカネボウには凛とした社風と意気がみなぎっていた。これをこのような状況にしたのは伊藤淳二以外の何者でもない。

孤高の目標は事業再生で、会社の存続ではなかった

さて、社員が再生機構に期待したのは、あくまでカネボウの会社自体の存続であった。しかし、再生機構の目指したのは化粧品、薬品、日用品（トイレタリー）などの事業の再生であって、会社の存続ではなかったのである。それはカネボウという会社の器がどうなるかは本質的な問題ではないと言い切っていることからもうかがえる。

言い換えればカネボウという会社の歴史、文化などは、再生機構の問題とするところではなかったのである。さらに付言するならば税金を活用する再生機構はカネボウの財務内容が

良くなれば、再生の有無に関係なく、直ちに投融資を引き揚げなければならなかった。カネボウの経営者は再生機構の本来的な役割と恐ろしさを知らず、再生機構のペースに巻き込まれてしまったのではないだろうか。

平成16年6月29日の定時株主総会において伊藤淳二は、株主としての発言を求め、「社名を鐘紡にもどせ」という提案を行い、実に30分にわたって長々と演説を行った。

「国会の場で明らかに」と伊藤淳二氏が最後の「大演説」

その中で彼は「鐘紡は創業者ともいうべき武藤山治が約40年間トップをつとめ、以後16人が経営者の地位を引き継いだが、その一人一人の社長在任中の結果責任は重いものがあり、厳正な評価がなされるべきである」と発言した後、カネボウが崩壊した大きな原因は「メインバンクが金融支援を約束どおり実行せず、ある経営責任者は私への約束を守らなかった。また数多くの人々を派遣して経営をミスリードしたが、カネボウの経営陣はこれに逆らうことができなかった」と指摘して、「主力銀行の責任で今日の状況に陥った」と弁明した。さらに「歴史あるカネボウが10年で崩壊した過程を国会の場で明らかにしてほしい」と大演説をぶったのであるが、ここで注目してほしいのは「10年以内の調査解明」であれば、伊藤が社長在任中の粉飾を含む不正経理は明らかにならないため、わざわざこのような発言をしたのではないかといわれている。

伊藤の総会における発言を聞いた帆足はまさに、怒髪天を衝くという言葉がぴったりする怒り方で「伊藤の発言は腹に据えかねる。自分が変なものを残しておいて我々だけの責任を問うとは何事か。時効だとかなんとか言って、自分の名誉を守るために後輩を犠牲にする奴なんて普通はありませんよ」。そして返す刀で「私が指名したあの野郎（中嶋社長）にはもう怒り心頭ですね。子供が親を殺すようなもので、まことに無礼千万だ。まさかそんなバカではないと思っていたが、そんなものをよく社長にしたと悔やんでいます」と経済誌のインタビューに応じている。

調査委、過去55年だけでは破滅の真相をえぐり出せず

経営浄化委員会はさらに「平成13年度、14年度に１００億円から３００億円の粉飾をした」ことを発表。翌年には平成10年（１９９８）から平成14年（２００２）の5期分で２１５０億円の粉飾を行ったと対外発表し、カネボウの評価は正に奈落の底に転落したのであったが、生憎カネボウの調査委員の実力では過去5年分の実態を把握するのが精一杯であった。すなわちこの調査ではカネボウの30年に及ぶ巨大な粉飾には触れられておらず、破滅の真の原因をえぐり出すには至っていなかった。カネボウは昭和50年代から合繊の商売において巨額の粉飾を行って、不良資産を作っていたことを裁判所も認定した。そしてこれを後世に押し付けた責任者（伊藤淳二氏）が時効の陰に隠れて表に出てこないことにOBを始め事情をよく知る関係者はいらだっていた。過去に不良資産をつくり、これを知りながら黙過してきた過去の経営者は助かり、必死に粉飾を隠そうとした直近の経営者だけが弾劾されることは不公平だとマスコミも指摘している。

裁判所も「粉飾決算の元凶」を追求できず

平成18年（2006）3月、東京地方裁判所は本事件について「我が国企業の最高責任者により率先して行われた大規模で悪質な犯行で、巧妙さという点では類例を見ない」と帆足社長に懲役2年、執行猶予3年。三井銀行から派遣され、ある意味では最も悪質な宮原前副社長に懲役1年6ヵ月、執行猶予3年を言い渡した。帆足の下で財務担当常務であった嶋田賢三郎は帆足と一緒に逮捕されるが、粉飾決算に反対していた事実が明らかになり不起訴となった。そして腐敗してカネボウの実態と粉飾決算、そして粉飾決算の元凶は誰かを追求して後に『責任に時効なし』という小説を上梓した。

東京地方裁判所の判決

「我が国企業の最高責任者により率先して行われた大規模で悪質な犯行で、巧妙さという点では類例を見ない」

帆足前社長　懲役2年、執行猶予3年。

宮原前副社長　三井銀行から派遣され、ある意味では最も悪質として懲役1年6ヵ月、執行猶予3年。

嶋田賢三郎氏　帆足前社長の下で財務担当常務であり、帆足氏と一緒に逮捕されるが、粉飾決算に反対していた事実が明らかになり不起訴。

この間、産業再生機構は4400億円の公的資金をカネボウに投入したが、これらの資金はすべて回収され、それどころか200億円の利益を計上したのであった。平成19年（2007）6月の定時株主総会でカネボウの解散が決裁され、本体としてカネボウの主として薬品、トイレタリー事業を継承したクラシエは、名古屋の染毛剤メーカーのホーユーの傘下に入ったが、その後クラシエ株式会社は堅実な歩みを続けており、カネボウ関係者として本当に喜びに堪えない次第である。

前に戻るが再生機構の幹部は当初から「我々は会社を救済するのではない。事業を救済するのである」と言っていたが、結果はまさにその通りとなった。化粧品事業と一部の薬品、トイレタリー事業と繊維の一部だけが生き残り、カネボウという会社は救済されず、誇りある会社の歴史、伝統、文化は冷徹な資本の論理の前にすべて消滅してしまった。

労働組合を陰で操った真の首謀者の罪は重い

後になって帆足は「再生機構に頼ったのは私の誤りであった」と後悔している。それより「花王への全面売却はカネボウ存続のために絶対反対」と息巻いた労働組合と、それを陰で煽った首謀者の罪は重い。さらに当時の経営者が何故一体となって組合を説得しなかったのか、私としては残念でならない。

カネボウは、伊藤淳二という怪物を制御できずに亡んだと言って差し支えない。そして怪物は時効の壁に守られて、なお100歳近い身を安穏と過ごしている。嶋田の言うように責任に時効はないのである。たしかにカネボウは無能な経営者により滅亡してしまったが、武藤山治が会社創設以来実施してきた「人間尊重の経営」「家族主義的経営」は今もなお我が国経営の哲学として生き残っている。

明石大橋傍で一般公開されている武藤山治邸

少し前に戻って話を進めたい。

中嶋社長が就任されてから間もなく、ダイワボウの社長を務めていた私のところに突然来訪された。表敬訪問かなと思っていたところ、意外な要件を初対面の私に申し出られ驚いたのであった。

中嶋の口上を再現すると、先ず、「私は『行い正しければ眠り平らかなり』という言葉を信条とされていた武藤山治さんに憧れ、カネボウに入社した。」と切り出された。要件については、いきなり「鐘紡舞子倶楽部の土地、建物を武藤家において時価で買い取って欲しいと」と申し出されたのであった。

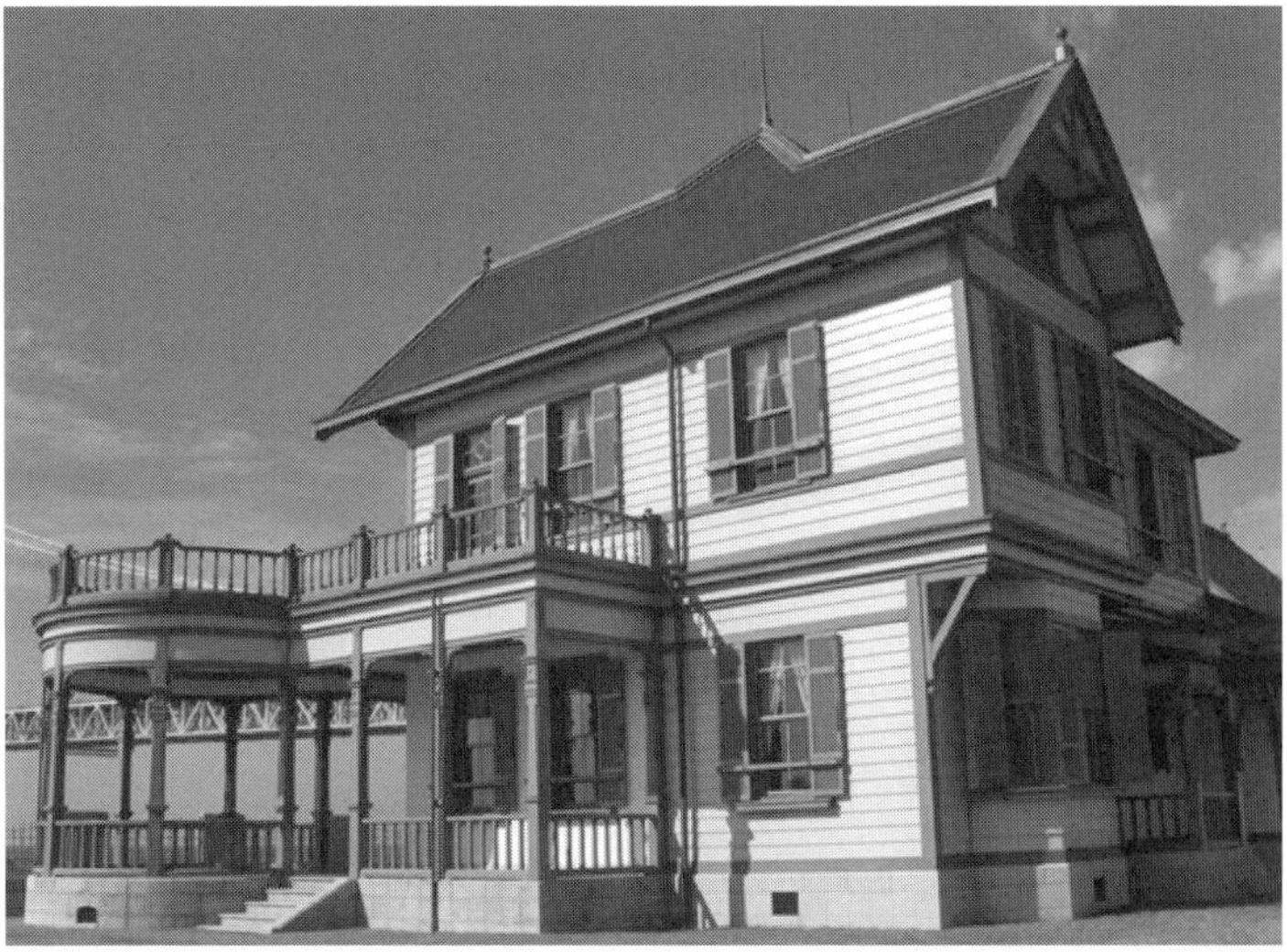

舞子公園に復元された武藤山治邸

当該物件は祖父武藤山治が長年居住し、そこから鐘紡に通い、経営に当たっていた場所で、山治の死後、昭和11年に私の父から鐘紡に寄贈され、以来鐘紡の従業員にも開放されて、倶楽部として使用されていたが、明石大橋架橋に伴い移転を余儀なくされたが、市からの補償により現地からほど近い狩口台に洋館だけが移転されていた。山治の遺族から寄付を受けた屋敷は鐘紡にとってまさに聖地ともいうべきもので、いくら社業が疲弊したからといって突然買い取って欲しいとは極めて礼儀を失していると思ったが、一応検討はするということでお引き取り願ったことを覚えている。しかし内心とっさに判断したのは、これは武藤家では、たとえ引き取っても維持管理が困難である。これは山治と関係が深かった兵庫県にお願いするのが一番と思い、旧知の井戸知事に実情をお話しして協力をお願いしたのであった。幸い舞子公園の整備を県が進めており、県は国からも援助を受け、カネボウから県への寄付を前提として舞子公園に約3年をかけ復元再建されることになり、平成22年（２０１０）から一般公開されている。

おわりに 「人は人を得て大事を成す」

二人の偉大な先輩がいた

中上川彦次郎と朝吹英二

大阪春秋の福山さんから何か繊維にちなむ題材で書いてくれないかとの依頼があったのが、平成23年（2011）の確か夏頃であった。以来約10年、39回書いたことになるが、「大阪春秋」自体が休刊となるので、私の話もこれで終わりとなる。最後は私にとって関係の深い「鐘紡の興亡」を書いていたのであったが、偶然私の話も終了となった次第である。

最終回をどのような形で終えるかいろいろと考えたのであったが、最後に野垂れ死にした鐘紡にも、その創業期において、時代を画した三人の名経営者により発展したことをお話しして、この物語の終章としたい。鐘紡の中興の祖は武藤山治といわれるが、山治のことはすでに十分に話し切ったので、私は他の二人の偉大な先輩である中上川《なかみがわ》彦次郎と朝吹英二について「人は人を得て大事を成す」ことを書きたいと思う。

長年にわたる旧弊がたたり三井銀行が経営不振に陥る

武藤山治が明治26年（1893）三井銀行に入行した際、長年にわたる旧弊の経営がたたり、経営不振に陥っていたのが三井銀行であった。この三井財閥（三井合名）の立て直しのため、当時三井の顧問であった元老井上馨の要請により三井合名に入社したのが中上川彦次郎であった。中上川は嘉永7年（1854）中津の生まれで、福澤諭吉の甥、すなわち福澤の姉の子である。彼が生まれた頃、諭吉はすでに長崎において蘭学と砲術の勉強をしていた。

中上川は幼い頃から利発で、当時の勉学のやり方、つまり四書五経を読む漢学の勉強に励むが、十歳になるかならない内に漢学の素養を深めた。その頃福澤はすでに二回に亘り渡米して、後に慶應義塾となる英語塾を鉄砲州に開いており、文字通り西欧知識と英語の実務教育の第一人者となっていた。中上川はそれに大いに刺激を受けて、福澤の開いた塾への進学を目指すが、なかなか藩の認可が下りなかった。その間、彼は14歳の若さで藩校「進修館」の教師に指名される。

ロンドンで、産業革命後の英国から多大な影響受ける

明治2年（1869）になって藩の許可が出て、勇躍彼は慶應義塾に進学する。そして明治4年（1871）に慶應義塾を卒業後、福澤の援助で明治7年（1874）英国に留学した。彼は産業革命後の活気ある英国から多大な影響を受け、そしてロンドンで彼の一生に大きな影響を及ぼす維新の大立者、井上馨に出会う。明治10年（1877）に23歳で帰国するが、帰国後福澤の創刊した日刊紙の編集長を経て、井上の引きで殖産振興をつかさどる工務省に入り、その後井上の異動にしたがい外務省に移り活躍したが、明治14年（1881）の政変を機に福澤の元に戻り、福澤の創刊した日刊紙「時事新報」の責任者となる。

新聞経営において彼は斬新なアイディアを次々と打ち出し、発行部数は増加の一途をたど

るが、彼が目指していたのは自ら貿易業を興すことであった。しかし、そのための資本が十分に集まらないため、停滞していた彼に、山陽鉄道（現在のＪＲ西日本で神戸から下関まで）の支配人にならないかとの誘いがあった。この鉄道は富国強兵の一環として、三菱財閥や藤田組、その他の資本家が出資する遠大な計画であった。この事業を推進していたのが井上馨で、彼はこの難事業の実行役として中上川を指名したのであった。

出資者の無理解で職を辞すがその後、景気回復し全線開通

無から始めた鉄道事業は難行を極める。先ず土地の買収から難航するが、中上川は見事にその問題を解決し、明治21年（１８８８）に着工された鉄道は、明治24年（１８９１）には岡山、尾道まで開通する。ところが明治23年（１８９０）資本主義日本に最初の恐慌が起こり、工事の進行に資本面、経営面で寄合世帯の資本家から中上川のやり方にストップがかかり、中上川の足を引っ張ったため彼もやる気を失っていたところ、三井財閥から彼に誘いがかかった。彼としては、景気は間もなく回復するからあせる必要はないとして株主に対処していたのであるが、彼の考えていた通り間もなく景気は回復し、これは彼が去った後であるが、工事は順調に運んで明治34年（1

中上川彦次郎氏

901）には下関まで全線開通する。

またも復職し、井上氏からの依頼で深刻な状況の三井救う

さて彼が最も活躍した三井銀行、三井財閥であるが、彼が引き受けた時にはすでに政府の「公金」を一手に扱う三井にも大きな影が差していたのであった。さらに大恐慌により経営は深刻な状況となっていた。この当時顧問であった井上馨は、旧弊たる人材では改革は難しいと判断して、外部からの適材の移入を図ったのであった。

先ず井上は、慶應義塾出身で英国において経済学を勉強して帰国したばかりの高橋義雄を入行させ、三井の現状をつぶさに調べさせたところ調査の結果は驚くべきもので、貸出金額1832万円のところ、内不良債権は実に3分の1に当る608万円にもなっていたのである。改革を誰にやらせるか井上の頭に浮かんだのは、山陽鉄道の経営を軌道に乗せつつあった中上川であった。中上川は明治24年に三井に入行すると自ら指揮をとり、不良債権の整理に乗り出す。

お寺の阿弥陀如来本尊を差し押える！と貸付金を全額回収

まず手を付けたのは第三十三国立銀行への貸付金の整理であった。続いて今迄誰もが手を付けることにためらっていた東本願寺に対する貸付金の整理であった。この額は実に100万円にも及んでいたが、従来からの関係から無担保という、まことに呑気な有様であった。中上川は容赦せずに取り立てを進め、寺側の仏敵という非難をものともせず、有名な庭園枳殻邸《きこくてい》に抵当権を設定すると通告し、さらに「加えて阿弥陀如来の本尊をも差し押さえる」と通告する。寺

側も観念して全国の門徒400万人に対して募金活動を行うが、この活動は成功して、実に180万円の寄付が集まり、三井への借財を完済できただけではなく、長年資金難で放置されていた本堂の再建まで行うことが出来たのであった。

その他有名な中上川の行動は、長州の実力者陸軍大将、後の首相桂太郎からの担保処分による取り立てである。このように相手が如何に権力者であっても又情実がからもうと、中上川は断固として債務の履行を迫ったのである。

「これからの日本は工業」と大きく舵を切り俊英を活用

丁度このころ三井の組織が全面的に改組され、合名会社となる。それに伴い中上川は銀行だけではなくて三井の企業集団の運営をも主宰することになる。当然三井銀行と並列していた三井物産、三井鉱山、三越呉服店なども合名会社となり、彼はその中で従来の金融中心の路線から、工業化路線へと大きく舵を切っていく。その際福澤門下の俊英を多数新たに採用する。藤山雷太、藤原銀次郎、日比翁助、武藤山治、和田豊治、小林一三などである。

富士紡の和田豊治氏

王子製紙の藤原銀次郎氏

彼の考え方は、これからの

日本の中心となっていくのは工業であるとして、東芝、王子製紙、大日本製糖、鐘紡などに積極的な投資を行なう。特に鐘紡の経営には最も力を入れていく。彼は英国留学中に産業革命の担い手であった綿紡績に多大な関心を持っており、我が国の綿紡績業の将来に大きな期待を持っていた。

鐘紡にも派遣され、兵庫の工場建設に武藤山治を指名

鐘紡の由来についてはこの稿の第一回目で書いたように、明治19年（1886）に創設された原綿を扱う商社「東京綿商社」が後に綿糸生産に乗り出し、その後の経済不況の中で三井が主導権を握り、東京の鐘ヶ淵に設立したのが鐘ヶ淵紡績であったが、当初から3万錘という大きな規模で発足したため、なかなか軌道に乗らず、結局明治23年の大不況もあって三井家が財務テコ入れを行い、それだけではなく翌年、中上川彦次郎と朝吹英二の両名が派遣され、この両名による大

鐘紡の武藤山治氏

改革により立ち直ったという経緯がある。

綿紡績の将来性を大きく買っていた中上川であるが、ようやく東京工場に目鼻がつくと、さらに彼の眼は大陸向けの輸出に大きく見開かれていた。彼は明治25年（1892）会長となるが、原料が入りやすく、また輸出に最適な土地を物色した結果、神戸の兵庫、吉田新田に目をつけ、ここに4万錘の工場を建設することを決定し、明治27年（1894）6月工場

建設に着手する。その際責任者に選ばれたのが前年、明治26年に入行したばかりの武藤山治であった。ここに中上川会長、朝吹専務、武藤支配人という強力なトリオが結成され、鐘紡は日本一、いや世界一の紡績会社を目指していくとことになる。

芥川賞作家の朝吹真理子は英二の玄孫(曽孫の子)

ここで話は前後するが、もう一人の偉材朝吹英二について触れておきたい。平成23年1月に発表された、第144回芥川賞の受賞者は、時間と記憶と過去を自在に操った『きことわ』の朝吹真理子氏であった。朝吹英二は高祖父に当る。当時マスコミは、真理子さんの大伯母の朝吹登水子さんがフランソワーズ・サガンの翻訳者であり、かつ研究家であったことを取り上げ、朝吹家は文学の家系であるとしか触れておらず、大実業家朝吹英二のことに言及したものは日経を筆頭に皆無であった。最近の新聞記者の不勉強ぶりには恐れ入ったのを覚えている。

朝吹英二氏

朝吹は嘉永2年(1849)生まれであるから中上川より5歳年上である。また中上川の妹澄の婿でもあった。

朝吹には若い時から逸話は多いが、中でも有名なものは、若い時福澤諭吉の暗殺を企てたことであろう。彼は豊前(大分県)の出身であったから福澤のことはよく知っていた。彼は中津や日田あたりですっかり攘夷思想に取りつかれ、「福澤は外国かぶれだ。蘭学に凝って長崎に行き、牛肉などを食べている。けしからん奴だ」と大真面目で暗殺を企てるが、居合の達人でもあった福澤には見事に取り押さえられるという一幕があった。

その後は福澤諭吉に心酔し慶應義塾を経て鐘紡の専務に

その後すっかり福澤に心酔して慶應義塾で学んだ後、岩崎弥太郎のつくった三菱商会に入り、後に貿易商会という生糸の輸出会社を興す。事業は順調に推移するが、明治14年の政変のあおりを受け、折角立ち上げた有望な事業であった会社は倒産してしまう。その時、当時としては極めて大きな百万円という借財を抱え込むが、全部自分一人でかぶり、誰にも迷惑をかけなかった。朝吹はこうして失職するが彼の才腕は万人が認めるところで、間もなく三井の中上川彦次郎、益田孝の両巨人の推薦で三井に入り、当時新しい事業として展開しつつあった鐘紡の専務に迎えられたのであった。

重複するが鐘紡は当時東京の隅田に二つの工場を持っていたが、なかなか十分な利益を出すことが出来なかった。このため中上川会長は朝吹を交えて、将来、輸出の時代がかならず到来するとして、神戸に新工場の創設を考える。こうして武藤山治を工場建設の責任者に抜擢して工場建設が進むのであるが、最初に朝吹が武藤に言い渡したのは「とにかく何事も地味にやれよ」「特に工場の事務所は極めて粗末にしなさい」との言葉であった。

三井財閥の舞台裏を支え、発展に尽くした功績は偉大

さて朝吹は一度に100万円の借財を抱え込むなど、とにかく人の面倒をよく見た人であった。尾崎行雄や犬養毅も彼に面倒を見てもらった政治家である。中上川が47歳の若さで亡くなり、彼の進めていた三井の工業化路線は益田孝の商業化路線へと変わっていくが、三井の経営していた工業がすべて無くなったわけではない。残った傘下の会社では不振なところも沢山あり、その立て直しは一切朝吹にまかされる。朝吹の朝吹らしい由縁を述べると、三井財閥の中の統合機関である三井合名の参事となり、中上川亡き後の総帥益田孝のアシスタントとしてよく益田に仕える。そして益田が引退する時、益田は三井合名の理事長に朝吹を推薦するが、朝吹は「私の出る幕ではありません。益田さんがやめるならそこで私の役目も終わりです」と、後任に団琢磨を推してさっさと引退する。何ともきれいな出処進退である。中上川彦次郎と益田孝二人のライバルの間をうまく取り持って三井の舞台裏を支え、その発展に尽くしたのが朝吹の一番の功績である。

茶道や古美術の収集など実業家としては超一流

一方彼は大変な器用人で、実業家として超一流であったが、また趣味の世界でも茶道をはじめとして古美術の収集など、あたりを凌駕する存在であった。お茶の道では朝吹柴庵と称して並ぶ者のない大茶人であった。また、茶道具の大変な目利きでもあり、柴庵のところにあった道具は、現在でも特別に高い値段で取引されている。

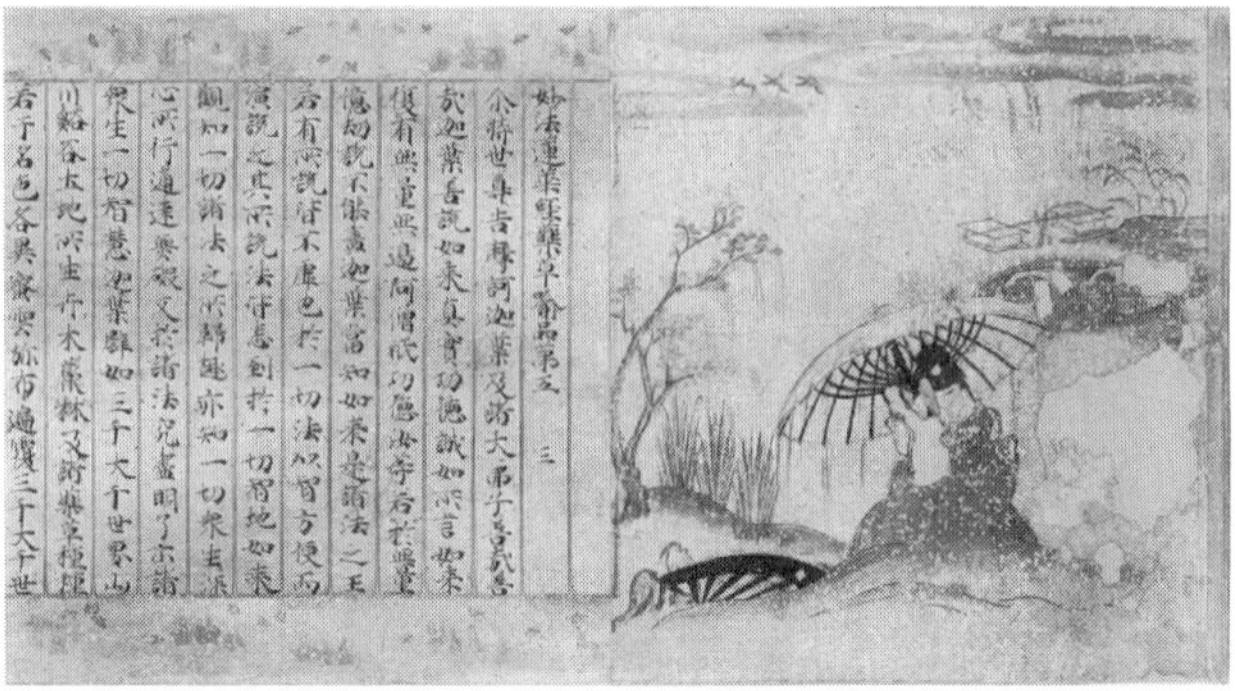

朝吹家から武藤山治に伝わった美術品（国宝〈久能寺経〉、薬草喩品 第５）

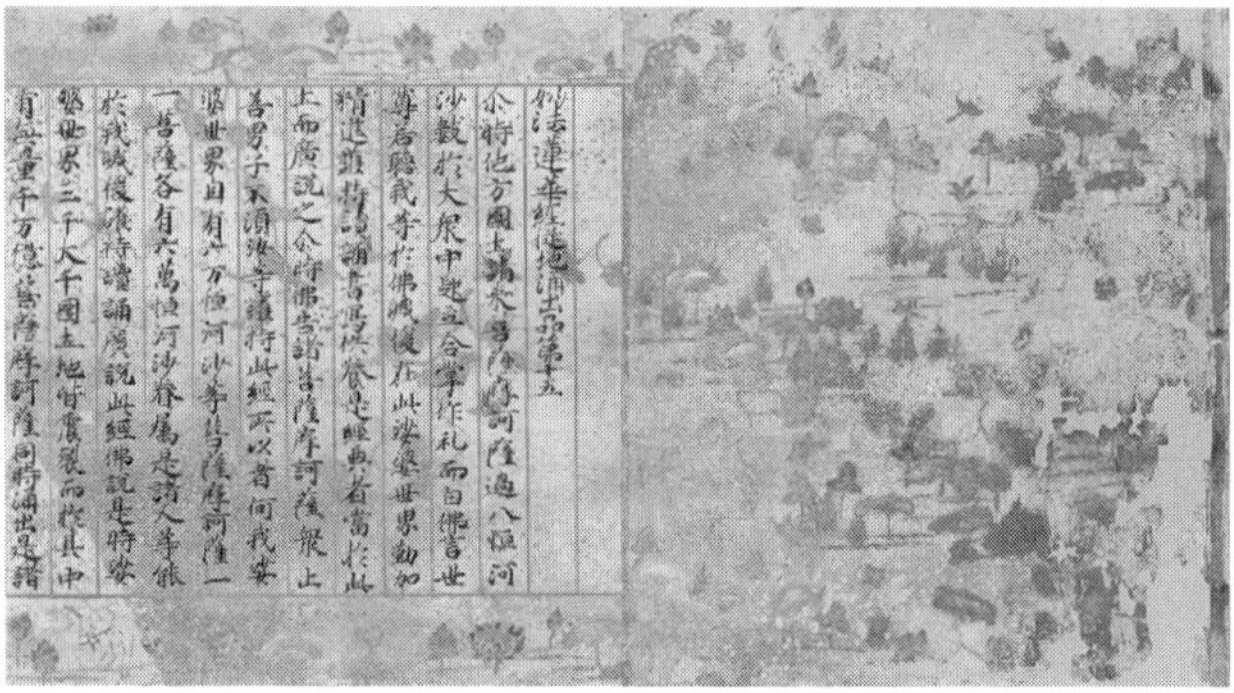

朝吹家から武藤山治に伝わった美術品（国宝〈久能寺経〉、従地湧出品 第15）

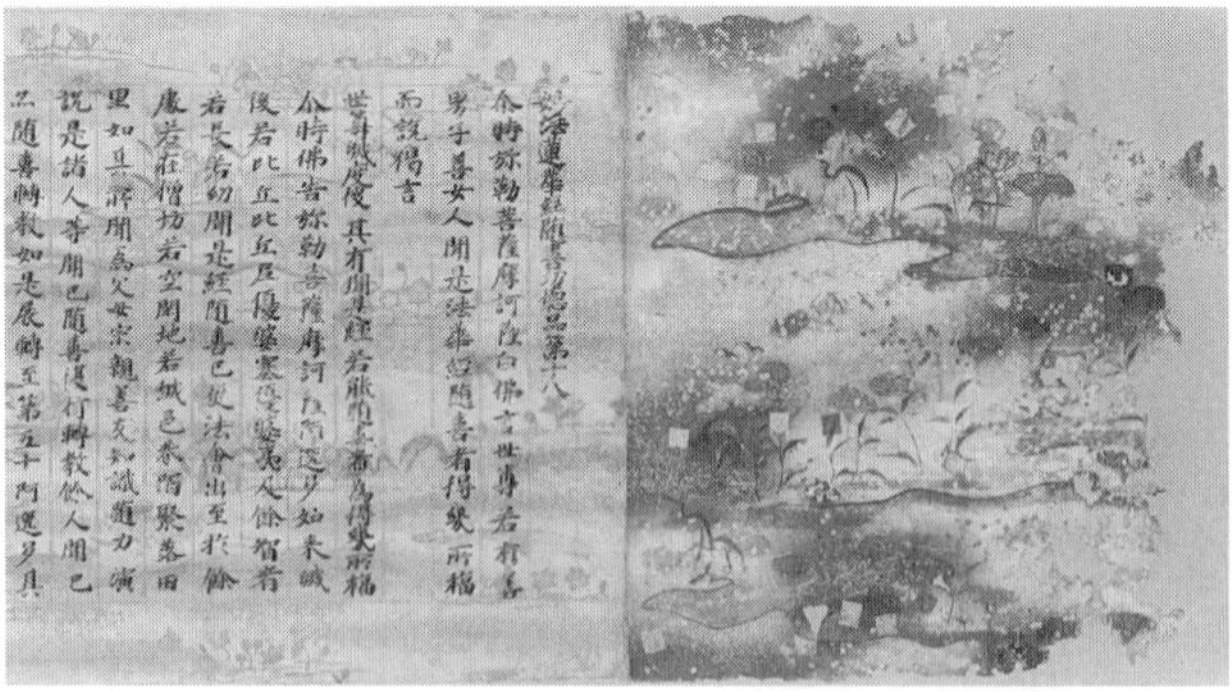

朝吹家から武藤山治に伝わった美術品（国宝〈久能寺経〉、随喜功徳品 第18）

かつて、益田孝はそんな朝吹を評して次のように言っている。「朝吹ほど不思議な男はいない。紡績をやれば即座にそれに精通して、それを実行に移す。茶をやれば茶のことにすぐ精通する。美術についても、すぐに美術の通になってしまう。何でも少しやればその道のオーソリティになってしまう。」と。しかしそのような事はないのである。朝吹という人は誰にも負けない努力家で、何事についても精魂こめて打ち込む人であった。必ずしも益田の評が当っていないとは言わないが、不思議な男という陰には人一倍の努力があった事を忘れてはならない。

朝吹と武藤は仕事の上では上下の関係であったが、人間として二人は確りと結びついていた。現在武藤家に伝わる国宝「久能寺経」はかつて古美術の超目利きであった朝吹が明治時代に神田の古道具屋の二階にあった長持ちの中から偶然見つけ出したものである。

朝吹は、晩年次のようなことを言っている。「自分の一生は失敗のしどおしで何一つ成功したものはなかった。しかし自分の部下から三人の大実業家が生まれた。それが少し自分の自慢できる点ではないかな」と。三人の実業家とは、王子製紙の藤原銀次郎、鐘紡の武藤山治、富士紡の和田豊治である。

著者略歴

武藤　治太（むとう　はるた）

昭和 12 年生まれ。

昭和 35 年慶応義塾大学法学部法律学科卒業。

同年大和紡績株式会社（現ダイワボウホールディングス）入社。

平成 4 年代表取締役社長、平成 15 年代表取締役会長、平成 20 年相談役、平成 25 年最高顧問、平成 30 年退任。

現任　公益社団法人國民會館会長（昭和 53 年〜）、一般社団法人清風会（京都国立博物館）理事長（平成 22 年〜）。

平成 11 年藍綬褒章受章。

繊維の街、大阪（國民會館叢書　別冊）

発行日　二〇二二年五月二十日（初版）©

著者　武藤　治太

発行者　公益社団法人　國民會館
代表者　武藤治太
編集人　長谷川敏昭
543-0008　大阪市中央区大手前二―一―二
國民會館・大阪城ビル12階
TEL　〇六―六九四一―二四三三
FAX　〇六―六九四一―二四三五

発行所　株式会社　新風書房
代表取締役　福山琢磨
543-0021　大阪市天王寺区東高津町五―十七
TEL　〇六―六七六八―四六〇〇
FAX　〇六―六七六八―四三五四

印刷所　㈱新聞印刷出版事業部